普通高等教育"十二五"规划教材（高职高专教育）

DIANLI XITONG JIDIANBAOHU
YUANLI JI YUNXING

电力系统继电保护原理及运行

主　编　张沛云

副主编　高广玲　战　杰

编　写　何登森　张正茂　林桂华

主　审　李晓明

U0280164

中国电力出版社
CHINA ELECTRIC POWER PRESS

内 容 提 要

本书为普通高等教育"十二五"规划教材（高职高专教育）。

本书共分八章，主要内容包括继电保护基础、线路阶段式电流保护、线路阶段式距离保护、线路全线速动保护、线路微机保护装置及测试、变压器保护技术与应用、发电机保护技术与应用、母线保护应用。为便于复习和巩固，在每章后附有思考题与习题。

本书可作为高职高专院校电力技术类专业及其相关专业的教材，也可作为电气工程技术人员岗位培训教材或参考书。

图书在版编目（CIP）数据

电力系统继电保护原理及运行/张沛云主编. —北京：中国电力出版社，2011.11（2020.2 重印）

普通高等教育"十二五"规划教材. 高职高专教育

ISBN 978 - 7 - 5123 - 2155 - 7

Ⅰ.①电…　Ⅱ.①张…　Ⅲ.①电力系统－继电保护－高等职业教育－教材　Ⅳ.①TM77

中国版本图书馆 CIP 数据核字（2011）第 197490 号

中国电力出版社出版、发行

（北京市东城区北京站西街 19 号　100005　http://www.cepp.sgcc.com.cn）

北京雁林吉兆印刷有限公司印刷

各地新华书店经售

*

2011 年 11 月第一版　2020 年 2 月北京第六次印刷

787 毫米×1092 毫米　16 开本　13.5 印张　327 千字

定价 **38.00** 元

前　言

　　本书是根据高等职业教育教学改革的目标和电力技术类专业的人才培养需求，按照普通高等教育"十二五"规划教材的要求而编写的。本书着重阐述继电保护的基本概念、基本原理和运行特性的分析方法，结合典型的线路微机保护装置介绍微机保护测试仪的使用方法和微机保护的测试方法，理论联系实际，突出实践性，便于读者理解继电保护原理和建立工程实践的概念，具有较强的实用性。本书在附录中介绍了单侧电源与双侧电源电网故障仿真结果，将故障与保护联系起来，使读者深入理解继电保护的工作过程。

　　本书中第1、2、6、8章由张沛云编写，第3章和附录由战杰编写，第4章由高广玲编写，第5章由何登森和林桂华编写，第7章由张正茂编写，全书由张沛云担任主编并负责统稿，高广玲、战杰担任副主编。

　　本书由山东大学李晓明教授主审，李晓明教授认真审阅了全稿，并提出许多宝贵意见，在此表示衷心的感谢。

　　本书在编写过程中参阅了许多正式出版的文献资料和相关单位的技术资料，在此一并表示感谢。

　　限于编者水平，书中难免存在不足之处，敬请读者批评指正。

编　者

2011 年 8 月

目 录

第1章 继电保护基础

【任 务】

（1）明确继电保护的"四性"。

（2）学会测试继电器特性的方法。

【知识点】

（1）继电保护的任务，对继电保护的基本要求。

（2）电磁型继电器的作用。

（3）微机保护的构成、特点。

【目 标】

（1）熟练掌握继电保护的任务、对继电保护的基本要求。

（2）掌握主保护、后备保护、近后备和远后备的概念。

（3）掌握电磁型继电器的作用。

（4）掌握微机保护的构成、特点。

1.1 继电保护的任务

1.1.1 继电保护的概念和作用

电力系统是电能生产、变换、输送、分配和使用的各种电气元件按照一定的技术与经济要求有机组成的一个联合系统。电力系统中的各电气元件之间存在着电或磁的联系，当某一个元件发生故障时，在极短的时间内就会影响到整个系统。为了防止事故扩大，保证非故障部分仍能可靠地供电，维持电力系统运行的稳定性，必须在几十毫秒的时间内切除故障。显然，在这样短的时间内，由运行人员来发现故障元件并将故障元件切除是无法做到的，要完成这样的任务，只有借助于继电保护装置。

继电保护装置是指能反应电力系统中电气元件（如发电机、变压器、输电线路、母线、电动机等）发生故障或不正常运行状态，并动作于断路器跳闸或发出信号的一种自动装置。

在电力系统中，继电保护一词常常用来泛指继电保护技术和继电保护系统。继电保护技术主要包括继电保护的原理及实现方法、配置及整定、安装调试、运行维护、事故处理等技术。继电保护系统则由各种继电保护装置及其附属设备组成。继电保护技术是一个完整的体系，而完成继电保护功能的核心是继电保护装置。

继电保护是一种电力系统安全保障技术。它的作用是在全系统范围内，按指定分区实时地检测各种故障和不正常运行状态，快速及时地采取故障隔离或告警等措施，最大限度地维持系统的稳定、保证供电的连续性、保障人身的安全、防止或减轻设备的损坏。继电保护是电力系统必不可少的组成部分，它对保障系统安全运行、保证电能质量、防止故障扩大和事故发生起到了重要作用。

1.1.2　继电保护的任务

1. 电力系统的故障和不正常运行状态

电力系统的故障是指电气元件发生短路、断线、短路加断线的情况。最常见最危险的故障是各种类型的短路，短路是指相与相之间的短接、相与地之间的短接、电机和变压器同一相绕组不同线匝之间的短接。短路的基本类型包括三相短路、两相短路、两相接地短路、单相接地短路、匝间短路。

短路可能引起的后果有以下几方面。

（1）很大的短路电流在故障点燃起的电弧使故障元件损坏。

（2）短路电流流过非故障元件，产生热效应和电动力效应，损坏非故障元件。

（3）电力系统中部分地区的电压大幅度下降，使用户的正常工作遭到破坏。

（4）破坏电力系统并列运行的稳定性，引起系统振荡，甚至使整个系统瓦解。

电力系统的不正常运行状态是指电气元件的正常工作遭到破坏，运行参数偏离规定的允许值，但没有形成故障，例如电气设备的过负荷，功率缺额引起的系统频率降低，发电机突然甩负荷产生的过电压，系统振荡等。电流超过额定值引起的过负荷，使电气设备的载流部分和绝缘材料的温度不断升高，加速绝缘的老化和损坏，若不及时处理，就有可能发展成故障。

故障和不正常运行状态若处理不当，都可能引起事故。事故，是指整个电力系统或其中一部分的正常工作遭到破坏，造成对用户少送电或电能质量降低到不允许的程度，甚至造成人身伤亡或电气设备损坏的事件。

电力系统发生的事故，除了自然条件的因素外，一般都是设备制造上的缺陷、设计和安装的错误、检修质量不高或运行维护不当引起的。因此，为了减少事故的发生，一方面应该加强对设备的维护和检修，在各个环节上加强管理；另一方面，要充分发挥继电保护装置的作用。

2. 继电保护的任务

继电保护的基本任务有以下两方面。

（1）当电力系统出现故障时，继电保护装置应能自动、快速、有选择性地将故障元件从系统中切除，使故障元件免于继续遭到损坏，保证系统非故障部分迅速恢复正常运行。

（2）当电力系统出现不正常运行状态时，继电保护装置应能及时反应，并根据运行维护条件，发出告警信号，或减负荷，或延时跳闸。

继电保护装置是电力系统的一种反事故自动装置。电力系统正常运行时，继电保护装置只是实时监视电力系统中各个元件的运行状态，一旦出现故障或不正常运行状态，继电保护装置就会迅速动作，实现故障隔离和告警，保障电力系统的安全。继电保护装置是电力系统自动化的重要组成部分，是保证电力系统安全运行的重要措施之一，在现代化的电力系统中是维持系统正常工作必不可少的重要设备。

1.2　对继电保护的基本要求

对作用于跳闸的继电保护装置，在技术上应满足四个基本要求，即选择性、速动性、灵敏性、可靠性。

1.2.1　选择性

选择性是指电力系统故障时，继电保护装置动作，仅切除故障元件，尽量缩小停电范围，使系统的非故障部分继续运行。

如图 1-1 所示单侧电源网络，各断路器处装有相应的保护，当线路 AB 上 k1 点短路时，保护 1 和保护 2 动作，跳开断路器 QF1 和 QF2，切除故障，此时，母线都不会停电。当线路 BC 上 k2 点短路时，保护 5 动作，跳开断路器 QF5，切

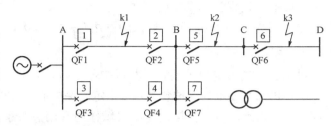

图 1-1　保护选择性动作说明图

除故障，只有 C、D 母线停电。当线路 CD 上 k3 点短路时，保护 6 动作，跳开断路器 QF6，切除故障，只有 D 母线停电。上述保护的动作都是有选择性的，使停电的范围最小。若线路 CD 上 k3 点短路时，保护 5 动作，跳开断路器 QF5，这时，C、D 母线都停电，保护 5 属于无选择性动作。

对继电保护动作有选择性的要求，还需要考虑继电保护装置或断路器由于自身故障等原因而拒绝动作的可能性。如图 1-1 所示，当线路 CD 上 k3 点短路时，应该由保护 6 动作，切除故障，但由于某种原因，保护 6 或断路器 QF6 拒动，此时只好利用保护 5 动作，跳开断路器 QF5，切除故障，这时，保护 5 起到了后备作用，它的动作是有选择性的。

一般地，电气元件上装设的反应短路故障的保护通常分为主保护和后备保护。主保护是指反应被保护元件自身故障，并能按要求快速切除故障的保护。后备保护是指主保护或断路器拒动时起作用的保护。后备保护又有近后备和远后备之分。

近后备保护是主保护拒动时，由电气元件本身的另一套保护实现后备保护的方式；当断路器拒动时，由同一发电厂或变电所内的有关断路器动作，实现后备的方式。远后备保护是主保护或断路器拒动时，由相邻元件的保护来实现后备。

在图 1-1 中，保护 5 起到的后备作用是远后备，即保护 5 是线路 CD 的远后备保护。

实现远后备保护简单、经济，且对相邻元件的保护或断路器拒动都能起到后备作用，因此，应当优先采用。当实现远后备保护有困难时，才采用近后备保护。采用近后备保护时，应装设断路器失灵保护，当断路器失灵拒动时，失灵保护动作于切除故障。

1.2.2　速动性

速动性是指继电保护装置动作的时间应尽量短。

电力系统出现故障时，切除故障的时间包括继电保护装置的动作时间和断路器的跳闸时间。保护装置动作速度快，可缩短故障切除时间。快速切除故障，可以减小故障元件的损坏程度，缩短用户在低电压下的工作时间，提高系统并列运行的稳定性。但是不能片面追求保护的快速动作，因为速动而又有选择性的保护，一般都较复杂，而且价格较高，因此应根据电力系统的实际，按系统稳定性要求和继电保护整定配合的要求来确定保护的动作时间。对中、低压电气元件，不一定都采用快速动作的保护。一些必须快速切除的故障有以下几种。

（1）根据维持系统稳定的要求，必须快速切除的高压输电线路上发生的故障。

（2）使发电厂或重要用户的母线电压低于允许值（一般为 0.7 倍额定电压）的故障。

（3）大容量的发电机、变压器以及电动机内部发生的故障。

（4）中、低压线路导线截面过小，为避免过热不允许延时切除的故障。

（5）可能危及人身安全、对通信系统或铁道信号系统有强烈干扰的故障。

一般的快速保护的动作时间为 $0.06 \sim 0.12\mathrm{s}$，最快的可达 $0.01 \sim 0.04\mathrm{s}$；一般的断路器的动作时间为 $0.06 \sim 0.15\mathrm{s}$，最快的可达 $0.02 \sim 0.06\mathrm{s}$。

1.2.3　灵敏性

灵敏性是指继电保护装置对其保护范围内发生的故障或不正常运行状态的反应能力。

满足灵敏性要求的保护装置对于规定的保护范围内的故障，不论短路点的位置、短路类型如何，均能正确反应。保护装置的灵敏性通常用灵敏系数（K_sen）来衡量，在 GB/T 14285—2006《继电保护和安全自动装置技术规程》（以下简称规程）中，对各类保护的灵敏系数都作了规定，对于各种保护灵敏系数的计算，将在后续章节中分别讨论。

1.2.4　可靠性

可靠性是指在该继电保护装置规定的保护范围内发生了它应该动作的故障时可靠动作，即不拒动；而在任何其他该保护不应该动作的情况下可靠不动作，即不误动。通常称不误动的可靠性为"安全性"，称不拒动的可靠性为"可信赖性"。

可靠性主要是针对继电保护装置本身的质量和运行维护水平而言的。一般说来，继电保护装置的原理方案越周全，结构设计越合理，所用元器件的质量越好，制造工艺越精良，内外接线越简明，回路中继电器的触点数量越少，继电保护装置工作的可靠性就越高。同时，正确的安装和接线、严格的调整和试验、精确的整定计算和操作、良好的运行维护和丰富的运行经验等，对于提高保护运行的可靠性也具有重要的作用。

上述四个基本要求，也称继电保护的"四性"，对动作于跳闸的继电保护，都应同时满足，但是这个满足只能是相对的。因为在四个性能的要求之间，存在着矛盾。如速动性和选择性较高的保护，往往接线和技术都比较复杂，可靠性就比较低；为了提高保护的灵敏性，将增加其误动作的可能性，从而降低了可靠性；为了求得选择性，往往要降低速动性。为此，必须从电力系统的实际情况出发，适当处理这些矛盾关系，使得继电保护能全面满足这四个要求。

此外，在选择继电保护装置时，尚需考虑经济性。经济性首先要着眼于对整个国民经济有利，而不应局限于节省继电保护的投资。同时，对于那些次要而数量很大的电气元件，也不应装设复杂而昂贵的继电保护装置。

1.3　继电保护的基本原理及构成

1.3.1　继电保护的基本原理

为了实现继电保护的功能，它必须能够区分系统正常运行状态与故障状态或不正常运行状态之间的区别。

电力系统发生短路故障时，电气量变化的主要特征如下。

（1）电流增大。短路电流大大超过额定负荷电流。

（2）电压降低。故障点附近母线上的残余电压低于额定电压。

（3）电压与电流之间的相位角发生变化。正常运行时，同相电压与电流间的相位角为负荷功率因数角，约为 20°；三相金属性短路时，同相电压与电流间的相位角为线路阻抗角，对架空线路约为 60°～85°。

（4）测量阻抗发生变化。测量阻抗是指保护安装处电压与电流之比。正常运行时，测量阻抗是负荷阻抗；金属性短路时，它变为线路短路回路的阻抗，阻抗值降低，阻抗角增大。

（5）出现负序和零序分量。正常运行时，系统中只有正序分量；发生不对称故障时，将出现负序和零序分量。

根据电流、电压、阻抗等的变化，可区分是正常运行还是故障状态。利用故障时这些电气量的变化特征，可以构成各种不同原理的继电保护。利用故障时电流升高的特征可以构成过电流保护。利用故障时电压降低的特征可以构成低电压保护。利用故障时测量阻抗降低的特征可以构成距离保护。对于双侧电源供电网络，在被保护元件内部和外部短路时，利用两端电流相量的差别可以构成纵联电流差动保护，利用两端功率方向的差别可以构成方向高频保护，利用两端电流相位的差别可以构成相差高频保护等。

根据电气元件出现不正常运行状态时电气量的变化，可以构成反应不正常运行情况的各种继电保护，如过负荷保护。

另外，还可以实现反应非电量的保护，如变压器的瓦斯保护。

各种不同原理的保护，以下文中将分别讨论。

1.3.2 继电保护装置的构成

1. 模拟式继电保护装置

20 世纪 80 年代前应用的常规继电保护装置都属于模拟式继电保护装置，包括机电型和静态型保护装置。模拟式继电保护装置处理的信号是模拟信号，一般都是由测量部分、逻辑部分、执行部分三个主要部分组成，如图 1-2 所示。

图 1-2　模拟式继电保护装置的构成

测量部分的作用是测量被保护元件的某些运行参数，并与保护整定值进行比较，以判断被保护元件是否发生故障或出现不正常运行状态。逻辑部分用来对测量信号进行综合判断，确定保护的动作情况，即根据测量部分输出信号的性质、输出的逻辑状态，使保护装置按照一定的逻辑关系判断故障的类型和范围，最后确定是否使断路器跳闸或发出信号，并将有关命令传送给执行部分。执行部分根据逻辑部分判断的结果，执行保护的任务，发出跳开断路器的跳闸脉冲及相应的动作信息，发出告警信号或不动作。

下面以图 1-3 所示的过电流保护为例，说明继电保护装置的构成及工作原理。

测量回路由电流互感器 TA 的二次绕组连接电流继电器 KA 组成。正常运行时，通过保护元件的电流是负荷电流，小于电流继电器的动作电流，电流继电器不动作，其触点不闭合。当线路发生短路故障时，流经电流继电器的电流大于继电器的动作电流，电流继电器动

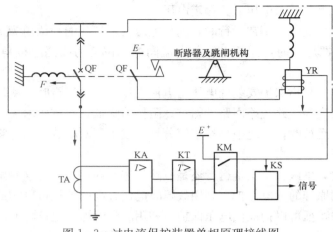

图 1-3 过电流保护装置单相原理接线图

作，其输出起动逻辑回路中的时间继电器 KT，经整定延时后，KT 的输出起动中间继电器 KM，并使其触点闭合，接通执行回路中的信号继电器 KS 和断路器跳闸线圈 YR 回路，使断路器跳闸，切除故障线路；同时，信号继电器动作，发出远方信号和就地信号，并自保持，由值班人员手动复归。故障切除后，短路电流消失，电流继电器返回，整套保护装置复归。

2. 数字式继电保护装置

20 世纪 80 年代后发展起来的微机型继电保护装置属于数字式继电保护装置，它是利用计算机技术处理数字信号的保护。微机型继电保护装置由硬件部分和软件部分组成。硬件部分是指由各种电子元器件构成的电子电路，它是软件运行的平台。软件部分是指计算机的程序，它按照保护原理和功能的要求对硬件进行控制，完成数据采集、数字运算和逻辑判断、动作指令执行、外部信息交换等各项操作。

微机型继电保护装置硬件部分原理框图如图 1-4 所示。

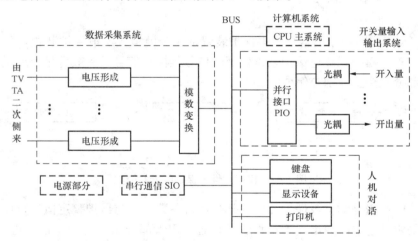

图 1-4 微机型继电保护装置硬件部分原理框图

被保护元件的模拟量经电流互感器和电压互感器输入到模拟量输入通道。由数据采集系统将模拟量转换为数字量然后送入计算机系统进行运算处理，判断是否发生故障，通过开关量输出通道输出，经光电隔离电路送到出口继电器，向断路器发出跳闸脉冲，使断路器跳闸。

人机对话接口部分用于对装置进行人工操作、进行调试和得到反馈信息，外部通信接口部分用于提供计算机通信网和远程通信网的信息通道。

1.4 继 电 器

1.4.1 继电器的分类

继电器是一种能自动执行断续控制的器件，当其输入量达到一定值时，能使输出回路的被控制量发生预计的变化，具有对被控电路实现"通"、"断"控制的作用。

继电器按照动作原理可分为电磁型、感应型、整流型、晶体管型、集成电路型、微机型等，按照反应的物理量可分为电流继电器、电压继电器、功率方向继电器、阻抗继电器和频率继电器等，按照它在保护回路中所起的作用可分为起动继电器、时间继电器、中间继电器、信号继电器和出口继电器等。

对继电器的基本要求是工作可靠，动作值误差小，功率损耗小，动作迅速，热稳定、动稳定性好，抗干扰能力强；另外还要求继电器安装调试容易、运行维护方便、价格便宜等。

继电器的图形符号见表 1-1。

表 1-1 　　　　　　　　　　继 电 器 的 图 形 符 号

名　称	图形符号	名　称	图形符号
电流继电器	I	反时限电流继电器	I/t
电压继电器	$U<$　$U>$	气体（瓦斯）继电器	
功率方向继电器	$\rightarrow$	继电器及接触器线圈	
阻抗继电器	Z	动合触点	
差动继电器	$I-I$	动断触点	
时间继电器	t	延时闭合的动合触点	
		延时闭合的动断触点	
信号继电器		信号继电器的动合触点	
		断路器	
中间继电器		隔离开关	

1.4.2 电磁型继电器

1. 电磁型继电器基本结构

电磁型继电器基本结构形式有螺管线圈式、吸引衔铁式、转动舌片式三种，如图 1-5 所示，主要由电磁铁、可动衔铁、线圈、触点、反作用弹簧和止挡构成。

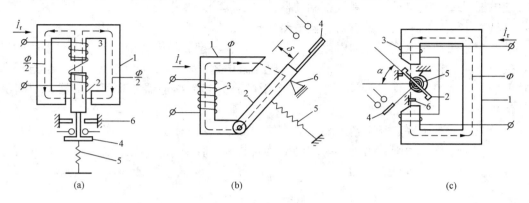

图 1-5 电磁型继电器的结构

(a) 螺管线圈式；(b) 吸引衔铁式；(c) 转动舌片式

1—电磁铁；2—衔铁（Z 型舌片）；3—线圈；4—触点；5—弹簧；6—止挡

2. 电磁型继电器基本工作原理

电磁型继电器是利用电磁感应原理工作的，下面以吸引衔铁式为例，说明其工作原理。

当继电器线圈中通入电流 $\dot{I}_r$ 时，在铁芯中产生磁通 Φ，Φ 经铁芯、空气隙和衔铁构成闭合磁路，衔铁被磁化后，产生电磁力 F 和电磁力矩 M_e，当 $\dot{I}_r$ 足够大时，电磁力矩足以克服弹簧的反作用力矩，衔铁被吸向电磁铁，动合触点闭合，继电器动作。

电磁力矩与电流平方成正比，与通入线圈中电流方向无关。

1.4.3 电磁型电流、电压继电器

1. 电流继电器 KA

电磁型电流继电器在电流保护中用作测量和起动元件，它是反应被保护元件电流升高超过某一整定值而动作的继电器。通常采用转动舌片式结构，具有一对动合触点（也称常开触点）。所谓动合触点是指继电器线圈没带电时打开的触点，继电器动作后闭合。

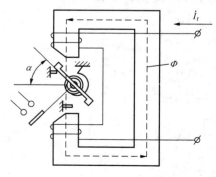

图 1-6 电磁型电流继电器基本结构

电磁型电流继电器基本结构如图 1-6 所示。当其线圈通以电流 $\dot{I}_r$ 时，产生电磁力矩，即

$$M_e = K_1 \Phi^2 = K_1 \frac{W^2 I_r^2}{R_m^2} = K_2 I_r^2 \qquad (1-1)$$

其中，磁通 Φ 与电流 $\dot{i}_r$ 在绕组中产生的磁动势 WI_r 和磁阻 R_m 有关。当电磁力矩满足 $M_e \geqslant M_s + M_f$（M_s 为弹簧的反作用力矩，M_f 为摩擦力矩）时，继电器就动作。使电流继电器动作、动合触点闭合的最小电流称为电流继电器的动作电流，用 I_{op} 表示。当

电磁力矩满足 $M_e \leqslant M_s - M_f$ 时，继电器返回。使电流继电器返回、动合触点打开的最大电流称为电流继电器的返回电流，用 I_{re} 表示。继电器的返回电流与动作电流的比值称为返回系数，用 K_{re} 表示，即

$$K_{re} = \frac{I_{re}}{I_{op}} \tag{1-2}$$

由于摩擦力矩和剩余力矩的作用，使电磁型电流继电器的返回系数小于 1。在实际应用中，要求有较高的返回系数，如 $0.85 \sim 0.9$。

DL-10 系列电流继电器如图 1-7 所示。动作电流的调整方法如下。

(1) 改变弹簧力矩。增大弹簧力矩，弹簧旋紧则 I_{op} 增大（整定把手逆时针转）；减小弹簧力矩，弹簧旋松则 I_{op} 减小（整定把手顺时针转）。

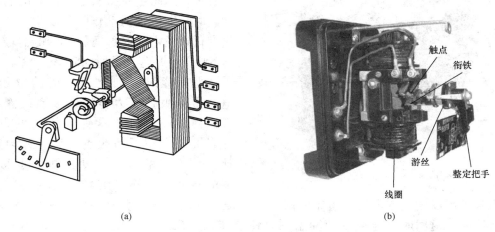

(a)　　　　　　　　　　　　　　　　(b)

图 1-7　电磁型电流继电器

(a) 结构图；(b) 实物图

(2) 改变两个线圈的连接方式。整定把手在某一刻度时，线圈并联时的动作电流是串联时的 2 倍。

2. 电压继电器 KV

电磁型电压继电器分为低电压继电器和过电压继电器，过电压继电器的工作情况及参数与过电流继电器类似，这里不作具体介绍，着重介绍低电压继电器。

电磁型低电压继电器是反应被保护元件电压降低而动作的一种继电器。它也是采用转动舌片式结构，它一般具有一对动合触点和一对动断触点（也称常闭触点）。电压继电器作为测量元件，它的作用是测量被保护元件所接入的电压大小并与其整定值比较，决定其是否动作。电压继电器电磁力矩与所加入的电压之间关系为

$$M_e = K' I_r^2 = K' \frac{U_r^2}{Z_r^2} = K U_r^2 \tag{1-3}$$

低电压继电器一般使用的是动断触点，动断触点是指不加入电压时其触点是闭合的。电力系统正常运行时，电压较高，加入继电器的电压是系统的额定电压，这时继电器的动断触点打开；当发生故障时电压降低，继电器的动断触点闭合。低电压继电器的动作电压 U_{op} 是指能使低电压继电器动作、动断触点闭合的最大电压。返回电压 U_{re} 是指低电压继电器动作后能使之返回、动断触点打开的最小电压。返回系数 K_{op} 是指返回电压和动作电压的比值，

其值大于1。

1.4.4 电磁型辅助继电器

1. 时间继电器 KT

时间继电器是辅助继电器，结构如图1-8所示，它由一个电磁机构和一个钟表机构构成，电磁机构采用螺管线圈式结构。由于保护的操作电源一般采用直流电源，因此时间继电器多为电磁式直流继电器。

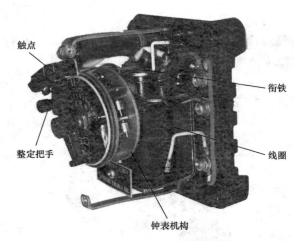

图1-8　电磁型时间继电器

时间继电器的作用是建立保护所需要的延时时间。它的参数主要是动作电压和动作时间，一般情况下其动作电压都能满足要求，因此主要要求是动作时间的准确性。时间继电器的动作时间是指，从激励量变化到规定值的瞬间起至继电器输出信号的瞬间止所经历的时间间隔。

当螺管线圈加上规定值的电压时，电磁力克服弹簧力将衔铁吸入线圈，连杆被释放，同时上紧钟表机构的发条，钟表机构带动可动触点，反时针匀速转动，经整定的延时，动、静触点接触，继电器动作，输出信号。改变动、静触点间的距离可以改变继电器的整定时限。当电压消失时，弹簧将衔铁与连杆顶回原位，继电器返回。返回时，连杆带动轴系顺时针旋转，脱离了钟表机构的控制。因此返回是瞬时的。

时间继电器一般具有一对瞬时动作的动合触点（瞬动触点）、一对延时闭合的动合触点（延时触点）。根据不同的要求，有的时间继电器还带有一对滑动延时动合触点。

使用时间继电器时应注意，为了缩小时间继电器的尺寸，继电器的线圈一般按短期通电设计。当需要长期加入电压时，在接线中要保证当继电器一旦起动就将一附加电阻串入继电器线圈回路，以保证继电器的热稳定。

2. 信号继电器 KS

信号继电器是辅助继电器，一般是吸引衔铁式结构。由于保护的操作电源一般采用直流电源，因此信号继电器多为电磁式直流继电器。

信号继电器的作用是，当保护装置动作时对继电器或保护装置所处状态给出明显标示，或接通灯光和音响回路，记忆保护装置的动作情况，以便分析保护动作行为和电力系统故障性质。

3. 中间继电器 KM

中间继电器作为辅助继电器，为吸引衔铁式结构，其在保护装置中用来扩展前级继电器触点对数或触点容量。这种继电器一般都带有多对触点，有动合触点也有动断触点，触点的数目多、容量大，一般用于保护逻辑回路和出口回路。

中间继电器触点可以瞬时动作，也可以带有较小时间动作或延时返回。

1.5 微机保护概述

1.5.1 微机保护装置的特点

1. 调试简单、维护方便

模拟式继电保护装置的调试工作量很大，尤其是一些复杂的保护，例如超高压线路的保护，调试时间较长。微机保护的硬件是由单片机和相关的外围设备构成，各种复杂的保护功能是由软件来实现的。保护装置对硬件和软件都具有自诊断功能，一旦发现异常就会发出警告。如硬件部分通上电源后没有警报，就可确认装置是完好的。微机保护装置的调试项目少，操作简单，大大减轻了运行维护的工作量。

2. 可靠性高

微机保护的程序有极强的综合分析和判断能力，它可以实现常规保护很难做到的自动纠错，即自动识别和排除干扰，防止由于干扰而造成误动作。它还有自诊断能力，能够自动检测出本身硬件的异常，因此可靠性高。

3. 保护性能更加完善

由于计算机的应用，使传统的继电保护中存在的很多技术问题，可以找到新的解决方法。例如，接地距离保护承受过渡电阻能力的改善，距离保护如何区分振荡和短路，变压器差动保护如何识别励磁涌流和内部故障等问题都已提出了许多新的原理和解决方法。

4. 提供更多信息

应用微型计算机后，如果配置一台打印机或者其他显示设备，可以在系统发生故障后提供多种信息，例如保护各部分的动作顺序和动作时间记录，故障类型和相别及故障前后电压和电流的波形记录等。对于线路保护，还可以计算和显示故障点的位置。

5. 灵活性大

由于保护的功能主要由软件决定，不同原理的保护可以采用通用的硬件，因此，只要改变软件就可以改变保护的特性和功能，从而灵活地适应电力系统运行方式的变化。

1.5.2 微机保护硬件部分的构成及作用

1. 微机保护装置硬件部分的构成

微机保护装置的硬件包含以下五个部分。

（1）数据采集系统即模拟量输入系统。其包括电压形成回路、模拟滤波回路、采样保持电路、多路转换电路以及模数转换电路，主要功能是将模拟输入量转换为所需的数字量。

（2）微型机主系统。其包括中央处理器（CPU）、存储器、定时器/计数器以及控制电路，中央处理器执行存放在存储器中的程序，对由数据采集系统输入的数据进行分析处理，以完成各种继电保护的功能。

（3）开关量输入输出系统。其由若干并行接口、光电隔离器件及中间继电器等组成，以完成各种保护的出口跳闸、信号警报、外部接点输入及人机对话等功能。

（4）通信接口。其包括通信接口及网络接口，以实现多机通信或联网。

（5）电源。其通常采用开关式逆变电源，用来供给中央处理器、数字电路、A/D 转换芯片及继电器所需的电源。

微机保护装置的硬件框图如图 1-9 所示。

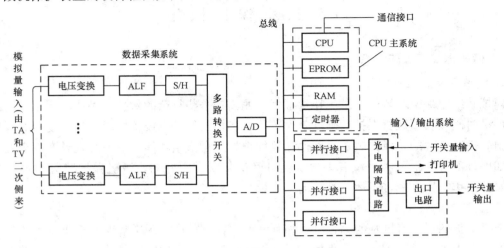

图 1-9　微机保护硬件框图

2. 数据采集系统

（1）电压形成回路。电压形成回路用来完成输入信号的变换与隔离。

微机保护要从被保护的电气元件的电流互感器、电压互感器或其他变换器上取得信息，但这些互感器的二次侧数值的输入范围对微机保护装置硬件电路并不适用，故需要降低和变换。在微机保护中通常要求输入信号为 ±5V 或 ±10V 的电压信号，具体取决于所用的模数转换器。因此，一般采用中间变换器来实现以上的变换，如电压变换器、电流变换器或电抗变压器。电流电压变换回路除了起电量变换作用外，还起到隔离作用，它使微机电路在电气上与电力系统隔离。

（2）模拟低通滤波器（ALF）。滤波器是一种能使有用频率信号通过，同时抑制无用频率信号的电路。随着数字信号处理技术的发展，除了模拟滤波器之外，还出现了数字滤波器。对微机保护系统来说，在故障初瞬间，电压、电流信号中可能含有相当高的频率分量，为防止频率混叠，采样频率 f_s 不得不用得很高，从而对硬件速度提出过高的要求。但实际上目前大多数的微机保护原理都是反应工频量的，在这种情况下，可以在采样前用一个模拟低通滤波器将高频分量滤掉，这样就可以降低 f_s，从而降低对硬件提出的要求。由于数字滤波器的作用，通常并不要求低通滤波器滤掉所有的高频分量而仅用它滤掉 $f_s/2$ 以上的分量，以消除频率混叠。低于 $f_s/2$ 的其他暂态频率分量，可以通过数字滤波器来滤除。

模拟低通滤波器分无源和有源两种。图 1-10 所示为常用的无源低通滤波器原理及特性图。图 1-10（a）中无源低通滤波器由两级 RC 滤波电路构成。只要调整 R、C 数值就可改变低通滤波器的截止频率。

此时截止频率可设计为 $f_s/2$，以限制输入信号的最高频率。

（3）采样保持（S/H）电路及采样频率的选择。采样保持电路的作用是在一个极短的时间内测量模拟输入量在该时刻的瞬时值，并在模数转换器进行转换的期间保持其输出不变，即把随时间连续变化的电气量离散化。

采样保持电路的工作原理可用图 1-11 说明。

它由一个电子模拟开关 K、保持电容 C 以及两个阻抗变换器组成。开关 K 受逻辑输入

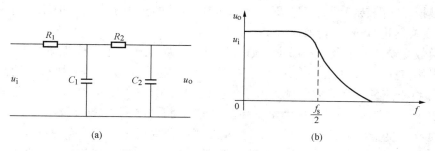

图 1-10 无源低通滤波器原理图及特性图

(a) 原理图；(b) 特性曲线

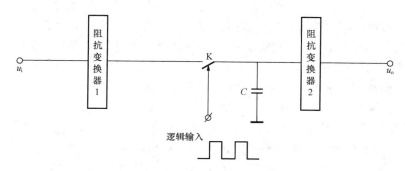

图 1-11 采样保持电路原理图

端电平控制。在高电平时 K 闭合，此时，电路处于采样状态，C 迅速充电，电容上电压等于该采样时刻的电压值（u_i）。K 的闭合时间应满足使 C 有足够的充电或放电时间即采样时间。为了缩短采样时间，这里采用阻抗变换器 1，它在输入端呈现高阻抗，输出端呈现低阻抗，使 C 上电压能迅速跟踪到 u_i 值。K 打开时，电容 C 上保持住 K 打开瞬间的电压，电路处于保持状态。同样为了提高保持能力，电路中也采用了另一个阻抗变换器 2，它对 C 呈现高阻抗。采样保持的过程如图 1-12 所示。

图 1-12 中，两个相邻采样点间的时间间隔为采样周期 T_s，采样周期的倒数为采样频率 f_s。采样频率 f_s 的选择是微机保护硬件设计中的一个关键问题。采样频率越高，要求中央处理器的速度越高。因为微机保护是一个实时系统，数据采集系统以采样的频率不断地向中央处理器输入数据，中央处理器必须要来得及在两个相邻采样间隔时间 T_s 内处理完对每一组采样值所必须作的各种操作和运算，否则，中央处理器将跟不上实时节拍而无法工作。相反，采样频率过低，将不能真实反映被采样信号的情况。

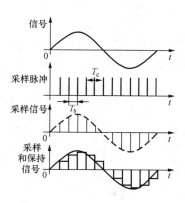

图 1-12 采样保持过程

微机保护所反应的电力系统参数是经过采样离散化之后的数字量。那么，连续时间信号经采样离散化成为离散时间信号后是否会丢失一些信息，也就是说这离散信号能否真实地反映被采样的连续信号呢？只要满足采样定理的要求，就能做到这一点。采样定理的内容为：为了使信号采样后能够不失真地还原，采样频率必须不小于输入信号最高频率的 2 倍。

（4）模拟量多路转换开关（MPX）。多路转换开关的作用是在某一时刻只将一路模拟量送入 A/D 变换器进行 A/D 转换。

由于模数变换器复杂及价格昂贵，通常不宜对各路电压、电流模拟量同时进行 A/D 转换，而是采用多路 S/H 共用一个 A/D 变换器，中间经多路转换开关切换，轮流由公用的 A/D 变换器将模拟量转换成数字量。由于保护装置所需同时采样的电流和电压模拟量不会很多，只要 A/D 变换器的转换速度足够高，上述同时采样的要求是能够满足的。

（5）模数转换器（A/D）。在单片机的实时测控和智能化仪表等应用系统中，常需将检测到的连续变化的模拟量（如电压、电流、温度、压力、速度等）转化成离散的数字量，才能输入到单片微机中进行处理。实现模拟量变换成数字量的硬件芯片称为模数转换器，也称为 A/D 转换器。

根据 A/D 转换器的原理可将其分成两大类。一类是直接型 A/D 转换器，如逐次逼近式 A/D 转换器，输入的模拟电压被直接转换成数字代码，不经任何中间变量；另一类是间接型 A/D 转换器，如 VFC 变换式 A/D 转换器，它是首先把输入的模拟电压转换成某种中间变量（频率），然后再把这个中间变量转换成数字代码输出。

3. 微型机主系统

一般的单片机都有一定的内部寄存器、存储器和输入、输出口。但当单片机用于实现保护功能时，首先遇到的问题就是存储器的扩展。单片机内部虽然设置了一定容量的存储器，但这种存储器一般容量较小，远远满足不了实际需要，因此需要从外部进行扩展，配置外部存储器，包括程序存储器和数据存储器。为了满足继电保护定值设置的需求，还配置了电可擦除的可编程只读存储器。程序通常存放于程序存储器（EPROM）中，计算过程和故障数据记录所需要的临时存储是由数据存储器（RAM）实现。设定值或其他重要信息则放在电可擦除可编程只读存储器（EEPROM）中，它可在 5V 电源下反复读写，无需特殊读写电路，写入成功后即使断电也不会丢失数据。微处理器通过其数据线、地址线、控制线及译码器来与存储器部件进行通信。

4. 开关量输入输出回路

（1）开关量输入回路。微机保护装置的开关量输入即触点状态（接通或断开）的输入电路如图 1-13 所示。

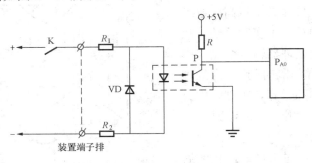

微机保护装置的开关量输入包括断路器和隔离开关的辅助触点或跳合闸位置继电器触点、外部装置闭锁触点、气体继电器触点，还包括某些装置上连接片位置输入等。

图 1-13　开关量输入回路

图 1-13 中虚线框内是一个光电耦合器件，集成在一个芯片内。当外部触点 K 接通时，有电流通过光电器件的发光二极管回路，使光敏三极管导通，P 点电位为 0 电位。K 打开时，则光敏三极管截止，P 点电位为 +5V。因此三极管的导通和截止完全反映了外部触点的状态。光电耦合芯片的两个互相隔离部分间的分布电容仅仅是几个皮法，因此可大大削弱干扰。由于一般光电耦合芯片发光二极管的反向击穿电压较

低，为防止开关量输入回路电源极性接反时损坏光电耦合器，图中二极管 VD 对光隔芯片起保护作用。

（2）开关量输出回路。开关量输出主要包括保护的跳闸出口信号以及本地和中央信号等。一般都采用并行接口的输出口来控制有触点继电器的方法，但为提高抗干扰能力，通常也经过一级光电隔离，如图 1-14 所示。只要由软件使并行口的 PB_0 输出"0"，PB_1 输出"1"，便可使与非门 H 输出低电平，光敏三极管导通，继电器 K 被吸合。

在初始化和需要继电器 K 返回时，应使 PB_0 输出"1"，PB_1 输出"0"。设置反相器及与非门而不是将发光二极管直接同并行口相连，一方面是因为并行口带负载能力有限，不足以驱动发光二极管；另一方面因为采用与非门后要满足两个条件才能使 K 动作，增加了抗干扰能力。图中的 PB_0 经一反相器，而 PB_1 却不经反相器，这样设计可防止拉合直流电源的过程中继电器 K 的短时

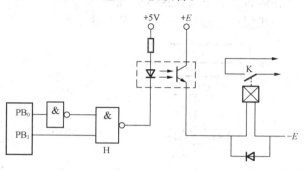

图 1-14　开关量输出回路

误动。因为在拉合直流电源过程中，当 5V 电源处在中间某一临界电压值时，可能由于逻辑电路的工作紊乱而造成保护误动作，特别是保护装置的电源往往接有大量的电容器，所以拉合直流电源时，无论是 5V 电源还是驱动继电器用的电源 E，都可能相当缓慢地上升或下降，从而完全可能来得及使继电器 K 的触点短时闭合，采用图 1-14 中的接法后，由于两个相反的条件的互相制约，可以可靠地防止继电器的误动作。

（3）打印机并行接口回路。打印机作为微机保护装置的输出设备，在调试状态下输入相应的键盘命令，微机保护装置可将执行结果通过打印机打印出来，以了解装置是否正常。在运行状态下，系统发生故障后，可将有关故障信息、保护动作行为及采样报告打印出来，为分析事故提供依据。由于继电保护对可靠性要求特别高，而它的工作环境电磁干扰比较严重，打印机引线可引入干扰，因此，微机保护装置与打印机数据线连接均经光电隔离。

（4）人机对话接口回路。人机对话接口回路主要包括以下两部分内容。

1）对显示器和键盘的控制，为调试、整定与运行提供简易的人机对话功能。

2）由硬件时钟芯片提供日历与计时，可实现从毫秒到月份的自动计时。

5．通信接口

随着微机特别是单片机的发展，其应用已从单机逐渐转向多机或联网。而多机应用的关键在于微机之间的相互通信，互传数字信息。

6．电源

微机保护系统对电源要求较高，通常这种电源是逆变电源，即将直流逆变为交流，再把交流整流为微机系统所需的直流。它把变电所强电系统的直流电源与微机的弱电系统电源完全隔离开，通过逆变后的直流电源具有极强的抗干扰能力，可以完全消除来自变电所中因断路器跳合闸等原因产生的强干扰。

目前，微机保护装置均按模块化设计，对于成套的微机保护、各种线路保护、元件保护，都是由上述五个部分的模块化电路组成的。所不同的是软件系统及硬件模块化的组合与

数量不同，即不同的保护用不同的软件来实现，不同的使用场合按不同的模块化组合方式构成。这样的成套微机保护装置，给设计及调试人员带来了极大方便。

1.5.3 微机保护软件部分的构成

微机保护装置的软件通常可分为监控程序和运行程序两部分。监控程序包括对人机接口键盘命令处理的程序及为插件调试、定值整定、报告显示等配置的程序。运行程序是指保护装置在运行状态下所需执行的程序。

微机保护运行程序一般可分为两个模块。

（1）主程序。其包括初始化、全面自检、开放及等待中断等，主程序框图如图 1-15 所示。

（2）中断服务程序。其通常有采样中断、串行口中断等，前者包括数据采集与处理、保护起动判定等，后者完成保护 CPU 与保护管理 CPU 之间的数据传送。例如，保护的远方整定、复归、校对时间或保护动作信息的上传等，采样中断服务程序框图如图 1-16 所示。

中断服务程序中包含故障处理程序，它在保护起动后才投入，用以进行保护特性计算、判定故障性质等。

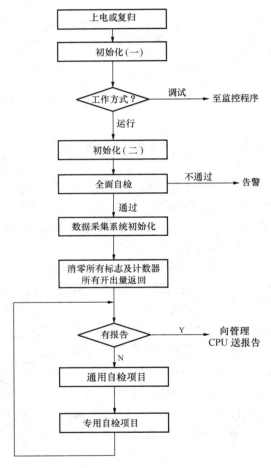

图 1-15　主程序框图

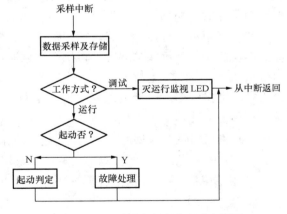

图 1-16　采样中断服务程序框图

1.5.4 微机保护的算法

微机保护装置根据模数转换器提供的输入电气量的采样数据进行分析、运算和判断，以实现各种继电保护功能的方法称为算法。按算法的目标可分为两大类。一类是根据输入电气量的若干点采样值通过一定的数学式或方程式计算出保护所反应的量值，然后与定值进行比较。例如为实现距离保护，可根据电压和电流的采样值计算出复阻抗的模、相角或阻抗的电阻、电抗分量，然后同给定的阻抗动作区进行比较。这一类算法利用了微机能进行数值计算的特点，从而实现许多常规保护无法实现的功能，例如作为距离保护，它的动作特性的形状可以非常灵活，不像常规距离保护的动作特性形状取决于一定的动作方程；此外它还可以根据阻抗计算值中的电抗分量推算出短路点距离，起到故障测距的作用等。另一类算法，仍以距离保护为例，它是直接模仿模拟型距离保护的实现方法，根据动作方程来判断是否在动作区内，而不计算出具体的阻抗值。这一类算法的计算工作量略有减小，另外，虽然它所依循的原理和常规的模拟式保护相同，但由于运用计算机所特有的数字处理和逻辑运算功能，可以使某些保护的性能有明显提高。

继电保护的种类很多，按保护对象分有元件保护、线路保护等；按保护原理分有差动保护、距离保护、电压保护、电流保护等。然而，不管哪一类保护的算法其核心问题归根结底不外乎是算出可表征被保护对象运行特点的物理量，如电压、电流等的有效值和相位及阻抗等，或者算出它们的序分量、基波分量或某次谐波分量的大小和相位等。有了这些基本的电气量的计算值，就可以很容易地构成各种不同原理的保护。算法是研究微机保护的重点之一，目前提出的算法已有很多种。

1.6　继电保护的发展概况

继电保护技术是随着电力系统的发展和科学技术的进步不断发展起来的。

最早应用的继电保护是过电流保护，起初是采用熔断器串联于供电线路中，出现短路故障时，短路电流使熔断器熔断，断开故障设备。随着电力系统的发展，对继电保护性能的要求不断提高，1890 年后出现了装于断路器上直接反应一次电流的电磁型过电流继电器；后来，继电器开始采用电流互感器和电压互感器的二次侧电量作为输入量；20 世纪初，继电器开始广泛应用于电力系统的保护。

1901 年出现了感应型过电流继电器。1908 年提出了比较被保护元件两端电流的电流差动保护原理。1910 年方向性电流保护开始应用。1920 年出现了输电线路距离保护装置。1927 年前后，随着电力系统载波通信的发展，出现了利用高压输电线载波传送输电线两端功率方向或电流相位的高频保护装置。20 世纪 50 年代，随着微波通信在电力系统的应用，出现了微波保护。1975 年前后，出现了行波保护装置。1980 年左右反应工频故障分量原理的保护被大量研究，1990 年后采用该原理的保护装置被广泛应用。目前，随着光纤通信的发展，利用光纤通道的保护得到迅速的发展和广泛的应用。

从 20 世纪初至今，继电保护装置使用的元器件、材料、制造工艺、结构形式都发生了巨大的变化，继电保护装置经历了机电型、静态型、微机型继电保护装置三个发展阶段。

20 世纪 50 年代以前的继电保护装置都是由机电型继电器如电磁型、感应型、电动型继电器组成，称为机电型继电保护装置。机电型继电器都是由机械转动部件带动触点开合来工作的。由于保护工作比较可靠，不需要外加工作电源，抗干扰性能好，使用了相当长的时间，目前单个继电器仍在广泛使用。但这种保护装置体积大、消耗功率大，动作速度慢，机械转动部分和触点易磨损和粘连，调试维护比较复杂，不能满足超高压、大容量电力系统的需要。

20 世纪 50 年代，由于半导体技术的发展，先后出现了采用整流器件制作的整流型继电保护装置和采用晶体管制作的晶体管型继电保护装置。这类保护装置体积小，功率消耗小，动作速度快，无机械转动部分，称为静态继电保护装置。20 世纪 70 年代，晶体管保护在我国大量采用。随着集成电路技术的发展，出现了集成电路型保护；20 世纪 80 年代后期，集成电路保护逐步取代了晶体管保护，成为静态继电保护装置的主要形式。

20 世纪 60 年代末，提出了用小型计算机实现继电保护的设想，由于当时小型机价格昂贵，未能投入使用。由此开始了对继电保护计算机算法的大量研究，为后来微型计算机型继电保护的发展奠定了理论基础。20 世纪 70 年代后期，出现了性能比较完善的微机型保护装置样机，并投入系统试运行；80 年代，微机型保护装置在硬件结构和软件技术方面趋于成熟，在一些国家得到应用；90 年代以来，微机型保护装置在我国大量应用，成为继电保护装置的主要形式，其主运算器由 8 位机、16 位机，发展到 32 位机，数据转换与处理器件由模数转换器（A/D）、电压频率转换器（VFC），发展到数字信号处理器（DSP）。微机型保护还可以用相同的硬件实现不同原理的保护，使保护装置的制造大大简化。这种保护具有强大的计算分析和逻辑判断能力，可以实现复杂原理的保护，它还可以对自身的工作情况进行自检，工作可靠性很高。另外，它还有故障录波、故障测距、事件顺序记录和网络通信等功能，这些对于保护的运行管理、事故分析和处理等都有重要意义。由于微机型保护装置具有巨大优越性，因此它在电力系统中有广阔的发展前景。

思 考 题 与 习 题

1-1　何谓电力系统的故障、不正常运行状态与事故？它们之间有何关系？

1-2　什么是继电保护装置？其任务是什么？

1-3　对继电保护的基本要求是什么？各自的含义是什么？

1-4　继电保护装置一般由哪几部分组成？其作用是什么？

1-5　后备保护的作用是什么？何谓近后备和远后备？

1-6　微机保护的硬件由哪些部分构成？各部分的作用是什么？

1-7　什么是电磁型电流继电器的动作电流、返回电流、返回系数？其动作电流如何调整？

第2章　线路阶段式电流保护

【任　务】

(1) 设计应用于单侧电源线路的三段式电流保护，并进行整定计算。

(2) 分析线路不同地点发生相间短路时方向元件及方向电流保护的动作情况。

(3) 选择线路的接地保护方式。

【知识点】

(1) 三段式电流保护各段的原理、整定计算方法；电流保护的接线方式。

(2) 阶段式方向电流保护的构成、方向元件的装设原则；方向元件的作用、原理、接线。

(3) 中性点直接接地系统、中性点非直接接地系统单相接地的特点。

(4) 零序方向元件的原理、接线，阶段式零序电流保护的构成。

(5) 中性点非直接接地系统的接地保护方式。

【目　标】

(1) 熟练掌握三段式电流保护各段的原理、整定计算方法、特点。

(2) 掌握阶段式方向电流保护的构成，方向元件的作用、原理、接线。

(3) 掌握中性点直接接地系统、中性点非直接接地系统单相接地的特点及保护方式。

(4) 掌握零序方向元件的原理、接线。

2.1　阶段式电流保护

输电线路正常运行时，线路上流过的是负荷电流，当输电线路发生短路故障时，其主要特征就是电流增大，利用这一特征可以构成电流保护。电流保护是利用电流测量元件反应故障时电流量增大而动作的保护。在单侧电源辐射形电网中，为切除线路上的故障，只需在各条线路的电源侧装设断路器和相应的保护，保护通常采用阶段式电流保护，常用的三段式电流保护包括无时限电流速断保护、限时电流速断保护、定时限过电流保护。

2.1.1　无时限电流速断保护（第Ⅰ段电流保护）

1. 无时限电流速断保护的工作原理及整定计算

输电线路发生短路故障时，反应电流增大而瞬时动作切除故障的电流保护，称为无时限电流速断保护，又称第Ⅰ段电流保护。它的作用是保证在任何情况下仅快速切除本线路上的故障。当线路上发生相间短路时，流过保护的短路电流有什么特点呢？单侧电源辐射形电网如图 2-1 所示，假定线路 AB 上装设无时限电流速断保护1，当线路上任意一点发生三相短路时，流过保护1的短路电流为

$$I_{k}^{(3)} = \frac{E_{ph}}{Z_s + Z_k} = \frac{E_{ph}}{Z_s + Z_1 l_k} \qquad (2-1)$$

式中　E_{ph}——系统等效电源的相电动势；

　　　　Z_s——系统等值阻抗，即保护安装处到系统等效电源之间的阻抗；

　　　　Z_k——短路点至保护安装处之间的阻抗；

　　　　Z_1——线路单位长度的正序阻抗；

　　　　l_k——短路点至保护安装处之间的距离。

当网络中正序阻抗等于负序阻抗，即 $Z_{1\Sigma} = Z_{2\Sigma}$ 时，两相短路时的短路电流为

$$I_{k}^{(2)} = \frac{\sqrt{3}}{2} I_{k}^{(3)} \qquad (2-2)$$

由此可见，在电源电动势一定的情况下，流过保护安装处的短路电流大小与系统的运行方式、短路点的位置、短路类型有关。

对继电保护而言，系统的最大运行方式是指在同一地点发生同一类型的短路时流过保护安装处的短路电流最大的运行方式，对应的系统等值阻抗最小，即 $Z_s = Z_{s.min}$；系统的最小运行方式是指，在同一地点发生同一类型的短路时流过保护安装处的短路电流最小的运行方式，对应的系统等值阻抗最大，即 $Z_s = Z_{s.max}$。

当系统运行方式一定、短路类型一定时，E_{ph} 和 Z_s 为常数，这时短路电流 I_k 仅取决于短路点的位置，改变 l_k，计算 I_k，即可绘出短路电流随短路点位置变化的曲线 $I_k = f(l_k)$。当系统运行方式变化及短路类型变化时，短路电流也将随之改变，因此可绘出一系列 $I_k = f(l_k)$ 曲线。可以看出，当短路点的位置一定时，最大运行方式下三相短路时，短路电流最大；最小运行方式下两相短路时，短路电流最小。图 2-1 中，绘出了最大短路电流变化曲线 1 和最小短路电流变化曲线 2。

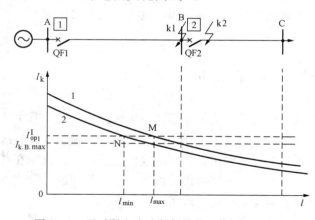

图 2-1　无时限电流速断保护的工作原理及整定

图 2-1 中，线路 AB 和线路 BC 上分别装设无时限电流速断保护 1 和保护 2。根据选择性要求，在线路 BC 始端 k2 点短路时，保护 1 不应动作，应由保护 2 动作切除故障。为此可使保护 1 的动作电流大于 k2 点短路时的最大短路电流。由于下一线路始端 k2 点短路与本线路末端 k1 点短路时流过保护 1 的短路电流几乎相同，故无时限电流速断保护 1 的动作电流可按大于本线路末端短路时流过保护的最大短路电流整定，即

$$I_{op1}^{I} = K_{rel}^{I} I_{k.B.max} \qquad (2-3)$$

式中　I_{op1}^{I}——保护 1 的无时限电流速断保护的动作电流，又称保护的一次动作电流，线路中的一次电流达到该值时，保护装置刚好能起动；

　　　　K_{rel}^{I}——可靠系数，考虑到继电器的误差、短路电流计算误差、非周期分量影响等，取 1.2~1.3；

$I_{\text{k. B. max}}$——最大运行方式下，被保护线路末端变电所 B 母线上三相短路时流过保护的的短路电流，一般取短路最初瞬间，即 $t=0\text{s}$ 时的短路电流周期分量有效值。

在图 2-1 中可画出动作电流，它与曲线 1、2 相交于 M、N 两点，在交点以前短路时，保护动作，在交点以后短路时，保护不动作。可以看出，在最大运行方式下三相短路时，保护范围最大，为 l_{max}；在最小运行方式下两相短路时，保护范围最小，为 l_{min}。

无时限电流速断保护的灵敏系数通常用保护范围的大小来衡量，要求最小保护范围不小于线路全长的 15%，即 $l_{\text{min}} \geqslant 15\% l$。

最小保护范围按下式计算

$$l_{\text{min}} = \frac{1}{Z_1}\left(\frac{\sqrt{3}}{2}\frac{E_{\text{ph}}}{I^{\text{I}}_{\text{op1}}} - Z_{\text{s. max}}\right) \tag{2-4}$$

式中　　$Z_{\text{s. max}}$——最小运行方式下的系统等值阻抗。

2. 无时限电流速断保护的单相原理图

无时限电流速断保护的单相原理图如图 2-2 所示。保护由电流继电器 KA、中间继电器 KM、信号继电器 KS 组成。

电流测量元件 KA 接于电流互感器 TA 的二次侧，正常运行时，线路流过的是负荷电流，TA 的二次电流小于 KA 的动作电流，保护不动作；当线路发生短路故障时，线路流过短路电流，当流过 KA 的电流大于它的动作电流时，测量元件 KA 动作，触点闭合，起动中间元件 KM，KM 触点闭合，一方面控制断路器跳闸，切除故障线路；另一方面起动信号元件 KS，KS 动作，发出保护动作的告警信号。

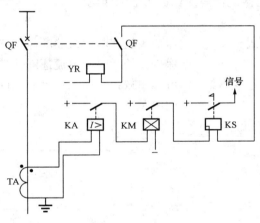

图 2-2　无时限电流速断保护的单相原理图

3. 无时限电流速断保护的特点

无时限电流速断保护简单可靠，动作迅速，它靠动作电流的整定获得选择性。由图 2-1 可以看出，它不能保护本线路全长，保护范围受系统运行方式、短路类型、线路长短等的影响。当运行方式变化很大或被保护线路很短时，甚至没有保护区。但在个别情况下，无时限电流速断保护可保护线路全长，如图 2-3 所示，电网的终端线路上采用线路—变压器组接线时，线路和变压器可看成是一个元件，动作电流 $I^{\text{I}}_{\text{op1}}$ 按躲过变压器低压侧线路出口短路来整定，这样可保护线路全长。

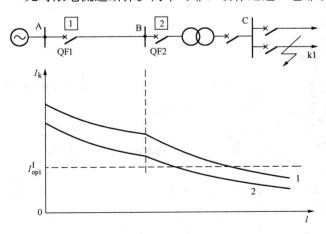

图 2-3　线路—变压器组的无时限电流速断保护

2.1.2 限时电流速断保护 (第Ⅱ段电流保护)

1. 限时电流速断保护的工作原理及整定计算

无时限电流速断保护能快速切除线路故障，但不能保护本线路全长，保护区仅为线路首端的一部分。为了较快切除线路其余部分的故障，而增设的第二套电流速断保护，称为限时电流速断保护，又称第Ⅱ段电流保护。由于限时电流速断保护能保护本线路全长，这样，它的保护范围势必延伸到下一线路，为了保证选择性，它必须带有一定的时限，以便与下一线路的保护相配合，该时限的大小与其保护范围的延伸程度有关，为缩短保护动作时限，考虑使其保护范围不超过下一线路无时限电流速断保护的保护范围，则动作时限就只需与下一线路的无时限电流速断保护相配合。

（1）动作电流的整定。如图 2-4 所示，为使线路 AB 的限时电流速断保护 1 的保护范围不超出下一线路 BC 的无时限电流速断保护 2 的保护范围，则其动作电流应大于下一线路无时限电流速断保护 2 的动作电流，即

$$I_{op1}^{II} = K_{rel}^{II} I_{op2}^{I} \tag{2-5}$$

式中　I_{op1}^{II}——保护 1 的限时电流速断保护的动作电流；

　　　I_{op2}^{I}——保护 2 的无时限电流速断保护的动作电流；

　　　K_{rel}^{II}——可靠系数，考虑保护带有延时，可不考虑短路电流中非周期分量的影响，一般取 1.1～1.2。

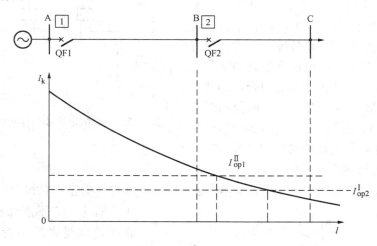

图 2-4　限时电流速断保护的整定

（2）动作时间的整定。动作时间与下一线路无时限电流速断保护的动作时间相配合，即比下一线路无时限电流速断保护的动作时间大一个时限级差，则有

$$t_1^{II} = t_2^{I} + \Delta t \tag{2-6}$$

其中，Δt 称为时限级差，它与断路器的动作时间、被保护线路的保护的动作时间误差、相邻线路的保护的动作时间误差等因素有关，一般取 0.3～0.6s。

（3）灵敏系数校验。为了使限时电流速断保护能够保护本线路全长，灵敏系数应按本线路末端短路时的最小短路电流来校验，即

$$K_{sen}^{II} = \frac{I_{kB.min}}{I_{op1}^{II}} \tag{2-7}$$

式中　$I_{kB.min}$——最小运行方式下，被保护线路末端两相短路时流过保护的短路电流。

规程规定，$K_{sen}^{II} \geqslant 1.3 \sim 1.5$。

若保护的灵敏度不满足要求，可考虑与下一线路的限时电流速断保护配合。即动作电流与下一条线路的限时电流速断保护的动作电流相配合；动作时限比下一条线路限时电流速断保护的动作时限高出一个时限级差 Δt，即

$$I_{op1}^{II} = K_{rel}^{II} I_{op2}^{II} \tag{2-8}$$

$$t_1^{II} = t_2^{II} + \Delta t \tag{2-9}$$

2. 限时电流速断保护的单相原理图

如图 2-5 所示，它与无时限电流速断保护相比，增加了时间继电器 KT，时间元件的作用是建立保护所需的延时，当电流元件起动后，必须经过时间元件的延时 t_1^{II}，才能动作于跳闸。如果在 t_1^{II} 前故障已经切除，则电流元件返回，保护不动作。

3. 限时电流速断保护的特点

限时电流速断保护结构简单，动作可靠，能保护本线路全长，但受系统运行方式变化的影响较大。它是靠动作电流的整定和动作时限的配合获得选择性的。与无时限电流速断保护相比，其灵敏度较高，可作为本线路无时限电流速断保护的近后备保护。

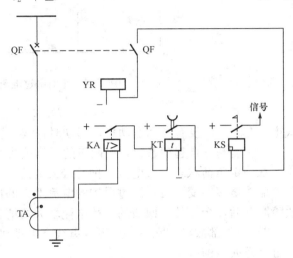

图 2-5　限时电流速断保护的单相原理图

2.1.3　定时限过电流保护（第Ⅲ段电流保护）

1. 定时限过电流保护的工作原理及整定计算

定时限过电流保护是动作电流按躲过被保护线路最大负荷电流整定的一种保护，其动作时间按阶梯原则进行整定，以实现动作的选择性。

正常运行时保护不动作，当电网发生故障时，反应电流增大而动作，能保护本线路全长，作本线路的近后备保护，而且还能保护相邻线路的全长甚至更远，作相邻线路的远后备保护。由于该保护的动作时间是固定的，与短路电流大小无关，因此称为定时限过电流保护。

如图 2-6 所示，在各条线路上分别装有过电流保护，当线路上 k1 点故障时短路电流流过保护 1、2、3、4，当短路电流大于保护的动作电流时，它们的电流测量元件均动作，但根据选择性的要求，此时应由保护 4 动作，跳开 QF4，切除故障，故障切除后，保护 1、2、3 的电流测量元件均返回。

为此，各个保护应加装延时元件，使动作时间满足 $t_1 > t_2 > t_3 > t_4$，形成阶梯形时限特性。

（1）动作电流的整定。保护的动作电流应满足以下要求。

1）在正常运行时，包括输送最大负荷和外部故障切除后电动机自起动时，保护不动作，即动作电流应大于线路正常运行时可能出现的最大负荷电流，则有

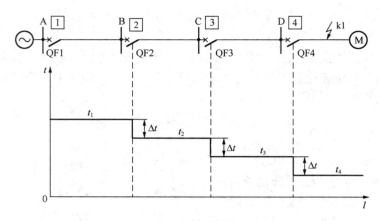

图 2 - 6　定时限过电流保护的时限特性

$$I_{\mathrm{op1}}^{\mathrm{III}} > K_{\mathrm{ast}} I_{\mathrm{Lmax}}$$

式中　I_{Lmax}——没有考虑电动机自起动时，线路输送的最大负荷电流；

　　　K_{ast}——自起动系数，按网络的具体接线及负荷性质确定。

在确定负荷状态下过电流保护的最大负荷电流时，除应考虑负荷本身处于最大值外，还需考虑网络接线变化时，流过保护的电流增大的情况。例如双回线，必须考虑其中一回线因故障断开后，余下的一回线的负荷电流增大的情况。

2）在外部故障切除后，且下一母线有电动机起动而流过最大负荷电流时，电流元件应能可靠返回，即

$$I_{\mathrm{re}} > K_{\mathrm{ast}} I_{\mathrm{Lmax}}$$

综合上述两个条件，引入可靠系数，可得

$$I_{\mathrm{re}} = K_{\mathrm{rel}}^{\mathrm{III}} K_{\mathrm{ast}} I_{\mathrm{Lmax}}$$

由于 $K_{\mathrm{re}} = \dfrac{I_{\mathrm{re}}}{I_{\mathrm{op1}}^{\mathrm{III}}}$，可以得到动作电流的计算公式，即

$$I_{\mathrm{op1}}^{\mathrm{III}} = \frac{K_{\mathrm{rel}}^{\mathrm{III}} K_{\mathrm{ast}}}{K_{\mathrm{re}}} I_{\mathrm{Lmax}} \tag{2-10}$$

式中　$K_{\mathrm{rel}}^{\mathrm{III}}$——定时限过电流保护的可靠系数，一般取 1.15～1.25；

　　　K_{re}——电流测量元件的返回系数。

由于定时限过电流保护的动作电流是按躲过线路的最大负荷电流整定，而无时限电流速断保护和限时电流速断保护按躲过短路电流整定，因此，定时限过电流保护的动作电流比前两种保护的动作电流小得多，其灵敏度较高。

（2）动作时间的整定。为保证保护动作的选择性，过电流保护动作时间按阶梯原则整定，即从用户到电源，各保护的动作时间逐级增加一个时限级差 Δt。同时，任一线路过电流保护的动作时间必须与该线路末端变电所母线上所有出线保护中动作时间最长者相配合。如图 2 - 6 所示，其中

$$\left.\begin{aligned} t_3 &= t_4 + \Delta t \\ t_2 &= t_3 + \Delta t \\ t_1 &= t_2 + \Delta t \end{aligned}\right\} \tag{2-11}$$

（3）灵敏系数校验。按整定原则计算出的动作电流，需要进行灵敏系数校验。对保护

1，它作为近后备保护时，按最小运行方式下，被保护线路末端两相短路电流校验，要求 $K_{\text{sen}}^{\text{III}} \geqslant 1.3 \sim 1.5$；它作为远后备保护时，按最小运行方式下，相邻下一线路末端两相短路电流来校验，要求 $K_{\text{sen}}^{\text{III}} \geqslant 1.2$，即：

作为近后备保护的灵敏系数

$$K_{\text{sen}}^{\text{III}} = \frac{I_{\text{kBmin}}}{I_{\text{op1}}^{\text{III}}} \qquad (2-12)$$

作为远后备保护的灵敏系数

$$K_{\text{sen}}^{\text{III}} = \frac{I_{\text{kCmin}}}{I_{\text{op1}}^{\text{III}}} \qquad (2-13)$$

2. 定时限过电流保护的单相原理图

电流Ⅲ段保护的原理图与电流Ⅱ段保护相同，如图 2-5 所示，KA 和 KT 对应Ⅲ段的整定值。

3. 定时限过电流保护的特点

定时限过电流保护结构简单，工作可靠，且灵敏性较高，不仅能作为本线路的近后备保护，而且能作为相邻下一条线路的远后备保护。它的缺点是动作时间长，而且越靠近电源其动作时限越长，对靠近电源端的故障不能快速切除。

2.1.4　电流保护的接线方式

1. 相间短路电流保护的接线方式

电流保护的接线方式是指保护中电流继电器与电流互感器二次绕组之间的连接方式。电流保护常用的接线方式有三相完全星形接线、两相不完全星形接线、两相三继电器接线、两相电流差接线。

三相完全星形接线如图 2-7 所示，它是将三个电流互感器和三个电流继电器分别按相连接起来，接成星形，流入继电器的电流就是电流互感器的二次电流。保护采用三相完全星形接线方式，能反应各种相间短路和接地短路。

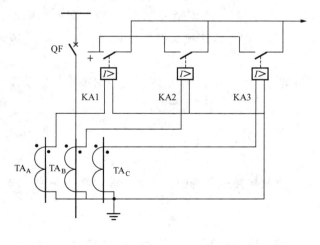

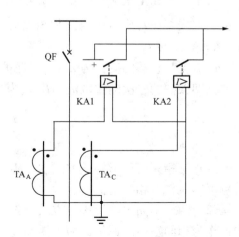

图 2-7　三相完全星形接线　　　　　　图 2-8　两相不完全星形接线

两相不完全星形接线如图 2-8 所示，它是将装于 A、C 相的两个电流互感器和两个电流继电器分别按相连接起来，接成不完全星形，此时流入继电器的电流是电流互感器的二次电流。保护采用两相不完全星形接线时，能反应各种相间短路及 A 相、C 相发生的单相接地短路，但 B 相发生单相接地短路时，保护装置不会动作。

两相三继电器接线如图 2-9 所示，它是将装于 A、C 相的两个电流互感器和两个电流继电器分别按相连接起来，在中性线回路接入第三个继电器。采用这种接线方式主要用于提高 Yd11 接线变压器后两相短路时过电流保护的灵敏度。

两相电流差接线如图 2-10 所示，它是将装于 A、C 相的两个电流互感器非极性端连接起来接入一个电流继电器，采用两相电流差接线时，三相短路时流过继电器的电流是$\sqrt{3}$倍的短路电流，AC 两相短路时流过继电器的电流是 2 倍的短路电流，AB 或 BC 两相短路时流过继电器的电流是 1 倍的短路电流。

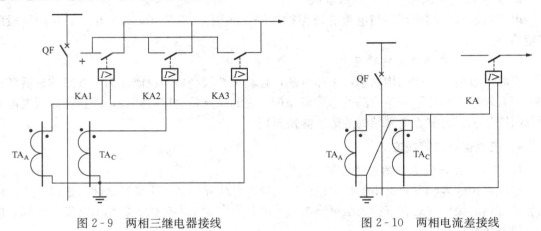

图 2-9　两相三继电器接线　　　　　　　图 2-10　两相电流差接线

流过电流继电器的电流 $I_{op.KA}$ 与电流互感器二次侧电流 I_{TA2} 之比称为接线系数 K_{con}，即

$$K_{con} = \frac{I_{op.KA}}{I_{TA2}} \tag{2-14}$$

对于三相完全星形和两相不完全星形接线方式，对任何短路类型 $K_{con}=1$。对两相电流差接线方式，在对称运行或三相短路时 $K_{con}=\sqrt{3}$；在 AC 两相短路时，$K_{con}=2$；在 AB 或 BC 两相短路时 $K_{con}=1$。

设电流互感器的变比为 n_{TA}，当保护装置的一次动作电流为 I_{op} 时，则电流继电器的动作电流（即保护的二次动作电流）$I_{op.KA}$ 为

$$I_{op.KA} = K_{con} \frac{I_{op}}{n_{TA}} \tag{2-15}$$

2. 各种接线方式的应用范围

（1）三相完全星形接线方式主要用在中性点直接接地系统中，作为相间短路的保护，同时也可以兼作单相接地保护。

（2）两相不完全星形接线方式较为经济简单，主要应用在 35kV 及以下电压等级的电网中，作为相间短路的保护。为了提高 Yd11 接线变压器后两相短路时过电流保护的灵敏度，通常采用两相三继电器接线。

（3）两相电流差接线方式接线简单，投资少，但是灵敏性较差，这种接线主要用在 6～10kV 中性点不接地系统中，作为馈电线和较小容量高压电动机的保护。

2.1.5　阶段式电流保护

1. 三段式电流保护的构成及时限特性

无时限电流速断保护只能保护线路的一部分，限时电流速断保护能保护线路全长，但却不能作为相邻下一线路的后备保护，还必须采用定时限过电流保护作为本线路和相邻下一线路的后备保护。阶段式电流保护可以由三种保护相组合构成两段式或三段式，常常将无时限电流速断保护、限时电流速断保护、定时限过电流保护组合在一起，构成三段式电流保护，它们分别称为第Ⅰ段、第Ⅱ段、第Ⅲ段电流保护。有时也利用第Ⅰ段、第Ⅲ段或第Ⅱ段、第Ⅲ段构成两段式电流保护。

三段式电流保护的时限特性如图 2 - 11 所示，第Ⅰ段电流保护只能保护本线路的一部分，其动作时限为继电器的固有动作时间；第Ⅱ段电流保护能以较短时间切除本线路全长上的故障，能保护本线路全长，并延伸到下一线路，但不能作下一线路的后备保护；第Ⅲ段电流保护能保护本线路及下一线路全长，可作为本线路的近后备保护，也可作下一线路的远后备保护，但动作时限较长。

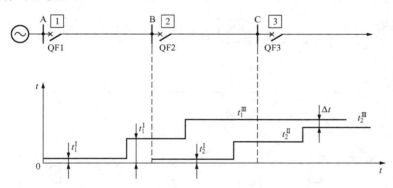

图 2 - 11　三段式电流保护的时限特性

2. 三段式电流保护原理图

电流保护的原理接线图一般用原理图和展开图来表示。电磁型三段式电流保护原理接线图如图 2 - 12 所示。

原理图完整地表示出保护的全部组成元件和各电气元件的动作原理。在原理图中，将一次接线的有关部分和二次接线画在一起，继电器以整体的形式表示，其相互联系的电流回路、电压回路、直流回路等综合画在一起。如图 2 - 12 (a) 所示，第Ⅰ段电流保护由 KA1、KA2、KS1、KM1 构成，第Ⅱ段电流保护由 KA3、KA4、KT1、KS2、KM1 构成，第Ⅲ段电流保护由 KA5、KA6、KA7、KT2、KS3、KM1 构成。

在原理图上所有组成元件都可以用完整的图形符号表示，能对整套保护的构成和工作原理给出直观的完整的概念。但元件的内部接线、引出端子及回路的编号等都没有表示出来。直流电源的表示也不完整，不能反映保护装置的实际布置和连接。特别是在元件较多、接线较复杂时，原理图的绘制和阅读都比较困难，而且不便于现场查线及调试。

如图 2 - 12 (b) 所示，展开图是将保护的交流电流回路、交流电压回路、直流回路、信号回路分开绘制。各继电器的线圈和触点也分开，分别画在它们各自所属的回路中，属于同一个继电器的各部件标以相同的文字符号。交流回路按 A、B、C 的顺序排列，直流回路

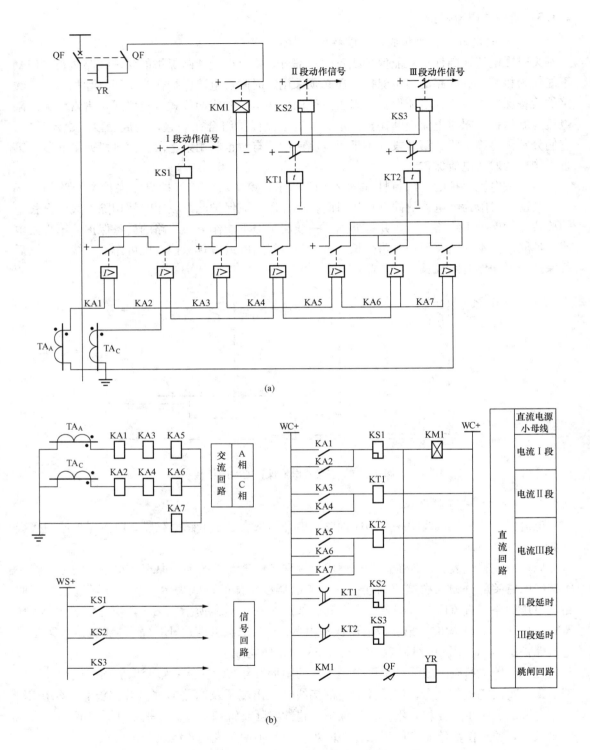

图 2 - 12　电磁型三段式电流保护原理接线图

（a）原理图；（b）展开图

按保护的动作顺序自上而下排列。每行中各继电器的线圈、触点等按实际连接顺序绘制。继电器的线圈和触点的连接尽量按故障后保护的动作顺序，自左而右、自上而下地依次排列。展开图各回路的右侧常有文字说明，便于了解各回路的作用。

展开图能清楚地表示出保护的动作过程，绘制和阅读方便，便于查线和调试。

阶段式电流保护构成简单，可靠性较高，第Ⅰ段第Ⅱ段电流保护共同作为线路的主保护，能满足 35kV 及以下网络主保护速动性的要求，电流保护第Ⅲ段动作时间较长，一般只能作为线路的后备保护。电流保护的灵敏度受系统运行方式变化的影响，一般情况下，灵敏度的要求能够得到满足，但在系统运行方式变化很大、线路很短、线路长负荷重等情况下，灵敏度不容易满足要求。阶段式电流保护一般用于 35kV 及以下电压等级的单侧电源电网中，能够有选择性地切除故障，但在多电源或单电源环网等复杂网络中无法保证选择性。

2.1.6　三段式电流保护的整定计算举例

【例 2-1】　如图 2-13 所示网络，在各断路器处装有三段式电流保护，已知 $Z_{s.min}=0.2\Omega$，$Z_{s.max}=0.3\Omega$，$l_{AB}=10km$，$l_{BC}=15km$，$Z_1=0.4\Omega/km$，线路 AB 的最大负荷电流为 150A，保护 2 定时限过电流保护的动作时限为 $t_2^{\text{Ⅲ}}=1.5s$，时限级差取 0.5s，自起动系数取 1.5，试对三段式电流保护 1 进行整定计算。

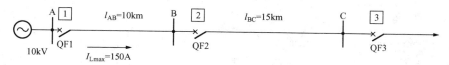

图 2-13　三段式电流保护整定计算例题

解　（1）短路电流计算。B 母线短路时的短路电流为

$$I_{kB.max}^{(3)}=\frac{E_{ph}}{Z_{s.min}+Z_1 l_{AB}}=\frac{10.5/\sqrt{3}}{0.2+0.4\times10}=1.443(kA)$$

$$I_{kB.min}^{(2)}=\frac{\sqrt{3}}{2}\times\frac{E_{ph}}{Z_{s.max}+Z_1 l_{AB}}=\frac{\sqrt{3}}{2}\times\frac{10.5/\sqrt{3}}{0.3+0.4\times10}=1.221(kA)$$

C 母线短路时的短路电流为

$$I_{kC.max}^{(3)}=\frac{E_{ph}}{Z_{s.min}+Z_1 l_{AB}+Z_1 l_{BC}}=\frac{10.5/\sqrt{3}}{0.2+0.4\times10+0.4\times15}=0.594(kA)$$

$$I_{kC.min}^{(2)}=\frac{\sqrt{3}}{2}\times\frac{E_{ph}}{Z_{s.max}+Z_1 l_{AB}+Z_1 l_{BC}}=\frac{\sqrt{3}}{2}\times\frac{10.5/\sqrt{3}}{0.3+0.4\times10+0.4\times15}=0.51(kA)$$

（2）保护 1 的整定计算。

1）保护 1 电流Ⅰ段整定计算。

a. 动作电流为

$$I_{op1}^{I}=K_{rel}^{I}I_{kB.max}^{(3)}=1.3\times1.443=1.876(kA)$$

b. 动作时限为保护固有动作时间。

c. 灵敏度校验：

$$l_{min}=\frac{1}{Z_1}\left(\frac{E_{ph}}{I_{op1}^{I}}\times\frac{\sqrt{3}}{2}-Z_{s.max}\right)=\frac{1}{0.4}\times\left(\frac{10.5/\sqrt{3}}{1.876}\times\frac{\sqrt{3}}{2}-0.3\right)=6.25(km)$$

$$\frac{l_{min}}{l_{AB}}\times100\%=62.5\%>15\%$$

灵敏度满足要求。

2）保护 1 电流 Ⅱ 段整定计算。

a. 动作电流为

$$I_{op.1}^{II} = K_{rel}^{II} I_{op.2}^{I} = K_{rel}^{II} K_{rel}^{I} I_{kC.max}^{(3)} = 1.1 \times 1.3 \times 0.594 = 0.85 (kA)$$

b. 动作时限为

$$t_1^{II} = t_2^{I} + \Delta t = 0.5s$$

c. 灵敏度校验为

$$K_{sen}^{II} = \frac{I_{kB.min}^{(2)}}{I_{op.1}^{II}} = \frac{1.221}{0.85} = 1.44 > 1.3$$

灵敏度满足要求。

3）保护 1 电流 Ⅲ 段整定计算。

a. 动作电流为

$$I_{op1}^{III} = \frac{K_{rel} K_{ast}}{K_{re}} I_{L.max} = \frac{1.2 \times 1.5}{0.85} \times 0.15 = 0.318 (kA)$$

b. 动作时限为

$$t_1^{III} = t_2^{III} + \Delta t = 1.5 + 0.5 = 2s$$

c. 灵敏度校验。

a）作近后备保护，则有

$$K_{sen}^{III} = \frac{I_{kB.min}^{(2)}}{I_{op1}^{III}} = \frac{1.221}{0.318} = 3.84 > 1.5$$

灵敏度满足要求。

b）作远后备保护，则有

$$K_{sen}^{III} = \frac{I_{kC.min}^{(2)}}{I_{op1}^{III}} = \frac{0.51}{0.318} = 1.6 > 1.2$$

灵敏度满足要求。

2.2　阶段式方向电流保护

为了提高供电可靠性，现代电力系统多采用多电源的复杂网络，如双侧电源电网、单电源环形电网、多电源网络，在这样的电网中，要求在每条线路两侧各装一台断路器，并各装一套保护，线路发生短路故障时，线路两侧的保护都动作，断路器跳闸，从两侧切除故障线路，这样，可以提高供电的可靠性。此时仍采用电流保护已不能满足要求，需要采用另一种保护——方向电流保护。

2.2.1　方向电流保护的基本原理

1. 方向性问题的提出

如图 2-14 所示双侧电源供电网络，图 2-14（a）中当 k1 点发生相间短路时，要求保护 3 和 4 动作，跳开断路器 QF3 和 QF4；图 2-14（b）中当 k2 点发生相间短路时，则要求保护 5 和 6 动作，跳开断路器 QF5 和 QF6，即可切除故障线路，保证非故障线路继续运行，提高了供电可靠性。

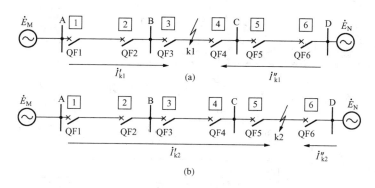

图 2 - 14　双侧电源供电网络

(a) k1 点短路；(b) k2 点短路

当在图 2 - 14 中保护 3 的电流 Ⅰ 段范围内 k1 点短路时，M 侧电源供给的短路电流为 $\dot{I}'_{k1}$，N 侧电源供给的短路电流为 $\dot{I}''_{k1}$，若 $I'_{k1} > I^{\mathrm{I}}_{\mathrm{op2}}$，则保护 2 的无时限电流速断保护会动作，将断路器 QF2 跳开，造成母线 B 全部停电。所以对电流速断保护来说，在双侧电源线路上难以满足选择性的要求。对电流保护第Ⅲ段而言，k1 点短路时，为保证选择性，要求保护 5 的时限大于保护 4 的时限，即 $t_5 > t_4$；而当 k2 点短路时，又要求 $t_4 > t_5$，显然这是矛盾的。

由以上分析可以看出，简单的电流保护应用于双侧电源网络存在这样的问题，在保护安装处反方向发生故障时，保护出现误动作。

要解决上述问题，应在 k1 点发生短路时，使保护 2、5 不动作，而在 k2 点发生短路时，使保护 4 不动作。下面分析短路时流过保护的功率方向，k1 点短路时，流经保护 2、5 的短路功率方向是由被保护线路流向母线；而流经保护 3、4 的短路功率方向是由母线流向被保护线路。同样，k2 点短路时，流经保护 4 的短路功率方向是由被保护线路流向母线；而流经保护 5 的短路功率方向是由母线流向被保护线路。可以看出，当功率方向是由母线流向被保护线路时，保护应该动作；当功率方向是由被保护线路流向母线时，保护不应该动作。由此可知，如果在保护中加装一个能判别功率方向的方向元件，即功率方向继电器，假定保护的正方向是由母线指向线路，使它在功率方向由母线流向线路时动作，反之不动作。这样就解决了电流保护动作的选择性问题。这种在电流保护基础上加装方向元件的保护称为方向电流保护。与电流保护相似，由无时限方向电流速断保护、限时方向电流速断保护和方向过电流保护可以构成阶段式方向电流保护。

图 2 - 15 所示双侧电源电网，电网中装设了方向过电流保护，图 2 - 15（a）中所示箭头方向，即为各保护的动作方向，这样就可将两个方向的保护拆开，看成两个单电源辐射形电网的保护。其中，保护 1、3、5 为一组，保护 2、4、6 为另一组，各个同方向保护的时限仍按阶梯原则来整定，它们的时限特性如图 2 - 15（b）所示。当线路 BC 上发生短路时，保护 2 和 5 处的短路功率方向是由线路流向母线，与保护方向相反，即功率方向为负，保护不动作。而保护 1、3、4、6 处短路功率方向为由母线流向线路，与保护方向相同，即功率方向为正，故保护 1、3、4、6 都起动，但由于 $t_1 > t_3$，$t_6 > t_4$，故保护 3 和 4 先动作跳开断路器 QF3、QF4，切除故障线路 BC，短路故障消除，保护 1 和 6 返回，从而保证了保护动作的选择性。

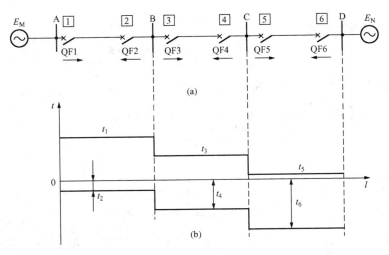

图 2 - 15　双侧电源电网及保护时限特性

(a) 网络图；(b) 保护时限特性

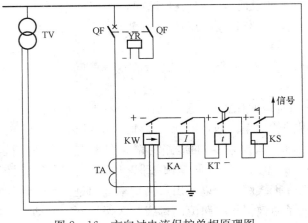

图 2 - 16　方向过电流保护单相原理图

2. 方向电流保护单相原理图

方向过电流保护的单相原理接线如图 2 - 16 所示，它主要由方向元件 KW、电流元件 KA、时间元件 KT 组成，其中电流继电器 KA 为电流测量元件，用来判别是否出现短路故障；功率方向继电器 KW，用来判别短路故障方向；时间继电器 KT，用来建立过电流保护动作时限。由图 2 - 16 可见，只有方向元件、电流元件都动作才能去起动时间元件，经预定延时动作于跳闸。

应当指出，方向电流保护的各段有时不需采用方向元件，同样能保证选择性，这对提高保护可靠性是有利的。图 2-17 (a) 示出了双侧电源网络图，图 2-17 (b) 示出了不同地点短路故障时 M、N 两侧供给的最大短路电流曲线及各保护Ⅰ段的动作电流。

由图 2-17 (b) 可见，在线路 AB 上发生短路时，流经保护 3 的短路电流 I_{kN} 小于其动作电流 $I_{op.3}^{I}$，所以保护 3 的Ⅰ段不会因反向故障而误动，故可不必装设方向元件。而当线路 CD 出口短路时，流经保护 4 的短路电流 I_{kM} 大于其Ⅰ段动作值 $I_{op.4}^{I}$，保护 4 的Ⅰ段应装设方向元件。同理可分析其他保护的Ⅰ段是否需要装设方向元件。对于过电流保护，要根据它们的动作时限来判断是否装设方向元件。图 2-17 (c) 表示出了两个方向的过电流保护的时限特性。对于保护 4 和 5 来说，Ⅲ段的动作时限分别为 t_4 和 t_5，由于 $t_4 > t_5$，所以在线路 CD 上短路时，保护 5 先于保护 4 动作，因而保护 4 的第Ⅲ段不必装设方向元件，而保护 5 的第Ⅲ段应装设方向元件。因此，连接于同一变电所母线的各线路的过电流保护，若动作时限不同，则动作时限长的可不装设方向元件，动作时限短的应装设方向元件；若动作时限相同，则都应装设方向元件。

2.2.2 功率方向继电器

1. 功率方向继电器的工作原理

下面以图 2 - 18 所示网络为例，说明正、反方向故障时功率方向继电器的工作原理。对线路 BC 上的保护 3 而言，加入功率方向继电器的电压 $\dot{U}_r$ 和电流 $\dot{I}_r$ 分别通过电压互感器 TV 和电流互感器 TA 取得，而电压 $\dot{U}_r$ 和电流 $\dot{I}_r$ 分别反映了保护安装处的母线电压 $\dot{U}$ 和流过保护的电流 $\dot{I}_k$ 的大小和相位。电流以由母线流向线路作为正方向，而电压以母线高于大地作为正方向，如图 2 - 18（a）所示。当保护 3 正方向 k1 点发生短路时，流过保护 3 的电流 $\dot{I}_{k1}$ 由母线流向线路，$\dot{I}_{k1}$ 滞后电压 $\dot{U}$ 的角度为 φ_{k1}（φ_{k1} 为从母线至 k1 点之间的线路阻抗角），φ_{k1} 在 $0°\sim$ 90°范围内变化，相量如图 2 - 18（b）所示，其短路功率 $P_{k1} = UI_{k1}\cos\varphi_{k1} > 0$；当保护 3 反方向 k2

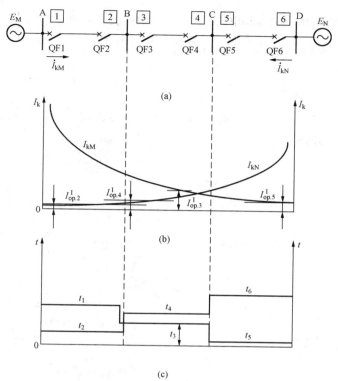

图 2 - 17 方向元件的装设

（a）网络图；（b）无时限电流速断的动作电流；

（c）过电流保护的时限特性

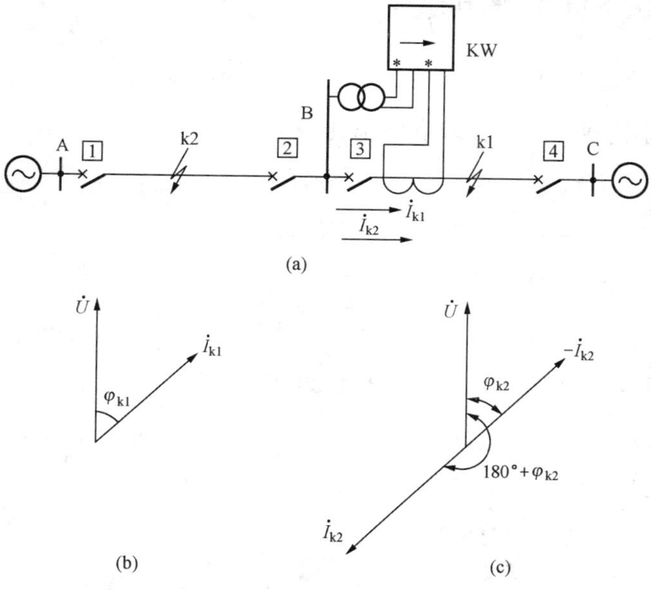

点发生短路时，流过保护 3 的电流为 $\dot{I}_{k2}$，按规定的电流正方向看，$\dot{I}_{k2}$ 滞后电压 $\dot{U}$ 的角度为 $180° + \varphi_{k2}$（φ_{k2} 为从母线至 k2 点之间的线路阻抗角），$180° + \varphi_{k2}$ 的变化范围为 $180°\sim270°$，电流、电压相量如图 2 - 18（b）所示，其短路功率 $P_{k2} = UI_{k2}\cos(180° + \varphi_{k2}) < 0$。由上述分析可知，若 $P_k > 0$，说明故障点在其保护正方向；若 $P_k < 0$，说明故障点在其保护的反方向，根据正、反方向故障时功率方向继电器感受功率的不同，可以实现方向判别。

功率方向继电器的工作原理，实质上就是判别加入功率方向继

图 2 - 18 功率方向继电器工作原理

（a）接线图；（b）、（c）相量图

电器的电压 $\dot{U}_r$ 和电流 $\dot{I}_r$ 之间的相位关系，即反应保护安装处的母线电压 $\dot{U}$ 和流过保护的电流 $\dot{I}_k$ 间的相位关系，其动作条件为

$$-90° \leqslant \arg\frac{\dot{U}_r}{\dot{I}_r} \leqslant 90° \qquad (2-16)$$

构成功率方向继电器时，既可直接比较 $\dot{U}_r$ 和 $\dot{I}_r$ 间的相角，也可间接比较电压 $\dot{C}$ 和 $\dot{D}$ 之间的相角，令

$$\left.\begin{array}{l} \dot{C} = \dot{K}_U\dot{U}_r \\ \dot{D} = \dot{K}_I\dot{I}_r \end{array}\right\} \qquad (2-17)$$

动作条件为

$$-90° \leqslant \arg\frac{\dot{C}}{\dot{D}} \leqslant 90° \qquad (2-18)$$

即

$$-90° \leqslant \arg\frac{\dot{K}_U\dot{U}_r}{\dot{K}_I\dot{I}_r} \leqslant 90° \qquad (2-19)$$

或写成

$$-90° - \alpha \leqslant \arg\frac{\dot{U}_r}{\dot{I}_r} \leqslant 90° - \alpha \qquad (2-20)$$

式中　$\dot{K}_I$——电流变换系数；

$\dot{K}_U$——电压变换系数；

α——功率方向继电器的内角，其值为 $\alpha = \arg\dfrac{\dot{K}_U}{\dot{K}_I}$。

相位比较式功率方向继电器通过比较 $\dot{C}$ 和 $\dot{D}$ 间相位关系构成，幅值比较式功率方向继电器可以通过比较 $\dot{A}$ 和 $\dot{B}$ 间幅值大小构成，相位比较和幅值比较间存在互换关系。$\dot{A}$ 和 $\dot{B}$ 与 $\dot{C}$ 和 $\dot{D}$ 间的关系为

$$\left.\begin{array}{l} \dot{A} = \dot{D} + \dot{C} \\ \dot{B} = \dot{D} - \dot{C} \end{array}\right\} \qquad (2-21)$$

当 $|\dot{A}| \geqslant |\dot{B}|$ 时，继电器动作。

若比较相位的两相量为 $\dot{C}$ 和 $\dot{D}$ 时，则比较绝对值的两相量 $\dot{A}$ 和 $\dot{B}$ 可写为

$$\left.\begin{array}{l} \dot{A} = \dot{K}_I\dot{I}_r + \dot{K}_U\dot{U}_r \\ \dot{B} = \dot{K}_I\dot{I}_r - \dot{K}_U\dot{U}_r \end{array}\right\} \qquad (2-22)$$

动作条件为 $\qquad\qquad |\dot{A}| \geqslant |\dot{B}|$

2. LG - 11 型功率方向继电器

（1）LG - 11 型功率方向继电器的构成和动作条件。整流型功率方向继电器一般按幅值比较原理构成，它主要由电压形成回路、比较回路、执行元件组成，其原理接线如图 2 - 19

所示。

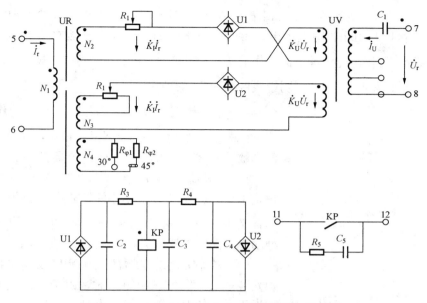

图 2 - 19　LG - 11 型功率方向继电器原理接线图

电压形成回路由电抗变换器 UR、电压变换器 UV 构成。电抗变换器的一次绕组 N_1 接于电流互感器的二次侧,输入电流为 $\dot{I}_r$,它有两个完全相同的二次绕组 N_2、N_3,输出电压为 $\dot{K}_I\dot{I}_r$,每个二次绕组与一次绕组间的转移阻抗为 $\dot{K}_I$,$\dot{K}_I$ 的阻抗角为 φ_I,因此 $\dot{K}_I\dot{I}_r$ 超前 $\dot{I}_r$ 的相角为 φ_I,N_4 为移相绕组,由 R_{ph1} 或 R_{ph2} 调节 φ_I 的大小,φ_I 的余角称为继电器的内角,用 α 表示,对于 LG - 11 型功率方向继电器,α 取值为 30°或 45°。继电器输入电压为 $\dot{U}_r$,电压变换器 UV 的一次绕组与电容 C_1 串联,构成工频串联谐振回路,UV 的二次有两个完全相同的绕组,输出电压为 $\dot{K}_U\dot{U}_r$,由于电压变换器 UV 一次回路处于工频谐振状态,所以 $\dot{I}_U$ 与 $\dot{U}_r$ 同相;二次绕组上电压 $\dot{K}_U\dot{U}_r$ 超前 $\dot{I}_U$ 为 90°,即电压 $\dot{K}_U\dot{U}_r$ 超前 $\dot{U}_r$ 为 90°,其中 $\dot{K}_U$ 为变换系数。

比较回路中,U1 为环流法比较回路中的动作整流桥,U2 为制动整流桥,加在 U1 上的动作电压为 $\dot{K}_I\dot{I}_r + \dot{K}_U\dot{U}_r$,加在 U2 上的制动电压为 $\dot{K}_I\dot{I}_r - \dot{K}_U\dot{U}_r$,这两种电压经整流滤波后加于执行元件极化继电器,当动作电压大于制动电压时,极化继电器动作。因此功率方向继电器的动作条件为

$$|\dot{K}_I\dot{I}_r + \dot{K}_U\dot{U}_r| \geqslant |\dot{K}_I\dot{I}_r - \dot{K}_U\dot{U}_r| \tag{2 - 23}$$

根据幅值比较和相位比较的互换关系,动作条件也可表示为

$$-90° \leqslant \arg \frac{\dot{K}_U\dot{U}_r}{\dot{K}_I\dot{I}_r} \leqslant 90° \tag{2 - 24}$$

或

$$-90° - \alpha \leqslant \arg \frac{\dot{U}_r}{\dot{I}_r} \leqslant 90° - \alpha \tag{2 - 25}$$

（2）LG-11 型功率方向继电器的动作区和灵敏角。由式（2-25）可见，当加到继电器端子上电压 $\dot{U}_r$ 超前继电器电流 $\dot{I}_r$ 的相角 φ_r 在 $-（90°+\alpha）\sim（90°-\alpha）$ 之间时，继电器处于动作状态。可以利用相量图表示出 φ_r 的变化范围，通常称为继电器的动作区。若以电压 $\dot{U}_r$ 为参考相量，可作出能使继电器动作的 $\dot{I}_r$ 的范围，如图 2-20 所示，规定 $\dot{I}_r$ 滞后 $\dot{U}_r$ 时 φ_r 为正，$\dot{I}_r$ 超前 $\dot{U}_r$ 时 φ_r 为负，阴影线区域为 $\dot{I}_r$ 的动作区。

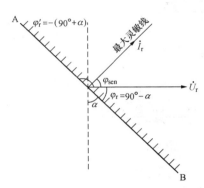

图 2-20　LG-11 型功率方向
继电器动作范围和灵敏角

当 $\varphi_r=-\alpha$ 时，$\dot{K}_U\dot{U}_r$ 与 $\dot{K}_I\dot{I}_r$ 同相，动作量 $\dot{K}_I\dot{I}_r+\dot{K}_U\dot{U}_r$ 最大，制动量 $\dot{K}_I\dot{I}_r-\dot{K}_U\dot{U}_r$ 最小，功率方向继电器最灵敏，故称 $-\alpha$ 为功率方向继电器的最大灵敏角，用 φ_{sen} 表示，即 $\varphi_{sen}=-\alpha$。图 2-20 中的 $\varphi_r=\varphi_{sen}=-\alpha$ 线，垂直于动作边界线，称为功率方向继电器的最大灵敏线。其含义是，当 $\dot{I}_r$ 落在该线上时，继电器最灵敏。LG-11 型功率方向继电器的灵敏角 $\varphi_{sen}=-30°$ 或 $\varphi_{sen}=-45°$。

（3）功率方向继电器的电压死区及消除措施。在保护安装处出口发生三相短路时，由于加入继电器的电压接近于零，使继电器不能可靠动作，这段区域称为电压死区。为了消除电压死区，在 LG-11 型功率方向继电器的电压回路串接了电容 C_1，使之与电压变换器的一次绕组构成工频串联谐振回路，利用谐振回路的记忆作用消除死区。

2.2.3　功率方向继电器的接线方式及分析

1. 功率方向继电器的接线方式

功率方向继电器的接线方式是指它与电流互感器和电压互感器之间的连接方式。反映相间短路的功率方向继电器的接线方式，应满足以下要求。

（1）发生各种类型短路时均能正确判别短路功率方向，即正方向发生任何类型的短路故障时，继电器都能动作，而反方向短路时不动作。

（2）故障后加入继电器的电流 $\dot{I}_r$ 和电压 $\dot{U}_r$ 应尽可能大，并使 φ_r 尽可能接近最大灵敏角 φ_{sen}。

对于相间短路保护用的功率方向继电器，为满足上述要求，广泛采用 90°接线方式。所谓 90°接线，是指在三相对称且功率因数 $\cos\varphi=1$ 的情况下，加入各相功率方向继电器的电压 $\dot{U}_r$ 和电流 $\dot{I}_r$

表 2-1　功率方向继电器的 90°接线方式时的电压和电流

继电器	$\dot{I}_r$	$\dot{U}_r$
KW1	$\dot{I}_a$	$\dot{U}_{bc}$
KW2	$\dot{I}_b$	$\dot{U}_{ca}$
KW3	$\dot{I}_c$	$\dot{U}_{ab}$

间的相位差为 90°的一种接线方式。各相功率方向继电器所加电压 $\dot{U}_r$ 和电流 $\dot{I}_r$ 列于表 2-1 中。需注意，功率方向继电器电流线圈和电压线圈的极性必须与电流、电压互感器二次线圈的极性正确连接。图 2-21 示出了功率方向继电器采用 90°接线方式时，方向过电流保护的原理接线图。

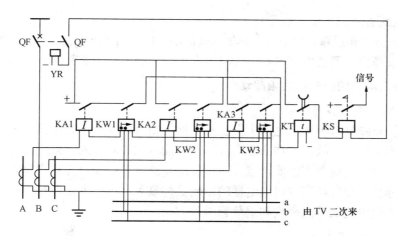

图 2 - 21 功率方向继电器采用 90°接线方式时方向过电流保护原理接线图

2. 功率方向继电器 90°接线方式的分析

分析功率方向继电器 90°接线方式的目的是选择一个合适的内角，保证线路上在发生各种相间短路时，能正确判别短路功率方向。

由于功率方向继电器的动作条件为 $-90°-\alpha \leqslant \varphi_r \leqslant 90°-\alpha$ 或表示为 $\cos(\varphi_r+\alpha) \geqslant 0$，这一动作条件表达式说明，在线路上发生短路时，功率方向继电器能否动作，主要取决于电压 $\dot{U}_r$ 和电流 $\dot{I}_r$ 间的相位角 φ_r 和继电器的内角 α。

可以通过分析各种相间短路时 φ_r 的变化范围，确定继电器的内角 α。

下面以正向三相短路为例进行分析。

保护安装处正向三相短路时，由于三相短路时三相电压和电流对称，三个功率方向继电器工作情况相同，现以 a 相为例进行分析。采用 90°接线时接入 a 相继电器的电流 $\dot{I}_r = \dot{I}_a$，电压 $\dot{U}_r = \dot{U}_{bc}$。可画出正向三相短路时的相量图如图 2 - 22 所示，保护安装处的电流滞后相应相的电压 φ_k 角（φ_k 为线路的阻抗角），由图 2 - 22 可以看出 $\varphi_r = -(90°-\varphi_k)$，当 φ_k 的变化范围为 $0° \leqslant \varphi_k \leqslant 90°$ 时，可以得出 φ_r 的变化范围为 $-90° \leqslant \varphi_r \leqslant 0°$，所以能使继电器动作的 α 的范围为 $0° \leqslant \alpha \leqslant 90°$。

正向两相短路时，对故障相上的功率方向继电器，按同样的方法可以分析出能使继电器动作的 α 的范围为 $30° \leqslant \alpha \leqslant 60°$。

通过对功率方向继电器的动作行为进行分析可知，能使继电器动作的 α 范围为 $30° \leqslant \alpha \leqslant 60°$。

用于相间短路保护的 LG - 11 型功率方向继电器，内角有两个 $\alpha=45°$ 和 $\alpha=30°$，即具有两个最大灵敏角 $\varphi_{sen} = -45°$ 和 $\varphi_{sen} = -30°$。当取这两个内角（或灵敏角）时，功率方向继电器能够正确动作。

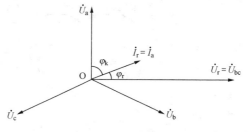

图 2 - 22 正向三相短路时的相量图

实际应用中继电器的内角值应根据动作最灵敏的条件来选择。为了减小死区范围，继电器动作最灵敏的条件，要根据三相短路时使 $\cos(\varphi_r+\alpha)=1$ 来决定，因此，若某一送电线路的阻抗角为 φ_k，应选择内角 $\alpha=90°-\varphi_k$，以便短路时获得最大灵敏角。

采用 90°接线方式的主要优点是：

（1）对于各种两相短路，继电器上都加入较高的电压，所以继电器在两相短路时无死区；

（2）适当选择继电器的内角，对于线路上发生的各种相间短路都能正确动作。

2.2.4　非故障相电流的影响和按相起动

1. 非故障相电流的影响

由电力系统故障分析可知，电网中发生不对称短路时，非故障相中仍有电流流过，此电流称为非故障相电流。非故障相功率方向继电器不能判别故障方向，处于动作状态，还是处于制动状态，完全由负荷电流性质确定。对于接地短路故障，非故障相中除负荷电流外，还存在零序电流分量，故对功率方向继电器的影响更为显著。现以发生两相短路为例，说明非故障相电流对方向电流保护的影响和消除影响的方法。

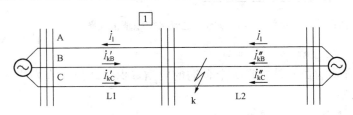

图 2-23　两相短路时非故障相电流的影响

当图 2-23 中线路 L2 上 k 点发生 BC 两相短路时，BC 两相中有短路电流流向故障点，而非故障相 A 相仍有负荷电流 i_1 流过保护 1，则保护 1 中 A 相功率方向元件将发生误动作。

防止非故障相电流影响的措施是：①提高电流测量元件的动作值；②电流继电器和功率方向继电器的触点采用按相起动接线。

2. 按相起动

按相起动接线是指同名相的电流测量元件和功率方向继电器的触点直接串联，即构成"与"门，而后起动保护，如图 2-24（a）所示。保护采用按相起动接线后，当反方向发生不对称短路故障时，因非故障相的电流元件不会动作，所以保护不会误起动。如果保护采用图 2-24（b）所示的非按相起动接线，则在反方向不对称短路故障时，故障相的电流元件通过非故障相功率方向继电器误起动保护，造成保护误动作。

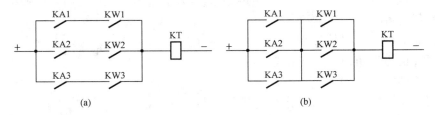

图 2-24　方向电流保护的接线方式
（a）按相起动；（b）非按相起动

2.2.5　方向电流保护的整定计算

1. 方向电流速断保护整定计算

在两端供电网络或单电源环网中，同样也可构成无时限方向电流速断保护和限时方向电流速断保护。它们的整定计算可按一般不带方向的电流速断保护整定计算原则进行。由于它装设了方向元件，故不必考虑反方向短路，按同一保护方向出现短路进行整定计算。

2. 方向过电流保护的整定计算

功率方向继电器在正常负荷电流作用下可能处于动作状态，因此，电流元件在正常运行时不应动作，具体整定原则如下。

（1）躲过本线路的最大负荷电流，并考虑外部短路故障切除后，已动作的电流继电器可靠返回，即

$$I_{op} = \frac{K_{rel}K_{ast}}{K_{re}}I_{L.max} \tag{2-26}$$

（2）躲过非故障相电流 I_{unf}。由 2.2.4 节分析可知，非故障相功率方向继电器不能判别故障方向。因此，为了保证保护装置不误动作，电流元件的动作电流必须大于非故障相电流，即

$$I_{op} = K_{rel}I_{unf} \tag{2-27}$$

（3）同一方向的保护灵敏度相互配合，即同方向保护的动作电流应从距电源最远的保护开始，向着电源逐级增大。以图 2-25 所示的单电源环网为例，各保护的方向如图中箭头所示。保护 1、3、5 为同一方向，保护 2、4、6 为另一方

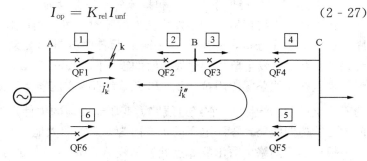

图 2-25　单电源环网中各保护间的配合

向。当 k 点短路时，若 $I_{op.4} < I_k'' < I_{op.2}$，则保护 2 不动作，而保护 4 误动作将断路器 QF4 跳开。为了避免这种无选择性动作，同一方向线路保护的动作电流必须有如下配合关系

$$I_{op\cdot 1} > I_{op\cdot 3} > I_{op\cdot 5}$$
$$I_{op\cdot 6} > I_{op\cdot 4} > I_{op\cdot 2}$$

即

$$I_{op\cdot 3} = K_{co}I_{op\cdot 5} \tag{2-28}$$

式中　K_{co}——配合系数，一般取 1.1。

方向过电流保护的动作电流应同时满足以上三个条件，同方向保护应取上述计算结果中最大者作为方向过电流保护的动作电流整定值。

2.3　线路接地保护

电力系统中性点工作方式，是综合考虑了供电可靠性、系统过电压水平、系统绝缘水平、继电保护的要求、对通信线路的干扰以及系统稳定的要求等因素而确定的。在我国采用的中性点工作方式主要有中性点直接接地方式、中性点经消弧线圈接地方式和中性点不接地方式。

目前我国 110kV 及以上电压等级的电力系统，都是中性点直接接地系统。在中性点直接接地系统中，当发生单相接地短路时产生较大的短路电流，所以中性点直接接地系统又称为大接地电流系统。据统计，在这种系统中，单相接地故障占总故障的 80%～90%，甚至更高。前述电流保护，当采用完全星形接线方式时，也能反应单相接地短路，但灵敏度常常

不能满足要求，而且保护动作时间长。因此，为了反应接地短路，必须装设专用的接地短路保护，并作用于跳闸。

我国 35kV 及以下电压等级的电力系统中，采用中性点不接地方式或中性点经消弧线圈接地方式。当发生单相接地故障时，接地故障电流较小，所以这种系统又叫小接地电流系统。

在电力系统中发生接地故障时，电流和电压可以利用对称分量法分解为正序、负序、零序分量，接地短路的特点是有零序分量存在，应用这一特点可以构成反应接地故障的保护。电力系统中性点工作方式不同，发生单相接地故障时零序分量特点不同。下面分别介绍零序分量的不同特点及接地保护。

2.3.1　中性点直接接地系统中的阶段式零序电流及方向保护

1. 中性点直接接地系统中单相接地时零序分量的特点

在中性点直接接地电网中发生接地故障时，可以利用对称分量法将电流、电压分解成正序、负序、零序分量，并用复合序网表示各序分量的关系。如图 2-26（a）所示的电网，线路 AB 上 k 点发生单相接地故障时的零序网络如图 2-26（b）所示，图中 Z_{Ak0} 和 Z_{Bk0} 分别为故障点两侧线路零序阻抗，Z_{T10} 和 Z_{T20} 为两侧变压器零序阻抗，零序电流是由故障点出现的零序电压 $\dot{U}_{k0}$ 产生的，它经过线路、变压器接地的中性点构成回路。假定零序电流的正方向为母线指向线路，零序电压的正方向为线路指向大地。

根据零序网络可写出故障点处、母线 A 和母线 B 处的零序电压为

$$\left.\begin{aligned}
\dot{U}_{k0} &= -\dot{I}_{A0}(Z_{T10} + Z_{Ak0}) \\
\dot{U}_{A0} &= -\dot{I}_{A0} Z_{T10} \\
\dot{U}_{B0} &= -\dot{I}_{B0} Z_{T20}
\end{aligned}\right\} \tag{2-29}$$

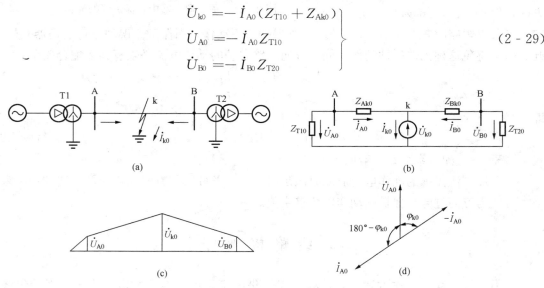

图 2-26　单相接地短路时零序分量特点

（a）网络图；（b）k 点接地时零序网络；（c）零序电压分布；（d）相量图

由上述分析可见，零序电压、零序电流具有如下特点。

（1）故障点处的零序电压最高，系统中距故障点越远处零序电压越低，变压器中性点接地处的零序电压为零。零序电压由故障点到接地中性点按线性分布，如图 2-26（c）所示。

（2）零序电流是由故障点处零序电压产生，零序电流的大小和分布主要取决于线路的零序阻抗和中性点接地变压器的零序阻抗，而与电源的数目和位置无关。

（3）对故障线路，两端的零序功率方向与正序功率方向相反，即正序功率方向为由母线指向线路，而零序功率方向却由线路指向母线。

（4）保护安装处零序电压 $\dot{U}_{A0}$ 与零序电流 $\dot{I}_{A0}$ 的相位关系决定于保护安装处背后变压器的零序阻抗 Z_{T10}，与线路的零序阻抗及故障点的位置无关，如图 2 - 26 (d) 所示。图中 φ_{k0} 为 Z_{T10} 的阻抗角，零序电流 $\dot{I}_{A0}$ 超前零序电压 $\dot{U}_{A0}$ 的角度为 $180° - \varphi_{k0}$。

2. 阶段式零序电流保护

在大接地电流系统中发生接地故障时，系统中将出现零序电流、零序电压，因此，可以利用零序电流实现大接地电流系统的接地保护。零序电流保护是根据系统发生接地故障时出现零序电流这一特点而构成的，它反应零序电流的增大而动作。

零序电流保护与相间短路的电流保护相似，也可以构成阶段式保护。三段式零序电流保护由无时限零序电流速断保护（零序Ⅰ段）、限时零序电流速断保护（零序Ⅱ段）、零序过电流保护（零序Ⅲ段）构成。图 2 - 27 所示为三段式零序电流保护原理图。

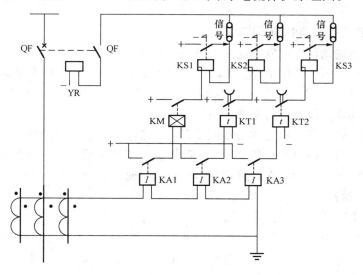

图 2 - 27　三段式零序电流保护原理图

（1）无时限零序电流速断保护（零序电流Ⅰ段）。无时限零序电流速断保护的工作原理和整定原则，与相间短路的无时限电流速断保护类似，其动作电流的整定可用图 2 - 28 来说明。图 2 - 28 中曲线 1 为线路 AB 发生接地故障时流过保护 1 的最大零序电流与故障点位置的关系曲线。为了保证保护动作的选择性，无时限零序电流速断保护 1 的动作电流应按如下条件来整定。

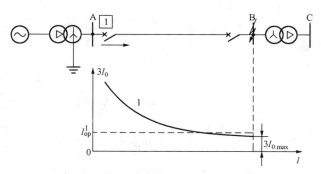

图 2 - 28　无时限零序电流速断保护动作电流的整定

1）躲过被保护线路末端接地短路时，流过本保护的最大零序电流，即

$$I_{op}^{I} = K_{rel} 3I_{0.max} \tag{2-30}$$

式中　$3I_{0.max}$——B 母线发生接地故障时，流过保护 1 的最大零序电流；

　　　　K_{rel}——可靠系数，一般取 1.2～1.3。

2）躲过断路器三相触头不同时合闸时，流过保护的最大零序电流，即

$$I_{op}^{I} = K_{rel} 3I_{0.ust} \tag{2-31}$$

式中　K_{rel}——可靠系数，一般取 1.1～1.2；

　　　$3I_{0.ust}$——断路器三相触头不同时合闸时，出现的最大零序电流。

$3I_{0.ust}$ 只在不同时合闸期间存在，所以持续时间较短。若保护动作时间大于断路器三相不同期时间，则可不考虑这个整定条件。

3）当被保护线路采用单相自动重合闸时，保护还应躲过单相重合闸过程中出现非全相运行又伴随振荡时的零序电流，即

$$I_{op}^{I} = K_{rel} 3I_{0.unc} \tag{2-32}$$

式中　K_{rel}——可靠系数，一般取 1.1～1.2；

　　　$3I_{0.unc}$——非全相振荡时的零序电流。

零序电流Ⅰ段的动作电流取上述三个条件中的最大值。

按照上述条件整定可能使动作值太高，难以满足灵敏度要求，通常采取如下措施。

1）断路器三相触头不同时接通所引起的零序电流持续时间短，一般引入 0.1s 延时即可躲过，这样整定动作电流时不必考虑此项。

2）通常按式（2-32）整定的动作值较高，这意味着零序Ⅰ段的保护区缩短。为不使保护区缩短，增加不考虑躲过非全相运行又伴随振荡的零序Ⅰ段，即仅按整定原则 1）、2）进行整定，一般称为灵敏Ⅰ段，在线路出现非全相运行时将灵敏Ⅰ段退出。动作值较高的不灵敏Ⅰ段不必退出运行。

无时限零序电流速断保护的最小保护范围应不小于被保护线路全长的 15%。

（2）限时零序电流速断保护（零序电流Ⅱ段）。限时零序电流速断保护的作用与相间短路的限时电流速断保护相同，工作原理与其相似。零序Ⅱ段的动作电流、动作时限与相邻线路零序Ⅰ段相配合。

动作电流整定原则如下。

1）按与相邻线路的零序Ⅰ段相配合整定。在图 2-29 中，保护 1 的Ⅱ段零序电流保护一次整定值为

$$I_{op\cdot1}^{II} = \frac{K_{rel}}{K_{br}} I_{op\cdot2}^{I} \tag{2-33}$$

式中　$I_{op.2}^{I}$——相邻线路保护 2 的零序Ⅰ段的动作电流；

　　　K_{rel}——可靠系数，取 1.1～1.2；

　　　K_{br}——分支系数，其值为相邻线路零序Ⅰ段保护范围末端（图 2-29 中 k 点）接地

故障时，相邻线路的零序电流与流过本线路的零序电流之比，$K_{br} = \dfrac{I_{B0}}{I_{A0}}$，取

最小值。

如果相邻线路有两个零序Ⅰ段，则式（2-33）中的 $I_{op.2}^{I}$ 应为不灵敏Ⅰ段的动作电流。

2）按躲过非全相运行时的零序电流整定。此时保护又称不灵敏Ⅱ段，动作电流按下式

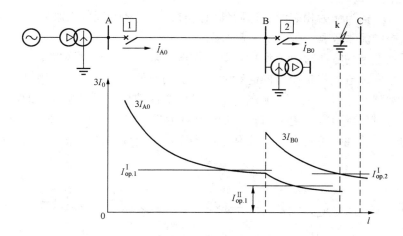

图 2 - 29　限时零序电流速断保护动作电流的整定

整定

$$I_{op \cdot 1}^{II} = K_{rel} 3 I_{0 \cdot unc} \tag{2-34}$$

式中　$3I_{0 \cdot unc}$——本线路非全相运行时的最大零序电流。

零序 II 段的灵敏系数按本线路末端接地短路来校验，即

$$K_{sen}^{II} = \frac{3 I_{0 \cdot min}}{I_{op1}^{II}} \tag{2-35}$$

式中　$3I_{0 \cdot min}$——本线路末端接地短路时，流过保护的最小零序电流计算值。

规程规定，$K_{sen}^{II} \geqslant 1.3 \sim 1.5$。

（3）零序过电流保护（零序电流 III 段）。零序过电流保护工作原理与反应相间短路的过电流保护相似，作为接地短路故障的后备保护，但在中性点直接接地电网的终端线路上，也可以作为主保护。零序过电流保护整定原则如下。

1）躲过相邻线路出口处发生三相短路时，流过保护的最大不平衡电流，即

$$I_{op \cdot 1}^{III} = K_{rel} I_{unb \cdot max} \tag{2-36}$$

式中　K_{rel}——可靠系数，取 $1.2 \sim 1.3$；

$I_{unb \cdot max}$——相邻线路出口处发生三相短路时，零序电流滤过器所输出的最大不平衡电流。

2）与相邻线路 III 段零序电流保护的灵敏度相配合。为了满足选择性的要求，零序过电流保护的动作电流必须按逐级配合的原则来整定，要求本线路 III 段零序电流保护的保护范围不能超过相邻线路 III 段零序电流保护的保护范围。如图 2 - 29 所示，保护 1 的 III 段零序电流保护定值应按下式来整定

$$I_{op \cdot 1}^{III} = \frac{K_{rel}}{K_{br}} I_{op \cdot 2}^{III} \tag{2-37}$$

式中　K_{rel}——可靠系数，取 $1.1 \sim 1.2$；

$I_{op \cdot 2}^{III}$——相邻线路保护 2 的零序 III 段的动作电流；

K_{br}——分支系数，其值为相邻线路零序 III 段保护范围末端接地故障时，相邻线路的零序电流与流过本线路的零序电流之比，取最小值。

零序过电流保护的灵敏系数按保护范围末端接地短路时的最小短路电流来校验。当作为本线路近后备保护时，应按本线路末端发生接地短路时流过保护的最小零序电流来校验，要

求 $K_{sen} \geqslant 1.3 \sim 1.5$；当作为相邻线路远后备保护时，应按相邻元件末端发生接地短路时流过保护的最小零序电流来校验，要求 $K_{sen} \geqslant 1.2$。

按上述原则整定的零序过电流保护，其动作电流都很小，在电网发生接地短路时，同一电压等级内各零序过电流保护都可能起动。为保证动作的选择性，各零序过电流保护动作时限应按阶梯原则整定，如图 2 - 30 所示。零序过电流保护 3 可以是无延时的，因为在变压器低压侧接地短路时，没有零序电流流过保护。为了便于比较，在图 2 - 30 中绘出了相间短路过电流保护的时限特性，可见，同一线路上的零序过电流保护的时限小于相间短路过电流保护的动作时限。

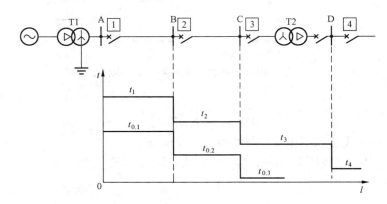

图 2 - 30　零序过电流保护的时限特性

3. 零序方向电流保护

（1）装设方向元件的必要性。在双侧电源或多电源的中性点直接接地系统中，线路两端有中性点接地变压器的情况下，无论被保护线路对侧有无电源，当保护反方向发生接地故障时，就有零序电流通过保护安装处。如图 2 - 31 所示，当在线路 AB 或 BC 上发生接地短路时，都有零序电流流过位于母线 B 两侧的保护 2 和 3，当 k 点发生接地故障时，对于保护 3 来说为反方向故障。对于零序过电流保护，若 $t_{03} < t_{02}$，则保护 3 的零序过电流保护要先于保护 2 的零序过电流保护动作；对于零序电流速断保护，若零序电流高于保护 3 零序 I 段的动作值，则保护 3 的零序 I 段将动作，造成无选择性动作。因此，需装设方向元件构成零序方向电流保护，以保证选择性。

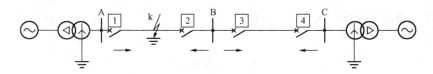

图 2 - 31　两侧都有中性点接地变压器的网络

（2）正方向故障时，保护安装处零序电压与零序电流的相位关系。如图 2 - 26（a）所示系统，当 AB 线路的 A 侧保护正方向 k 点发生接地故障时，零序网络如图 2 - 26（b）所示。取保护安装处零序电流 $\dot{I}_{A0}$ 的参考方向为由母线指向线路，零序电压 $\dot{U}_{A0}$ 的参考方向为由母线指向大地，由图可知，$\dot{U}_{A0}$、$\dot{I}_{A0}$ 的关系可表示为

$$\dot{U}_{A0} = -\dot{I}_{A0}Z_{T10} \tag{2-38}$$

式中　Z_{T10}——保护背后系统的等值零序阻抗。

由式（2-38）可知，保护安装处零序电压 $\dot{U}_{A0}$ 和零序电流 $\dot{I}_{A0}$ 的相位关系如图 2-26（d）所示，图中 φ_{k0} 为 Z_{T10} 的阻抗角。由图 2-26（d）可知，正方向故障时，保护安装处零序电流 $\dot{I}_{A0}$ 超前零序电压 $\dot{U}_{A0}$ 一个角度，这个角度为保护背后系统零序阻抗角的补角，即 $180° - \varphi_{k0}$。

（3）整流型零序功率方向继电器。LG-12 型零序功率方向继电器原理接线图如图 2-32 所示。它是由电抗变换器 UR、电压变换器 UV、均压法幅值比较回路和极化继电器等组成。电抗变换器 UR 有两个相同的二次绕组 W1、W2，当一次通入电流 $\dot{I}_r$ 时，在两个二次绕组中产生电压 $\dot{K}_1\dot{I}_r$；电压变换器 UV 也有两个相同的二次绕组，二次绕组上的电压为 $K_U\dot{U}_r$；U1 为动作量整流桥，U2 为制动量整流桥。

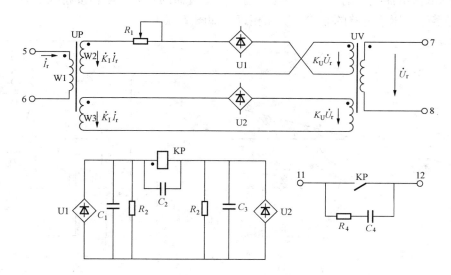

图 2-32　LG-12 型零序功率方向继电器原理接线

由图 2-32 可见，其动作回路和制动回路的电压 $\dot{A}$ 和 $\dot{B}$ 分别为

$$\left.\begin{array}{l} \dot{A} = \dot{K}_1\dot{I}_r + K_U\dot{U}_r \\ \dot{B} = \dot{K}_1\dot{I}_r - K_U\dot{U}_r \end{array}\right\} \tag{2-39}$$

式中　K_U——电压变换器 UV 的变换系数，其幅角为 0°；

　　　$\dot{K}_1$——电抗变换器 UR 的转移阻抗，其幅角为 70°。

由图 2-32 可知，只有动作回路电压 A 大于制动回路电压 B 时，极化继电器才能动作，即功率方向继电器动作方程为

$$|\dot{K}_1\dot{I}_r + K_U\dot{U}_r| \geqslant |\dot{K}_1\dot{I}_r - K_U\dot{U}_r| \tag{2-40}$$

根据幅值比较和相位比较间的转换关系，式（2-40）可以变为

$$-90° \leqslant \arg\frac{K_U\dot{U}_r}{\dot{K}_1\dot{I}_r} \leqslant 90° \tag{2-41}$$

因为 $\arg\dfrac{\dot{K}_{\mathrm{U}}}{\dot{K}_{\mathrm{I}}}=-70°$，代入式（2-41），可得功率方向继电器相位比较的动作条件为

$$-20°\leqslant\arg\dfrac{\dot{U}_{\mathrm{r}}}{\dot{I}_{\mathrm{r}}}\leqslant160°\qquad(2\text{-}42)$$

以电压 $\dot{U}_{\mathrm{r}}$ 为基准，根据式（2-42）画出 $\dot{I}_{\mathrm{r}}$ 相位相对于 $\dot{U}_{\mathrm{r}}$ 变化时的动作区，如图2-33所示。$\dot{I}_{\mathrm{r}}$ 滞后 $\dot{U}_{\mathrm{r}}$ 的相角 $\varphi_{\mathrm{r}}=\varphi_{\mathrm{sen}}=70°$，称为最大灵敏角。

（4）LG-12型零序功率方向继电器接线方式。当考虑接地回路电阻时，零序阻抗角 $\varphi_{\mathrm{k0}}=70°\sim85°$。若以图2-26中所标示的方向为正方向时，当在正方向发生接地短路时，零序电流、电压相量如图2-26（d）所示。由图2-26（d）可见，零序电流超前零序电压 $95°\sim110°$。对照图2-33所示的LG-12型零序功率方向继电器的动作区可知，为使其在正方向接地短路时能动作，而反方向接地短路时不动作，则应按 $\dot{I}_{\mathrm{r}}=3\dot{I}_{0}$，$\dot{U}_{\mathrm{r}}=-3\dot{U}_{0}$ 的方式接线，即继电器电流线圈的"＊"端与零序电流滤过器的"＊"端相接，继电器电压线圈的"＊"端与零序电压滤过器的非"＊"端相接，如图2-34所示。

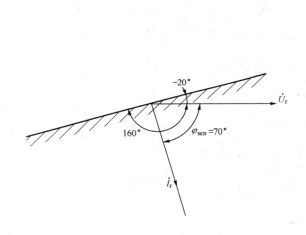

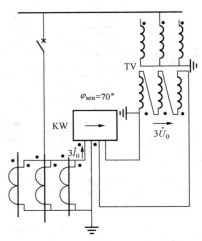

图2-33　零序功率方向继电器动作区图　　　　图2-34　LG-12型零序功率方向
　　　　　　　　　　　　　　　　　　　　　　　　　　　继电器接线方式

（5）三段式零序方向电流保护原理图。图2-35所示为三段式零序方向电流保护原理图。它是由零序方向电流速断、限时零序方向电流速断和零序方向过电流保护所组成。其中方向元件的电压按反极性方式接入，由它控制三段零序电流保护的动作，只有当方向元件和某段电流元件同时动作时，才能起动该段的出口回路。

在同一保护方向上零序方向电流保护动作电流和动作时限的整定计算原则，与前面所讲的三段式零序电流保护相同。零序电流元件灵敏度的校验也与前相同。

4. 对大接地电流系统零序保护的评价

带方向和不带方向的零序电流保护是简单而有效的接地保护方式，它与采用完全星形接线方式的相间短路电流保护兼作接地短路保护比较，具有如下特点。

（1）灵敏度高。过电流保护是按躲过最大负荷电流整定，继电器动作电流一般为5～7A。而零序过电流保护是按躲过最大不平衡电流整定，继电器动作电流一般为2～4A。因

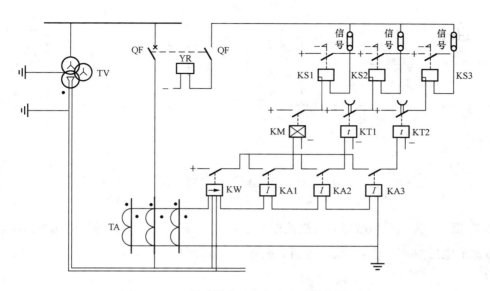

图 2 - 35　三段式零序功率方向电流保护原理图

此，零序过电流保护的灵敏度高。

由于零序阻抗远较正序阻抗、负序阻抗大，故线路始端与末端接地短路时，零序电流变化显著，曲线较陡，因此，零序Ⅰ段和零序Ⅱ段保护范围较大，其保护范围受系统运行方式影响较小。

（2）动作迅速。零序过电流保护的动作时限，不必与 Yd 接线的降压变压器后的线路保护动作时限相配合，因此，其动作时限比相间过电流保护动作时限短。

（3）不受系统振荡和过负荷的影响。当系统发生振荡和对称过负荷时，三相是对称的，反应相间短路的电流保护都受其影响，可能误动作。而零序电流保护则不受其影响，因为振荡及对称过负荷时，无零序分量。

（4）接线简单、经济、可靠。零序电流保护反应单一的零序分量，故用一个测量继电器就可以反应接地短路，使用继电器的数量少。所以，零序电流保护接线简单、经济、调试维护方便、动作可靠。

随着系统电压的不断提高，电网结构日趋复杂，特别是在电压较高的网络中，零序电流保护在整定配合上，无法满足灵敏度和选择性的要求，此时可采用接地距离保护。

2.3.2　中性点非直接接地系统中的接地保护

1. 中性点不接地系统单相接地的特点

如图 2 - 36（a）所示中性点不接地的简单系统，假定电网负荷为零，并忽略电源和线路上的压降。电网各相对地集中电容分别为 $C_A = C_B = C_C = C_0$，这三个电容相当于一对称星形负载，中性点就是大地，电源中性点与负荷中性点电位相等。正常运行时，电源中性点对地电压等于零，即 $\dot{U}_N = 0$，由于忽略电源和线路上的压降，所以各相对地电压即为相电动势。各相电容 C_0 在三相对称电压作用下，产生的三相电容电流也是对称的，并超前相应的相电压90°。其相量图如图 2 - 36（b）所示。三相对地电压之和与三相电容电流之和都为零，所以电网正常运行时无零序电压和零序电流。

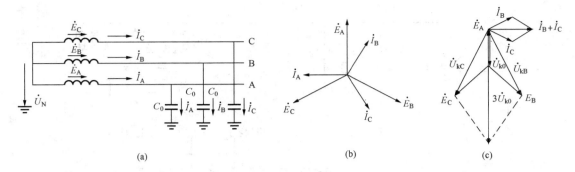

图 2-36　中性点不接地的简单系统

(a) 系统图；(b) 正常运行时的相量图；(c) 接地故障时的相量图

当 A 相线路发生接地故障时，接地相对地电容 C_0 被短接，A 相对地电压变为零。此时中性点对地电压 $\dot{U}_N = -\dot{E}_A$。线路各相对地电压和零序电压分别为

$$\left.\begin{aligned}
\dot{U}_{kA} &= 0 \\
\dot{U}_{kB} &= \dot{E}_B - \dot{E}_A = \sqrt{3}\dot{E}_A e^{-j150°} \\
\dot{U}_{kC} &= \dot{E}_C - \dot{E}_A = \sqrt{3}\dot{E}_A e^{j150°} \\
\dot{U}_{k0} &= \frac{1}{3}(\dot{U}_{kA} + \dot{U}_{kB} + \dot{U}_{kC}) = -\dot{E}_A
\end{aligned}\right\} \tag{2-43}$$

由此可知，A 相接地后，B 相和 C 相对地电压升高为 $\sqrt{3}$ 倍，此时三相电压之和不为零，出现了零序电压，其相量图如图 2-36 (c) 所示。

两非故障相电流分别为

$$\left.\begin{aligned}
\dot{I}_B &= j\omega C_0 \dot{U}_{kB} \\
\dot{I}_C &= j\omega C_0 \dot{U}_{kC}
\end{aligned}\right\} \tag{2-44}$$

从接地点流回的接地电流为

$$\dot{I}_e = \dot{I}_B + \dot{I}_C = j\omega C_0(\dot{U}_{kB} + \dot{U}_{kC}) = -j3\omega C_0 \dot{E}_A$$

即两非故障相出现超前电压 90°的电容电流，流向故障点的电流为两电容电流之和。

如图 2-37 (a) 所示单电源多条线路的中性点不接地系统网络图，线路 3 发生 A 相接地短路，忽略负荷电流及线路上的压降，则电网 A 相对地电压均为零，各元件 A 相对地电容电流也为零，电流分布如图 2-37 (a) 所示，由图可见，对非故障线路 1、非故障线路 2，保护安装处流过的零序电流为

$$\left.\begin{aligned}
3\dot{I}_{01} &= \dot{I}_{B1} + \dot{I}_{C1} = j3\omega C_{01}\dot{U}_{k0} \\
3\dot{I}_{02} &= \dot{I}_{B2} + \dot{I}_{C2} = j3\omega C_{02}\dot{U}_{k0}
\end{aligned}\right\} \tag{2-45}$$

而发电机端流过的零序电流为

$$3\dot{I}_{0G} = \dot{I}_{BG} + \dot{I}_{CG} = j3\omega C_{0G}\dot{U}_{k0} \tag{2-46}$$

对故障线路 3，保护安装处流过的零序电流为

$$\begin{aligned}
3\dot{I}_{03} &= \dot{I}_{A3} + \dot{I}_{B3} + \dot{I}_{C3} = -(\dot{I}_{B1} + \dot{I}_{C1} + \dot{I}_{B2} + \dot{I}_{C2} + \dot{I}_{BG} + \dot{I}_{CG}) \\
&= -(3\dot{I}_{01} + 3\dot{I}_{02} + 3\dot{I}_{0G}) = -j3\omega(C_{01} + C_{02} + C_{0G})\dot{U}_{k0}
\end{aligned} \tag{2-47}$$

其相量图如图 2 - 37（c）所示。

综上所述，中性点不接地电网单相接地时零序分量的特点如下。

（1）单相接地时，故障相对地电压降为零，非故障相电压升高为原来的 $\sqrt{3}$ 倍，电网中出现零序电压，其大小等于故障前电网的相电压。

（2）在非故障线路中保护安装处流过的零序电流，其数值等于线路本身非故障相对地电容电流之和，方向由母线流向线路。

（3）在故障线路中保护安装处流过的零序电流，其数值为所有非故障线路零序电流之和，方向由线路流向母线。

中性点不接地系统中发生单相接地故障时，故障电流不大，三个线电压仍对称，对负荷供电没有影响，因此允许继续运行 1～2h，一般不要求保护动作于跳闸，但保护应及时发出信号，以便运行人员可采取措施消除故障。

2. 中性点不接地系统单相接地故障的保护方式

根据单相接地故障的特点，在

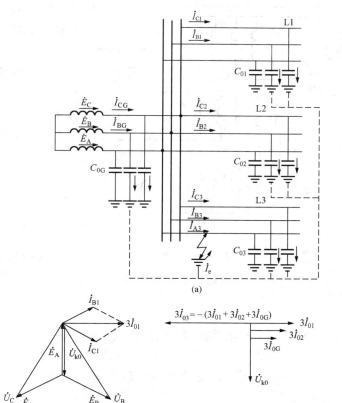

图 2 - 37　单电源多条线路的中性点不接地系统
（a）网络图及电流分布；（b）非故障线路电流电压相量图；
（c）故障线路电流电压相量图

中性点不接地系统中，其单相接地故障的保护方式主要有以下几种。

（1）绝缘监视装置。绝缘监视装置利用单相接地时出现零序电压的特点构成。

由以上分析可知，中性点不接地系统正常运行时无零序电压，一旦发生单相接地故障时就会出现零序电压。因此，可利用有无零序电压来实现无选择性的绝缘监视装置。

绝缘监视装置原理接线如图 2 - 38 所示，在发电厂或变电所的母线上装设一台三相五柱式电压互感器，在其星形接线的二次侧接入三只电压表，用以测量各相对地电压，在开口三角侧接入一只过电压继电器，带延时动作于信号。因装置给出的信号没有选择性，运行人员只能根据信号和三只电压表的指示情况判别故障相，无法判别故障线路。如要查找故障线路，还需运行人员依次短时断开各条线路，根据零序电压信号是否消失来确定出故障线路。

显然，这种方式只适用于比较简单并且允许短时停电的线路。

（2）零序电流保护。零序电流保护是利用故障线路的零序电流大于非故障线路的零序电流，区分出故障和非故障线路，从而构成有选择性的保护。根据需要保护可动作于信号，也可动作于跳闸。

这种保护一般使用在有条件安装零序电流互感器的电缆线路或经电缆引出的架空线上。

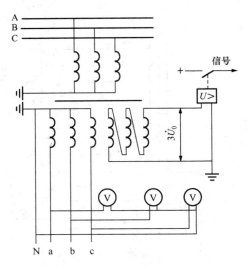

图 2-38　绝缘监视装置原理接线图

当单相接地电流较大，足以克服零序电流滤过器中的不平衡电流影响时，保护装置可接于由三只电流互感器构成的零序电流滤过器回路中。

保护装置的动作电流，应按躲过本线路的对地电容电流整定，即

$$I_{op} = K_{rel} 3\omega C_0 U_{ph} \qquad (2-48)$$

式中　U_{ph}——相电压有效值；

C_0——本线路每相对地电容；

K_{rel}——可靠系数，它的大小与动作时间有关，若保护为瞬时动作时，为防止对地电容电流暂态分量的影响，一般取 4～5，若保护为延时动作，可取 1.5～2.0。

保护的灵敏度，应按在被保护线路上发生单相接地故障时，流过保护的最小零序电流来校验，灵敏系数为

$$K_{sen} = \frac{3U_{ph}\omega\ (C_{0\Sigma} - C_0)}{K_{rel}3U_{ph}\omega C_0} = \frac{C_{0\Sigma} - C_0}{K_{rel}C_0} \qquad (2-49)$$

式中　$C_{0\Sigma}$——电网在最小运行方式下，各线路每相对地电容之和。

规程规定，采用零序电流互感器时，要求 $K_{sen} \geqslant 1.25$。

利用零序电流互感器构成的接地保护如图 2-39 所示。保护工作时，接地故障电流或其他杂散电流，可能在地中流动，也可能沿故障或非故障线路导电的电缆外皮流动，这些电流被传变到电流继电器中，就可能造成接地保护误动、拒动或降低灵敏度。为了解决这一问题，应将电缆盒及零序电流互感器到电缆盒的一段电缆对地绝缘，并将电缆盒的接地线穿回零序电流互感器的铁心窗口再接地，如图 2-39 所示。这样，可使经电缆外皮流过的电流再经接地线流回大地，使其在铁心中产生的磁通互相抵消，从而消除其对保护的影响。在出线较少的情况下，非故障线路的零序电容电流与故障线路的零序电容电流相差不大，采用零序电流保护灵敏度很难满足要求。

（3）零序功率方向保护。利用单相接地时故障线路和非故障线路零序功率方向的不同，可以区分出故障线路，构成有选择性的零序功率方向保护。

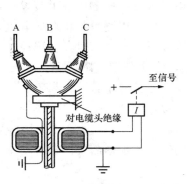

图 2-39　零序电流互感器构成的接地保护

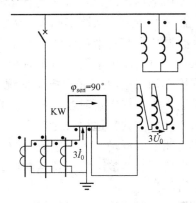

图 2-40　零序功率方向保护的原理接线

零序功率方向保护的原理接线如图2-40所示。零序功率方向继电器最大灵敏角 $\varphi_{sen}=90°$。由于非故障线路保护安装处零序电流超前零序电压90°,而故障线路保护安装处的零序电流滞后零序电压90°,所以应将零序功率方向继电器按正极性接入 $3\dot{U}_0$ 和 $3\dot{I}_0$,这样才能保证在正方向接地时继电器动作。

思 考 题 与 习 题

2-1 如图2-41所示电网中,线路L1与L2均装有三段式电流保护,当在线路L2的首端k点短路时,都有哪些保护起动和动作,跳开哪个断路器? 当短路点分别为k1、k2、k3时,将会怎样?

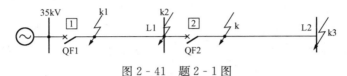

图2-41 题2-1图

2-2 试简述三段式电流保护的构成及特点。

2-3 试绘出功率方向继电器的90°接线图。

2-4 在方向过电流保护中为什么要采用按相起动接线?

2-5 试用相量图分析中性点直接接地电网中发生单相接地故障时零序电压、零序电流的特点。

2-6 如图2-42所示网络,已知:线路AB和BC均装有三段式电流保护,线路AB的最大负荷电流为120A,负荷的自起动系数为1.8,保护2定时限过电流保护的动作时间为1.5s;可靠系数 $K_{rel}^I=1.25$, $K_{rel}^{III}=1.2$,返回系数 $K_{re}=0.85$;A电源的 $X_{sA.max}=20\Omega$, $X_{sA.min}=15\Omega$;其他参数如图2-42中所示。试对线路AB的I段和III段电流保护进行整定计算。

图2-42 题2-6图

2-7 如图2-43所示110kV网络,AB、BC、BD线路上均装设了三段式电流保护,变压器装设了差动保护。已知可靠系数 $K_{rel}^I=1.25$, $K_{rel}^{II}=1.15$, $K_{rel}^{III}=1.2$,返回系数 $K_{re}=0.85$;自起动系数取1.5,AB线路最大负荷电流200A,时限级差取0.5s,系统等值阻抗 $X_{sA.max}=18\Omega$, $X_{sA.min}=13\Omega$;其他参数如图示,各阻抗值均归算至115kV的有名值,试求AB线路限时电流速断保护及定时限过电流保护的动作电流、灵敏系数和动作时间。

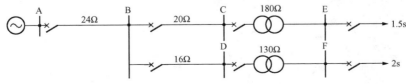

图2-43 题2-7图

2-8 如图2-44所示网络，在各断路器处装有方向过电流保护，已知时限级差为0.5s，试求方向过电流保护的动作时间，并确定哪些保护需要装设方向元件。

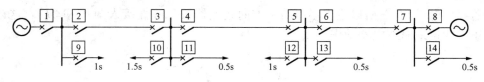

图2-44 题2-8图

第3章　线路阶段式距离保护

【任 务】

（1）设计单侧电源辐射形线路的三段式距离保护，并进行整定计算。

（2）分析影响距离保护正确工作的因素。

【知识点】

（1）距离保护工作原理与整定计算。

（2）距离保护的特殊问题。

（3）工频故障分量阻抗继电器与 R-L 模型算法。

【目 标】

（1）掌握距离保护的工作原理与整定计算方法。

（2）理解过渡电阻、振荡对距离保护的影响。

3.1　距离保护的基本原理

3.1.1　距离保护工作原理

前面学习了输电线路的电流、电压保护，它们的主要优点是简单、经济、可靠，因此在35kV 及以下电压等级的电网中得到了广泛的应用。但是由于电力系统运行方式变化会对电流、电压保护的定值选择、保护范围以及灵敏系数等产生较大影响，所以它们难以应用于更高电压等级的复杂网络中。为满足高电压等级复杂网络对继电保护选择性、灵敏性、快速性要求，必须采用受系统运行方式影响较小，保护范围相对稳定的保护，距离保护就是其中的一种。

距离保护是一种反映故障点到保护安装处的距离，并根据距离远近确定动作时间的保护。其基本工作原理可以用图 3-1 来说明。

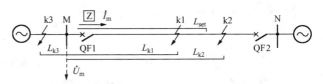

图 3-1　距离保护工作原理示意图

按照选择性的要求，在一般情况下，保护装置在其保护区正方向上的一定范围内（保护区内）发生故障时，应该立即动作，并跳开相应的断路器；而在保护区的反方向或正方向规定范围之外（保护区外）故障时，保护装置不应动作。于是，可以在保护区的正方向上（如图 3-1 所示，对于线路 MN 的 M 侧保护 Z 来说，正方向是由 M 指向 N 的方向），设定一个表示保护范围的整定距离 L_{set}，当系统发生故障时，保护 Z 首先判断故障的方向，若故障位于保护 Z 的正方向上，则设法测出故障点 k 到保护 Z 安装处的距离 L_k，

并将 L_k 与 L_{set} 相比较，若 $L_k < L_{set}$，说明故障发生在保护区内，这时保护应立即动作，跳开相应的断路器；若 $L_k > L_{set}$，说明故障发生在保护区外，保护不应动作，相应的断路器不会跳开。若保护 Z 判断故障位于保护区的反方向上，则无需进行比较和测量，直接判为区外故障。

通常情况下，距离保护可以通过测量短路阻抗的方法来间接地测量和判断故障距离。测量阻抗通常用 Z_m 来表示，它定义为保护安装处测量电压 $\dot{U}_m$ 与测量电流 $\dot{I}_m$ 之比，即

$$Z_m = \frac{\dot{U}_m}{\dot{I}_m} \tag{3-1}$$

Z_m 为复数，在复平面上既可以用极坐标形式表示，也可以用直角坐标形式表示，即

$$Z_m = |Z_m| \angle \varphi_m = R_m + jX_m \tag{3-2}$$

式中 $|Z_m|$ —— 测量阻抗的阻抗值，它等于测量电压、电流的有效值之比；

         φ_m —— 测量阻抗的阻抗角，它等于测量电压、电流之间的相位差；

         R_m —— 测量阻抗的实部，称为测量电阻；

         X_m —— 测量阻抗的虚部，称为测量电抗。

当电力系统处于正常运行状态时，式（3-1）中 $\dot{U}_m$ 近似为额定电压，$\dot{I}_m$ 为负荷电流，此时 Z_m 为负荷阻抗。通常情况下，负荷阻抗的阻抗值较大，阻抗角数值较小（一般功率因数为不低于 0.9，对应的阻抗角不大于 25.8°），阻抗性质以阻性为主，如图 3-2 中的 Z_L 所示。

当电力系统发生金属性短路时，$\dot{U}_m$ 降低，$\dot{I}_m$ 增大，此时 Z_m 为保护安装处到短路点的短路阻抗 Z_k。对于具有均匀分布参数的输电线路来说，Z_k 与保护安装处到短路点的距离 L_k 呈线性关系，即

$$Z_m = Z_k = Z_1 \times L_k \tag{3-3}$$
$$Z_1 = R_1 + jX_1$$

式中 Z_1 —— 单位长度线路的复阻抗；

R_1、X_1 —— 分别为单位长度线路的正序电阻和电抗，Ω/km。

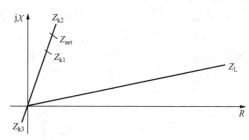

图 3-2   负荷阻抗与短路阻抗

式（3-3）中，短路阻抗 Z_k 的阻抗角就等于输电线路的阻抗角，其数值较大（对于 220kV 及以上电压等级的线路，阻抗角一般不低于 75°），阻抗性质以感性为主。当短路点分别位于图 3-1 中的 k1、k2 和 k3 点时，对应的短路阻抗分别如图 3-2 中 Z_{k1}、Z_{k2} 和 Z_{k3} 所示。

通过上述各种情况下的分析可以发现，保护 Z 能够根据测量阻抗 Z_m 的不同"区分"出系统是否出现故障，并可以在发现有故障的情况下，进一步地"区分"出是区内故障还是区外故障。

3.1.2   测量电压、测量电流的选取

在单相系统中，测量电压 $\dot{U}_m$ 就是保护安装处的电压，测量电流 $\dot{I}_m$ 就是线路中的电流，系统金属性短路时两者之间的关系为

$$\dot{U}_m = \dot{I}_m Z_m = \dot{I}_m Z_k = \dot{I}_m Z_1 L_k \tag{3-4}$$

式（3-4）是距离保护能够用测量阻抗来正确表示故障距离的前提和基础，即只有测量电压 $\dot{U}_{\mathrm{m}}$、测量电流 $\dot{I}_{\mathrm{m}}$ 之间满足式（3-4）时，测量阻抗 Z_{m} 才能正确地反应故障点至保护安装处的距离 L_{k}。

在实际三相系统的情况下，由于存在多种不同的短路类型，而在各种不对称短路时，各相的电压电流都不再简单地满足式（3-4），所以无法直接用各相的电压、电流构成距离保护的测量电压和电流。三相系统中的测量电压、电流选择方法如下。电力系统中，单相接地故障时，故障电流在故障相与大地之间流通；两相接地故障时，故障电流可以在两个故障相与大地之间，以及两个故障相之间流通；两相相间故障（不接地）时，故障电流在两个故障相之间流通；而在三相故障时，故障电流可在任何一相与大地之间、任何两个相之间流通。

如果把故障电流可能流通的通路称为故障环，则在单相接地故障的情况下，存在一个故障相与大地之间的故障环（相—地故障环）；两相接地故障的情况下，存在两个故障相与大地之间的相—地故障环和一个两故障相之间的故障环（相—相故障环）；两相相间故障的情况下，存在一个两故障相之间的相—相故障环；三相故障的情况下，存在三个相—地故障环和三个相—相故障环。

即电力系统故障状态下，故障环上的电压（对于相—地故障环来说为故障相母线对地电压，对于相—相故障环来说为两故障相相间的电压）和电流（对于相—地故障环来说为带有零序电流补偿的故障相电流，对于相—相故障环来说为两故障相电流之差）之间满足式（3-4），用它们作为测量电压和测量电流所算出的测量阻抗，能够正确地反映保护安装处到故障点的距离。而非故障环上的电压、电流之间不满足式（3-4），由它们算出的测量阻抗就不能正确反映故障距离。距离保护的正确工作是以故障距离的正确测量为基础的，所以应以故障环上的电压、电流算出的测量阻抗作为判断故障范围的依据，对非故障环上电压电流做出的测量应不予反映。

相—地故障环上的测量电压为保护安装处故障相对地电压，测量电流为带有零序电流补偿的故障相电流，由它们算出的测量阻抗能够正确反映单相接地故障、两相接地故障和三相对称性故障情况下的故障距离。考虑到三相对称性故障是否接地对各相的电压电流都没有影响，所以也可以把三相故障看作是接地故障。这样，上述以保护安装处故障相对地电压为测量电压、以带有零序电流补偿的故障相电流为测量电流的方式，能够正确反映各种接地故障的故障距离，称之为接地距离保护接线方式。

相—相故障环上的测量电压为保护安装处两故障相相间的电压，测量电流为两故障相电流之差，由它们算出的测量阻抗能够正确反映两相接地故障、两相相间故障和三相对称性故障情况下的故障距离，即能够正确反映各种相间故障的故障距离。这种以保护安装处两故障相相间电压为测量电压、以两故障相电流之差为测量电流的方式称为相间距离保护接线方式。

两种接线方式的距离保护在各种不同故障时的动作情况见表 3-1。

3.1.3　距离保护的时限特性

距离保护的动作时间 t 与保护安装处至故障点距离 L_{k} 之间的关系 $t = f(L_{\mathrm{k}})$ 称为距离保护的时限特性。与电流保护相似，目前距离保护广泛采用三段式的阶梯时限特性，如图 3-3 所示。Ⅰ 段为瞬时动作的速动段，Ⅱ 段为带时限的速动段，延时的时限一般为 $0.3 \sim 0.6\mathrm{s}$，Ⅲ 段时限比保护范围内其他各保护的最大动作时限高出一个时间级差 Δt。

表 3-1　　　　　　　　　　两种接线方式的距离保护在不同故障时的动作情况

接线方式　　故障类型		接地距离保护接线方式			相间距离保护接线方式		
		A 相 $\dot U_{mA}=\dot U_A$ $\dot I_{mA}=\dot I_A+\dot K3\dot I_0$	B 相 $\dot U_{mB}=\dot U_B$ $\dot I_{mB}=\dot I_B+\dot K3\dot I_0$	C 相 $\dot U_{mC}=\dot U_C$ $\dot I_{mC}=\dot I_C+\dot K3\dot I_0$	AB 相 $\dot U_{mAB}=\dot U_A-\dot U_B$ $\dot I_{mAB}=\dot I_A-\dot I_B$	BC 相 $\dot U_{mBC}=\dot U_B-\dot U_C$ $\dot I_{mBC}=\dot I_B-\dot I_C$	CA 相 $\dot U_{mCA}=\dot U_C-\dot U_A$ $\dot I_{mCA}=\dot I_C-\dot I_A$
$k^{(1)}$	A	√	×	×	×	×	×
	B	×	√	×	×	×	×
	C	×	×	√	×	×	×
$k^{(1.1)}$	AB	√	√	×	√	×	×
	BC	×	√	√	×	√	×
	CA	√	×	√	×	×	√
$k^{(2)}$	AB	×	×	×	√	×	×
	BC	×	×	×	×	√	×
	CA	×	×	×	×	×	√
$k^{(3)}$	ABC	√	√	√	√	√	√

注　"√"表示能正确反映故障距离；"×"表示不能正确反映故障距离。其中 $K=Z_0-Z_{13}Z_1$。

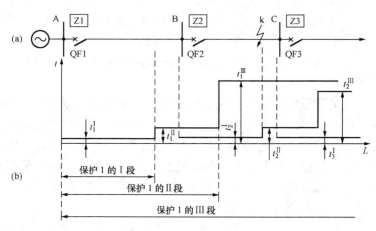

图 3-3　距离保护的时限特性

(a) 网络接线；(b) Ⅰ、Ⅱ、Ⅲ段的时限特性

3.1.4　距离保护的组成

与电流保护类似，目前电网中应用的距离保护装置，一般也都采用阶梯时限配合的三段式配置方式。如图 3-4 所示，距离保护一般由起动、测量、振荡闭锁、电压回路断线闭锁、配合逻辑和出口等几部分组成，它们的作用分述如下。

1. 起动部分

起动部分用来判别系统是否处于故障状态。系统正常运行时，该部分不动作，后续的测量、逻辑等部分不投入工作；当故障发生时，瞬时起动，使整套保护迅速投入工作。在数字式保护装置中，该部分功能通常由软件实现，大多采用电流突变量判断或零序电流判断原理。

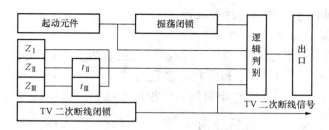

图 3-4　三段式距离保护原理框图

2. 测量部分

测量部分用于在系统故障的情况下，判别出故障点方向和距离，并与整定值相比较，以确定出故障所处的区段，区内故障的情况下给出动作信号，区外故障时不动作。在数字式保护中，故障距离的测量和比较是由软件算法实现的。

3. 振荡闭锁部分

在电力系统发生振荡时，距离保护的测量部分有可能会将振荡误判为区内故障，从而有可能导致距离保护误动作。为防止保护误动，振荡闭锁部分应在系统振荡时将保护闭锁。

4. 电压回路断线部分

电压回路断线时，将会造成保护测量电压的消失，可能使测量部分出现误判断，这种情况下也应该将保护闭锁，以防止出现保护误动作。

5. 配合逻辑部分

配合逻辑部分用来实现距离保护应有的功能以及三段式保护中各段之间的时限配合。

6. 出口部分

出口部分包括跳闸出口和信号出口，当保护动作时接通跳闸回路并发出相应的信号。

3.2　阻抗继电器及其动作特性

在距离保护中，阻抗继电器的作用就是在系统发生短路故障时，获得故障环上的测量阻抗 Z_m，并与整定阻抗 Z_{set} 比较，以确定出故障所处的区段，在判断为区内故障的情况下，给出动作信号。

在 3.1 节的分析中，得出了正向故障情况下测量阻抗 Z_m 与整定阻抗 Z_{set} 在阻抗复平面上同方向，而反向故障情况下两者方向相反的结论，并据此给出了在线路阻抗的方向上，通过比较 Z_m 和 Z_{set} 的大小来实现故障区段判断的方法。但在实际工况下，由于互感器误差、故障点存在过渡电阻等因素，继电器测量到的 Z_m 一般不能严格地落在与 Z_{set} 同向的直线上，而是落在该直线附近的一个区域中。为保证区内故障情况下阻抗继电器可靠动作，在复平面上，其动作的范围应该是一个包括 Z_{set} 在内，但在 Z_{set} 的方向上不超过 Z_{set} 的区域，如圆形区域、四边形区域、苹果形区域、橄榄形区域等。当测量阻抗 Z_m 落在动作区域以内时，判断为区内故障，阻抗继电器给出动作信号；当测量阻抗 Z_m 落在动作区域以外时，判断为区外故障，阻抗继电器不动作。该区域的边界就是阻抗继电器的临界动作边界。下面主要介绍其中的圆特性与四边形特性阻抗继电器。

3.2.1　圆特性阻抗继电器

根据动作特性圆在阻抗复平面上位置和大小的不同，圆特性又可分为偏移圆特性、方向圆特性、全阻抗圆特性和上抛圆特性等几种。

1. 偏移圆特性阻抗继电器

偏移圆阻抗特性的动作区域如图 3-5 所示，它包括两个整定阻抗，即正方向整定阻抗 Z_{set1} 和反方向整定阻抗 Z_{set2}，$Z_{set2} = \rho Z_{set1}$（ρ 为偏移率），两个整定阻抗对应相量末端的连线构成特性圆的直径。特性圆包括坐标原点，圆心位于 $\frac{1}{2}(Z_{set1} + Z_{set2})$ 处，半径为 $\left| \frac{1}{2}(Z_{set1} - Z_{set2}) \right|$。圆内为动作区，圆外为非动作区，当测量阻抗正好落在圆周上时，阻抗继电器处于临界动作状态。

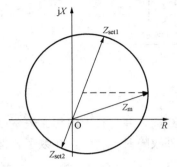

图 3-5　偏移阻抗特性圆

其动作方程可以有两种不同的表达形式，一种是比较两个量大小的绝对值比较原理表达式，另一种是比较两个量相位的相位比较原理表达式，分别称为绝对值（或幅值）比较动作方程和相位比较动作方程。本书只讨论绝对值比较原理的情况。

当测量阻抗 Z_m 落在圆内或圆周上时，Z_m 末端到圆心的距离一定小于或等于圆的半径，而当测量阻抗 Z_m 落在圆外时，Z_m 末端到圆心的距离一定大于圆的半径，所以动作条件可以表示为

$$\left| Z_m - \frac{1}{2}(Z_{set1} + Z_{set2}) \right| \leqslant \left| \frac{1}{2}(Z_{set1} - Z_{set2}) \right| \tag{3-5}$$

式中，Z_{set1} 和 Z_{set2} 均为已知的整定阻抗，Z_m 由测量电压 $\dot{U}_m$ 和测量电流 $\dot{I}_m$ 求出。当 Z_m 满足式（3-5）时，阻抗继电器动作，否则不动作。

使阻抗元件处于临界动作状态的对应阻抗，称为动作阻抗，通常用 Z_{op} 来表示。对于具有偏移圆特性的阻抗继电器来说，当测量阻抗 Z_m 的阻抗角不同时，对应的动作阻抗是不同的。当测量阻抗 Z_m 的阻抗角与正向整定阻抗 Z_{set1} 的阻抗角相等时，阻抗继电器的动作阻抗最大，等于 Z_{set1}，即 $Z_{op} = Z_{set1}$，此时继电器最为灵敏，所以 Z_{set1} 的阻抗角又称为最灵敏角。最灵敏角是阻抗继电器的一个重要参数，一般取为与被保护线路的阻抗角相等。当测量阻抗 Z_m 的阻抗角与反向整定阻抗 Z_{set2} 的阻抗角相等时，动作阻抗最小，正好等于 Z_{set2}，即 $Z_{op} = Z_{set2}$。当测量阻抗 Z_m 的阻抗角为其他角度时，动作阻抗将随着 φ_m 的变化而变化。

2. 方向圆特性阻抗继电器

在偏移圆特性中，如果令 $Z_{set2} = 0$，$Z_{set1} = Z_{set}$，则动作特性变化成方向圆特性，动作区域如图 3-6 所示，它本身具有方向性。特性圆经过坐标原点处，圆心位于 $\frac{1}{2}Z_{set}$ 处，半径为 $\left| \frac{1}{2}Z_{set} \right|$。

将 $Z_{set2} = 0$，$Z_{set1} = Z_{set}$ 代入式（3-5），可以得到方向圆特性的绝对值比较动作方程，即

$$\left| Z_m - \frac{1}{2}Z_{set} \right| \leqslant \left| \frac{1}{2}Z_{set} \right| \tag{3-6}$$

3. 全阻抗圆特性阻抗继电器

在偏移圆特性中，如果令 $Z_{set2} = -Z_{set}$，$Z_{set1} = Z_{set}$，则动作特性变化成全阻抗圆特性，动作区域如图 3-7 所示，它没有方向性。特性圆的圆心位于坐标原点处，半径为 $|Z_{set}|$。

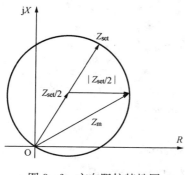

图 3-6　方向阻抗特性圆

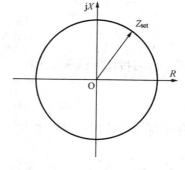

图 3-7　全阻抗特性圆

将 $Z_{set2} = -Z_{set}$，$Z_{set1} = Z_{set}$ 代入式（3-5），可以得到全阻抗特性的绝对值比较动作方程，即

$$|Z_m| \leqslant |Z_{set}| \tag{3-7}$$

3.2.2　多边形特性的阻抗元件

在高压或超高压输电线路中，发生经过渡电阻接地短路时，圆特性的阻抗元件在整定值较小时，动作特性圆也比较小，区内经过渡电阻短路时，测量阻抗容易落在区外，导致测量元件拒动作；而当整定值较大时，动作特性圆也较大，负荷阻抗有可能落在圆内，从而导致测量元件误动作。具有多边形特性的阻抗元件可以克服这些缺点，能够同时兼顾耐受过渡电阻的能力和躲负荷的能力，最常用的多边形为四边形和稍做变形的准四边形特性，如图 3-8（a）、（b）所示。

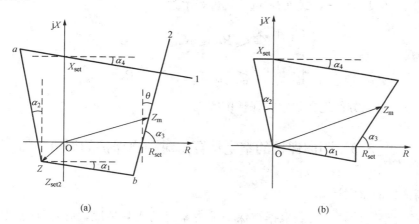

图 3-8　多边形特性
（a）四边形特性；（b）准四边形特性

图 3-8（a）所示的四边形可以看作是准电抗特性直线 1、准电阻特性直线 2 和折线 azb 复合而成的，当测量阻抗 Z_m 落在它们所包围的区域时，测量元件动作；落在该区域以外时，测量元件不动作，其动作方程本书不再讨论。

图 3-8（b）所示的特性是由方向四边形特性稍做变形得到的，可称为准四边形特性，下面讨论与之对应的动作方程。

设测量阻抗 Z_m 实部为 R_m，虚部为 X_m，则图 3-8（b）在第 Ⅳ 象限部分的特性可以表

示为

$$\begin{cases} R_{\mathrm{m}} \leqslant R_{\mathrm{set}} \\ X_{\mathrm{m}} \geqslant -R_{\mathrm{m}}\tan\alpha_1 \end{cases} \tag{3-8}$$

第Ⅱ象限部分的特性可以表示为

$$\begin{cases} X_{\mathrm{m}} \leqslant X_{\mathrm{set}} \\ R_{\mathrm{m}} \geqslant -X_{\mathrm{m}}\tan\alpha_2 \end{cases} \tag{3-9}$$

而第Ⅰ象限部分的特性可以表示为

$$\begin{cases} R_{\mathrm{m}} \leqslant R_{\mathrm{set}} + X_{\mathrm{m}}\cot\alpha_3 \\ X_{\mathrm{m}} \leqslant X_{\mathrm{set}} - R_{\mathrm{m}}\tan\alpha_4 \end{cases} \tag{3-10}$$

三式综合，动作特性可以表示为

$$\begin{cases} -X_{\mathrm{m}}\tan\alpha_2 \leqslant R_{\mathrm{m}} \leqslant R_{\mathrm{set}} + \hat{X}_{\mathrm{m}}\cot\alpha_3 \\ -R_{\mathrm{m}}\tan\alpha_1 \leqslant X_{\mathrm{m}} \leqslant X_{\mathrm{set}} - \hat{R}_{\mathrm{m}}\tan\alpha_4 \end{cases} \tag{3-11}$$

其中

$$\hat{X}_{\mathrm{m}} = \begin{cases} 0, & X_{\mathrm{m}} \leqslant 0 \\ X_{\mathrm{m}}, & X_{\mathrm{m}} > 0 \end{cases}$$

$$\hat{R}_{\mathrm{m}} = \begin{cases} 0, & R_{\mathrm{m}} \leqslant 0 \\ R_{\mathrm{m}}, & R_{\mathrm{m}} > 0 \end{cases}$$

若取 $\alpha_1 = \alpha_2 = 14°$，$\alpha_3 = 45°$，$\alpha_4 = 7.1°$，则 $\tan\alpha_1 = \tan\alpha_2 = 0.249 \approx 0.25 = \frac{1}{4}$，$\cot\alpha_3 = 1$，$\tan\alpha_4 = 0.1245 \approx 0.125 = \frac{1}{8}$，式（3-11）又可表示为

$$\begin{cases} -\dfrac{1}{4}X_{\mathrm{m}} \leqslant R_{\mathrm{m}} \leqslant R_{\mathrm{set}} + \hat{X}_{\mathrm{m}} \\ -\dfrac{1}{4}R_{\mathrm{m}} \leqslant X_{\mathrm{m}} \leqslant X_{\mathrm{set}} - \dfrac{1}{8}\hat{R}_{\mathrm{m}} \end{cases} \tag{3-12}$$

式（3-12）可以方便地在数字式保护中实现。

3.3　距离保护的整定计算与对距离保护的评价

3.3.1　距离保护的整定计算

距离保护的整定计算，就是根据被保护电力系统的实际情况，确定计算出距离保护Ⅰ段、Ⅱ段和Ⅲ段测量元件对应的整定阻抗以及Ⅱ段和Ⅲ段的动作时限。

当距离保护应用于双侧电源的电力系统时，为便于配合，一般要求Ⅰ、Ⅱ段的测量元件要具有明确的方向性，即采用具有方向性的测量元件。第Ⅲ段为后备段，包括对本线路Ⅰ、Ⅱ段保护的近后备、相邻下一级线路保护的远后备和反向母线保护的后备，所以第Ⅲ段通常采用有偏移特性的测量元件。图3-9以各段测量元件均采用圆形动作特性为例，绘出了它们的动作区域。在该图中，为使各测量元件整定阻抗方向与线路阻抗方向一致，复平面坐标的方向做了旋转，圆周1、2、3分别为线路AB的A处保护Ⅰ、Ⅱ、Ⅲ段的动作特性圆，4为线路BC的B处保护Ⅰ段的动作特性圆。

下面讨论各段保护具体的整定原则。

1. 距离保护第Ⅰ段的整定

距离Ⅰ段为瞬时动作的速动段,只反应于本线路的故障,本线路以外的部分发生故障时,应可靠不动作。其测量元件的整定阻抗,按躲过本线路末端短路时的测量阻抗来整定,即

$$Z_{set}^{I} = K_{rel} Z_{AB} = K_{rel} Z_1 l_{AB}$$

(3-13)

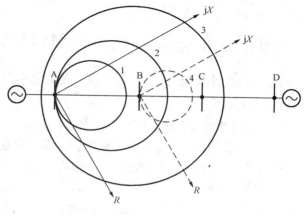

图 3-9 距离保护各段动作区域示意图

式中 Z_{set}^{I}——距离Ⅰ段的整定阻抗;

Z_{AB}——本线路末端短路时的测量阻抗;

Z_1——线路单位长度的正序阻抗;

l_{AB}——被保护线路的长度;

K_{rel}——可靠系数,由于距离保护为欠量动作,所以 $K_{rel} < 1$,考虑到继电器误差、互感器误差和参数测量误差等因素,一般取 $K_{rel} = 0.8 \sim 0.85$。

式(3-13)表明,距离保护Ⅰ段的整定阻抗值为线路阻抗值的 0.8~0.85 倍,整定阻抗的阻抗角与线路阻抗的阻抗角相同。这样,在线路发生金属性短路时,若不考虑测量误差,其最大保护范围为线路全长的 80%~85%。

2. 距离保护第Ⅱ段的整定

(1) 分支电路对测量阻抗的影响。在距离Ⅱ段整定时,应考虑分支电路对测量阻抗的影响,如图 3-10 所示。

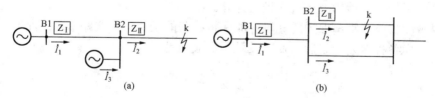

图 3-10 分支电路对测量阻抗的影响

(a) 助增分支;(b) 外汲分支

图 3-10 中 k 点发生短路时,B1 保护处的测量阻抗为

$$Z_{m1} = \frac{\dot{U}_{B1}}{\dot{I}_1} = \frac{\dot{I}_1 Z_{12} + \dot{I}_2 Z_k}{\dot{I}_1} = Z_{12} + \frac{\dot{I}_2}{\dot{I}_1} Z_k = Z_{12} + K_{br} Z_k$$

(3-14)

式中 Z_{12}——母线 B1、B2 之间线路的正序阻抗;

Z_k——母线 B2 与短路点之间线路的正序阻抗;

K_{br}——分支系数。

在图 3-10 (a) 所示的情况下,$K_{br} = \dfrac{\dot{I}_2}{\dot{I}_1} = \dfrac{\dot{I}_1 + \dot{I}_3}{\dot{I}_1} = 1 + \dfrac{\dot{I}_3}{\dot{I}_1}$,其值大于 1,使得 B1 处保

护测量到的阻抗 Z_{m1} 大于阻抗 $Z_{12}+Z_k$。这种使测量阻抗变大的分支称为助增分支，对应的电流 $\dot{I}_3$ 称为助增电流。

在图 3-10（b）所示的情况下，$K_{br} = \dfrac{\dot{I}_2}{\dot{I}_1} = \dfrac{\dot{I}_1 - \dot{I}_3}{\dot{I}_1} = 1 - \dfrac{\dot{I}_3}{\dot{I}_1}$，其值小于 1，使得保护 1 测量到的阻抗 Z_{m1} 小于阻抗 $Z_{12}+Z_k$。这种使测量阻抗变小的分支称为外汲分支，对应的电流 $\dot{I}_3$ 称为外汲电流。

（2）Ⅱ段的整定阻抗。距离保护Ⅱ段的整定阻抗，应按以下两个原则进行计算。

1）与相邻线路距离保护Ⅰ段相配合。为了保证在线路 2 上发生故障时，保护 1 处的Ⅱ段不越级跳闸，其Ⅱ段的动作范围不应该超出 2 处保护Ⅰ段的动作范围。若 2 处Ⅰ段的整定阻抗为 $Z_{set.2}^{\mathrm{I}}$，则 1 处Ⅱ段的整定阻抗应为

$$Z_{set1}^{\mathrm{II}} = K_{rel}' Z_{12} + K_{rel}'' K_{br.\,min} Z_{set2}^{\mathrm{I}} \tag{3-15}$$

式中 K_{rel}'、K_{rel}''——可靠系数，一般取 $K_{rel}'=0.8\sim0.85$、$K_{rel}''=0.8$。

当电网的结构或运行方式变化时，分支系数 K_{br} 会随之变化。为确保在各种运行方式下保护 1 的Ⅱ段范围不超过保护 2 的Ⅰ段范围，式（3-15）的 $K_{br.\,min}$ 应取各种情况下的最小值。

2）与相邻变压器的快速保护相配合。当被保护线路的末端接有变压器时，距离Ⅱ段应与变压器的快速保护（一般是差动保护）相配合，其动作范围不应超出变压器快速保护的范围。设变压器的阻抗为 Z_t，则距离Ⅱ段的整定值应为

$$Z_{set1}^{\mathrm{II}} = K_{rel}' Z_{12} + K_{rel}'' K_{br\cdot min} Z_t \tag{3-16}$$

式中 K_{rel}'、K_{rel}''——可靠系数，一般取 $K_{rel}'=0.8\sim0.85$、$K_{rel}''=0.7\sim0.75$。

当被保护线路末端变电所既有出线，又有变压器时，线路首端距离Ⅱ段的整定阻抗应分别按式（3-15）和式（3-16）计算，并取两种中的较小者作为整定阻抗。

如果相邻线路的Ⅰ段为电流保护或变压器以电流速断为快速保护，则应将电流保护的动作范围换算成阻抗，然后用上述公式进行计算。

（3）灵敏度校验。距离保护的Ⅱ段应能保护线路的全长，本线路末端短路时，应有足够的灵敏度。考虑各种误差因素后，要求灵敏系数应满足

$$K_{sen} = \frac{Z_{set}^{\mathrm{II}}}{Z_{12}} \geqslant 1.25 \tag{3-17}$$

如果 K_{sen} 不满足要求，则距离Ⅱ段应改为与相邻元件的Ⅱ段保护相配合。

（4）动作时间的整定。距离保护Ⅱ段的动作时间，应在与之配合的相邻元件保护动作时间基础上，高出一个时间级差 Δt，即

$$t_1^{\mathrm{II}} = t_2^{(x)} + \Delta t \tag{3-18}$$

式中 $t_2^{(x)}$——与本保护配合的相邻元件保护段（x 为Ⅰ或Ⅱ）的动作时间。

时间级差 Δt 的选取方法与阶段式电流保护中时间级差选取方法相同。

3. 距离保护第Ⅲ段的整定

（1）Ⅲ段的整定阻抗。距离保护第Ⅲ段的整定阻抗，按以下几个原则计算。

1）按与相邻线路距离保护Ⅱ或Ⅲ段配合整定。在与相邻线路距离保护Ⅱ段配合时，Ⅲ段的整定阻抗为

$$Z_{set1}^{\mathrm{III}} = K_{rel}' Z_{12} + K_{rel}'' K_{br.\,min} Z_{set2}^{\mathrm{II}} \tag{3-19}$$

可靠系数的取法与Ⅱ段整定中类似。

如果与相邻线路距离保护Ⅱ段配合灵敏系数不满足要求，则应改为与相邻线路距离保护的Ⅲ段相配合。

2) 按与相邻变压器的电流、电压保护配合整定。则整定值计算为

$$Z_{\text{set1}}^{\text{Ⅲ}} = K_{\text{rel}}' Z_{12} + K_{\text{rel}}'' K_{\text{br.min}} Z_{\text{min}} \tag{3-20}$$

式中　Z_{min}——电流、电压保护的最小保护范围对应的阻抗值。

3) 按躲过正常运行时的最小负荷阻抗整定。当线路上负荷最大时，即线路中的电流为最大负荷电流且母线电压最低时，负荷阻抗最小，其值为

$$Z_{\text{L.min}} = \frac{\dot{U}_{\text{L.min}}}{\dot{I}_{\text{L.max}}} = \frac{(0.9 \sim 0.95)\dot{U}_{\text{N}}}{\dot{I}_{\text{L.max}}} \tag{3-21}$$

式中　$\dot{U}_{\text{L.min}}$——负荷情况下母线电压的最低值；

　　　$\dot{I}_{\text{L.max}}$——最大负荷电流；

　　　$\dot{U}_{\text{N}}$——母线额定电压。

参考过电流保护的整定原则，考虑电动机自起动情况时保护Ⅲ段必须立即返回的要求，若采用全阻抗特性，则整定值为

$$Z_{\text{set1}}^{\text{Ⅲ}} = \frac{K_{\text{rel}}}{K_{\text{ast}} K_{\text{re}}} Z_{\text{L.min}} \tag{3-22}$$

式中　K_{rel}——可靠系数，一般取 $K_{\text{rel}} = 0.8 \sim 0.85$；

　　　K_{ast}——电动机自起动系数，取 $K_{\text{ast}} = 1.5 \sim 2.5$；

　　　K_{re}——阻抗测量元件的返回系数，取 $K_{\text{re}} = 1.15 \sim 1.25$。

若采用方向特性，负荷阻抗与整定阻抗的阻抗角不同，整定阻抗可由下式给出

$$Z_{\text{set1}}^{\text{Ⅲ}} = \frac{K_{\text{rel}} Z_{\text{L.min}}}{K_{\text{ast}} K_{\text{re}} \cos(\varphi_{\text{set}} - \varphi_{\text{L}})} \tag{3-23}$$

式中　φ_{set}——整定阻抗的阻抗角；

　　　φ_{L}——负荷阻抗的阻抗角。

按上述三个原则进行计算，取其中的较小者作为距离Ⅲ段的整定阻抗。

当第Ⅲ段采用偏移特性时，反向动作区的大小通常用偏移率来整定，一般情况下偏移率取为5%左右。

(2) 灵敏度校验。距离保护的Ⅲ段，一方面作为本线路Ⅰ、Ⅱ段保护的近后备，另一方面还作为相邻设备保护的远后备，灵敏度应分别进行校验。

作为近后备时，按本线路末端短路校验，即

$$K_{\text{sen}(1)} = \frac{Z_{\text{set}}^{\text{Ⅲ}}}{Z_{12}} \geqslant 1.5 \tag{3-24}$$

作为远后备时，按相邻设备末端短路校验，即

$$K_{\text{sen}(2)} = \frac{Z_{\text{set}}^{\text{Ⅲ}}}{Z_{12} + K_{\text{br.max}} Z_{\text{next}}} \geqslant 1.2 \tag{3-25}$$

式中　Z_{next}——相邻设备（线路、变压器等）的阻抗；

　　　$K_{\text{br.max}}$——相邻设备末端短路时，分支系数的最大值。

(3) 动作时间的整定。距离保护Ⅲ段的动作时间，应在与之配合的相邻元件保护动作时

间的基础上，加上一个时间级差 Δt，但考虑到距离Ⅲ段一般不经振荡闭锁（见3.4节），其动作时间不应小于最大的振荡周期（1.5～2s）。

4. 将整定参数换算到二次侧

在上面的计算中，得到的都是一次系统的参数值，实际应用时，应把这些一次系统值换算至二次系统。设电压互感器 TV 的变比为 n_{TV}，电流互感器 TA 的变比为 n_{TA}，系统的一次参数用下标"（1）"标注，二次参数用下标"（2）"标注，则一、二次测量阻抗之间的关系为

$$Z_{m(1)} = \frac{\dot{U}_{m(1)}}{\dot{I}_{m(1)}} = \frac{n_{TV}\dot{U}_{m(2)}}{n_{TA}\dot{I}_{m(2)}} = \frac{n_{TV}}{n_{TA}}Z_{m(2)}$$

或
$$Z_{m(2)} = \frac{n_{TA}}{n_{TV}}Z_{m(1)} \tag{3-26}$$

上述计算中得到的整定阻抗，也可以按照类似的方法换算到二次侧，即

$$Z_{set(2)} = \frac{n_{TA}}{n_{TV}}Z_{set(1)} \tag{3-27}$$

5. 整定计算举例

【例3-1】 在图3-11所示110kV网络中，各线路均装有距离保护，已知 $Z_{SA.max} = 20\Omega$、$Z_{SA.min} = 15\Omega$、$Z_{SB.max} = 25\Omega$、$Z_{SB.min} = 20\Omega$、线路 AB 的最大负荷电流 $I_{L.max} = 600A$，功率因数 $\cos\varphi_L = 0.85$，各线路每千米阻抗 $Z_1 = 0.4\Omega/km$，线路阻抗角 $\varphi_k = 70°$，电动机的自起动系数 $K_{ast} = 1.5$，保护5三段动作时间 $t_5^{\text{Ⅲ}} = 2s$，正常时母线最低工作电压 $U_{L.min}$ 取等于 $0.9U_N(U_N = 110kV)$。试对其中保护1的相间短路保护Ⅰ、Ⅱ、Ⅲ段进行整定计算。（$K_{rel}^{\text{I}} = K_{rel}^{\text{II}} = 0.8$、$K_{rel}^{\text{III}} = 0.83$、$K_{re} = 1.2$，各段均采用相间接线的方向阻抗继电器）

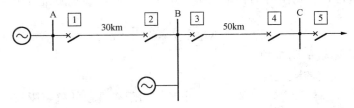

图3-11　[例3-1] 的网络连接图

解　（1）有关各元件阻抗值的计算。

线路12的正序阻抗　$Z_{12} = Z_1 L_{12} = 0.4 \times 30 = 12$（$\Omega$）

线路34的正序阻抗　$Z_{34} = Z_1 L_{34} = 0.4 \times 50 = 20$（$\Omega$）

（2）距离Ⅰ段。

1）整定阻抗：按式（3-13）计算，则有

$$Z_{set}^{\text{I}} = K_{rel}^{\text{I}}Z_{12} = 0.8 \times 12 = 9.6(\Omega)$$

2）动作时间：$t^{\text{I}} = 0s$（指不再人为地增设延时，第Ⅰ段实际动作时间为保护装置固有的动作时间）。

（3）距离Ⅱ段。

1）整定阻抗：与相邻线路34的保护3的Ⅰ段配合，按式（3-15）计算

$$Z_{set}^{\text{II}} = K'_{rel}Z_{12} + K''_{rel}K_{br.min}Z_{set3}^{\text{I}}$$

式中取 $K_{rel}^{I} = K_{rel}^{II} = 0.8$，而 $Z_{set3}^{I} = K_{rel}^{I} Z_{34} = 0.8 \times 20 = 16$（Ω）

$K_{br.min}$ 的计算如下：$K_{br.min}$ 为保护 3 的 I 段末端发生短路时对保护 1 而言的最小分支系数，如图 3-12 所示，当保护 3 的 I 段末端 k1 点短路时，分支系数计算式为

$$K_{br} = \frac{I_2}{I_1} = \frac{Z_{SA} + Z_{12} + Z_{SB}}{Z_{SB}}$$

可以看出，为了得出最小的分支系数 $K_{br.min}$，上式中 Z_{SA} 应取可能最小值，即应取电源 A 的最大运行方式下的等值阻抗 $Z_{SA.min}$，而 Z_{SB} 应取最大可能值，即取电源 B 的最小运行方式下的最大等值阻抗 $Z_{SB.max}$，因而

$$K_{br.min} = \frac{15 + 12 + 25}{25} = 2.08$$

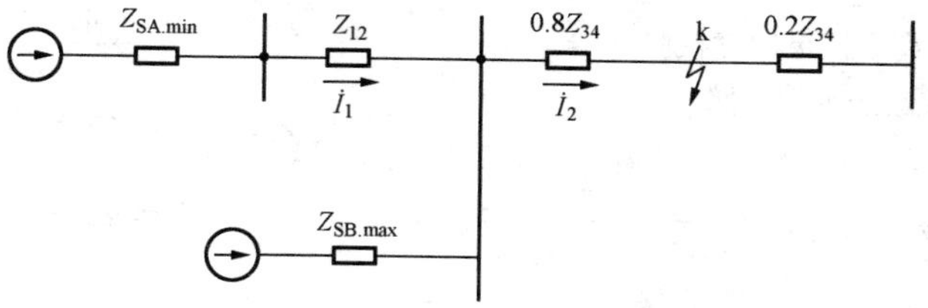

图 3-12 整定距离 II 段时求 $K_{br.min}$ 的等值电路

于是

$$Z_{set1}^{II} = 0.8 \times (12 + 2.08 \times 16) = 36.2(\Omega)$$

2）**灵敏性校验**：按本线路末端短路求灵敏系数

$$K_{sen}^{II} = \frac{Z_{set1}^{II}}{Z_{12}} = \frac{36.2}{12} = 3.02 > 1.25$$

满足要求。

3）**动作时间**，与相邻保护 3 的 I 段配合，则

$$t_1^{II} = t_3^{I} + \Delta t = 0.5s$$

它能同时满足与相邻保护配合的要求。

（4）**距离 III 段**。

1）**整定阻抗**：按躲开最小负荷阻抗整定。因为继电器取为相间接线方式的方向阻抗继电器，所以按式（3-23）计算

$$Z_{set1}^{III} = \frac{K_{rel} Z_{L.min}}{K_{ast} K_{re} \cos(\varphi_{set} - \varphi_L)}$$

$$Z_{L.min} = \frac{\dot{U}_{L.min}}{\dot{I}_{L.max}} = \frac{0.9 \times 110}{\sqrt{3} \times 0.6} = 95.27(\Omega)$$

取 $K_{rel}^{III} = 0.83$，$K_{re} = 1.2$，$K_{ast} = 1.5$ 和 $\varphi_{set} = 70°$，$\varphi_L = \arccos(0.85) = 32°$

于是 $Z_{set1}^{III} = \dfrac{0.83 \times 95.27}{1.2 \times 1.5 \times \cos(70° - 32°)} = 56$（Ω）。

2）**灵敏性校验**。

①本线路末端短路时的灵敏系数为

$$K_{sen1} = \frac{Z_{set1}^{III}}{Z_{12}} = \frac{56}{12} = 4.66 > 1.5$$

满足要求。

②相邻元件末端短路时的灵敏系数，按式（3-25）计算，即

$$K_{\text{sen}(2)} = \frac{Z_{\text{set}}^{\text{III}}}{Z_{12} + K_{\text{br.max}} Z_{34}}$$

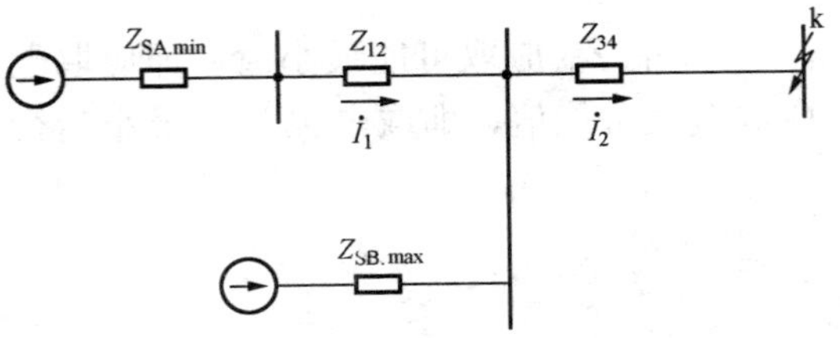

图 3-13　距离Ⅲ段灵敏度校验时
求 $K_{\text{br.max}}$ 的等值电路

式中　$K_{\text{br.max}}$——相邻线路 34 末端 k 点短路时对保护 1 而言的最大分支系数，该系数如图3-13所示。

$$K_{\text{br.max}} = \frac{I_2}{I_1} = \frac{Z_{\text{SA.max}} + Z_{12} + Z_{\text{SB.min}}}{Z_{\text{SB.min}}}$$
$$= \frac{20 + 12 + 20}{20} = 2.6$$

取 Z_{SA} 的可能最大值为 $Z_{\text{SA.max}}$，Z_{SB} 的可能

最小值为 $Z_{\text{SB.min}}$，于是 $K_{\text{sen}(2)} = \dfrac{56}{12 + 2.6 \times 20} = 0.87 < 1.2$，不满足要求，可增大整定阻抗，同时增加阻抗限制措施。

3）动作时间为

$$t_1^{\text{III}} = t_5^{\text{III}} + 2\Delta t = 2 + 2 \times 0.5 = 3(\text{s})$$

3.3.2　对距离保护的评价

根据上述分析和实际运行的经验，对距离保护可以做出如下的评价。

（1）由于距离保护同时反应电压和电流，比单一反应电流的保护灵敏度高。距离保护第Ⅰ段的保护范围不受运行方式变化的影响，保护范围比较稳定，第Ⅱ、第Ⅲ段的保护范围受运行方式变化（分支系数）影响，能够用在多侧电源的高压及超高压的复杂电网中并保证动作的选择性。

（2）距离保护Ⅰ段的整定范围为线路全长的 80%～85%，这样在双侧电源线路中，至少有 30% 的范围，保护要以Ⅱ段时间切除故障。在 220kV 以及以上电压等级的网络中，有时候这不能满足电力系统稳定性的要求，因而，除距离保护外，高压或超高压输电线路还应配备能够全线速切故障的快速保护，如纵联保护。

（3）距离保护的阻抗测量原理，除可以应用于输电线路的保护外，还可以应用于发电机、变压器保护中，作为其后备保护。

（4）相对于电流电压保护来说，由于阻抗继电器构成复杂，距离保护的直流回路多，振荡闭锁、断线闭锁等使接线复杂，装置自身的可靠性稍差。

3.4　距离保护的振荡闭锁

3.4.1　振荡闭锁的概念及要求

并联运行的电力系统或发电厂失去同步的现象，称为电力系统的振荡。电力系统振荡时，系统两侧等效电动势间的夹角 δ 在 0°～360° 范围内作周期性变化，从而使系统中各点的电压、线路电流、功率方向以及距离保护的测量阻抗也都呈现周期性变化。

引起电力系统振荡的原因主要有两种：一种是因为联络线中传输的功率过大而导致静稳定破坏，另一种是因电力系统受到大的扰动（如短路、大机组或重要联络线的误切除等）而导致暂态稳定破坏。

电力系统正常运行时，系统中各点的电压均接近额定电压，线路中的电流为负荷电流，传输的功率为负荷功率，此时两侧电源之间的功角 δ 小于 $90°$。当线路中传输的功率逐渐增加时，功角 δ 将逐渐增大，一旦 δ 超过 $90°$，系统就有可能发生振荡。由于负荷变化的过程并不是突发的，所以系统从正常状态变到振荡状态的过程中，电气量不会发生突然的变化。进入振荡状态后，电压、电流、功率和测量阻抗等电气量都将随着 δ 的变化而不断地变化，阻抗继电器可能因测量阻抗进入其动作范围而误动作。

此外，在静稳定破坏引发振荡的情况下，系统的三相仍然是完全对称的，不会出现负序量和零序量。

电力系统发生短路、断线等较大冲击的情况下，功率可能会出现严重的不平衡，若处置不当，很容易引发系统振荡。这种振荡是由于电气量的突然剧变引起的，所以系统从正常状态变为振荡状态的过程中，电气量会发生突变，系统也可能出现三相不对称。进入振荡状态后，电气量将随着 δ 的变化而不断地变化，阻抗继电器也可能因测量阻抗进入其动作范围而误动作。

电力系统的振荡是属于严重的不正常运行状态，而不是故障状态，大多数情况下能够通过自动装置的调节自行恢复同步。如果在振荡过程中继电保护动作，切除了重要的联络线，或断开了电源和负荷，不仅不利于振荡的自动恢复，而且还有可能使事故扩大，造成更为严重的后果。所以在系统振荡时，要采取必要的措施，防止保护因测量元件动作而误动。这种用来防止系统振荡时保护误动的措施，就称为振荡闭锁。

距离保护的振荡闭锁，应能够准确地区分振荡与短路，并应满足以下的基本要求。

（1）系统发生振荡而没有故障时，应可靠地将保护闭锁，且振荡不平息，闭锁不解除。

（2）系统发生各种类型的故障时，保护不应被闭锁，以保证保护正确动作。

（3）振荡过程中再发生故障时，保护应能够正确地动作（即保护区内故障可靠动作，区外故障可靠不动）。

（4）若振荡的中心不在本保护的保护区内，则阻抗继电器就不可能因振荡而误动，这种情况下保护可不采用振荡闭锁。

3.4.2　系统振荡对距离保护测量元件的影响

现以图 3-14 所示的双端电源系统为例，分析系统振荡时电流、电压的变化规律。

设系统两侧等效电动势 $\dot{E}_M$ 和 $\dot{E}_N$ 幅值相等，相角差（即功角）为 δ，M 侧与 N 侧等效电源之间的阻抗为 $Z_\Sigma = Z_M + Z_1 + Z_N$，其中 Z_M 为 M 侧系统的等值阻抗，Z_N 为 N 侧系统的等值阻抗，Z_1 为线路的阻抗，则线路中的电流和母线 M、N 上的电压分别为

$$\dot{I} = \frac{\dot{E}_M - \dot{E}_N}{Z_\Sigma} = \frac{\Delta \dot{E}}{Z_\Sigma} = \frac{\dot{E}_M(1 - e^{-j\delta})}{Z_\Sigma} \tag{3-28}$$

$$\dot{U}_M = \dot{E}_M - \dot{I} Z_M \tag{3-29}$$

$$\dot{U}_N = \dot{E}_N + \dot{I} Z_N \tag{3-30}$$

以上相量之间的相位关系如图 3-14（c）所示。由图可知，以 $\dot{E}_M$ 为参考相量时，当相

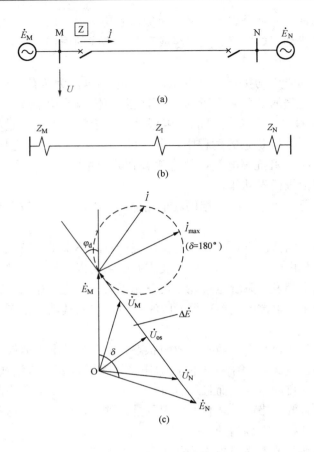

图 3 - 14　双端电源系统系统振荡时电气量变化分析

(a) 双端电源系统网络图；(b) 等效电路图；(c) 电压电流相量图

角差 δ 在 $0°\sim360°$ 范围内变化时，相当于 $\dot{E}_N$ 相量在 $0°\sim360°$ 范围内旋转。

则电动势差的有效值为

$$\Delta E = 2E_M \sin\frac{\delta}{2} \qquad (3 - 31)$$

故线路中电流的有效值为

$$I = \frac{\Delta E}{|Z_\Sigma|} = \frac{2E_M}{|Z_\Sigma|} \sin\frac{\delta}{2}$$
$$(3 - 32)$$

电流的相位滞后于 $\Delta\dot{E} = \dot{E}_M - \dot{E}_N$ 的角度为 φ_d，其相量末端的随 δ 变化的轨迹如图 3 - 14（c）中的虚线圆周所示。

假设图 3 - 14 所示系统中各部分的阻抗角都相等，则线路上任意一点的电压相量的末端，必然落在由 $\dot{E}_M$ 和 $\dot{E}_N$ 的末端连接而成的直线上（即 $\Delta\dot{E}$ 上）。M、N 两母线处的电压相量 $\dot{U}_M$ 和 $\dot{U}_N$ 在图 3 - 14（c）中标出。

在图 3 - 14（c）中，由 O 点向相量 $\Delta\dot{E}$ 作一垂线，并将该垂线代表的电压相量记为 $\dot{U}_{os}$，显然，在 δ 为 0 以外的任意值时，电压 $\dot{U}_{os}$ 都是全系统最低的，特别是当 $\delta=180°$ 时，该电压的有效值变为 0。电力系统振荡时，电压最低的这一点称为振荡中心，在系统各部分的阻抗角都相等的情况下，振荡中心的位置位于阻抗中心 $\frac{1}{2}Z_\Sigma$ 处。由图 3 - 14（c）可见，振荡中心电压的有效值可以表示为

$$U_{os} = E_M \cos\frac{\delta}{2} \qquad (3 - 33)$$

系统振荡时，安装在 M 点处的测量元件的测量阻抗为

$$Z_m = \frac{\dot{U}_M}{\dot{I}_M} = \frac{\dot{E}_M - \dot{I}_M Z_M}{\dot{I}_M} = \frac{\dot{E}_M}{\dot{I}_M} - Z_M = \frac{1}{1-e^{-j\delta}}Z_\Sigma - Z_M \qquad (3 - 34)$$

因为 $1-e^{-j\delta}=1-\cos\delta+j\sin\delta=\dfrac{2}{1-j\cot\dfrac{\delta}{2}}$，所以

$$Z_m = \left(\frac{1}{2}Z_\Sigma - Z_M\right) - j\frac{1}{2}Z_\Sigma \cot\frac{\delta}{2} = \left(\frac{1}{2}-\rho_M\right)Z_\Sigma - j\frac{1}{2}Z_\Sigma \cot\frac{\delta}{2} \qquad (3 - 35)$$

$$\rho_M = \frac{Z_M}{Z_\Sigma}$$

式中 ρ_M ——M 侧系统阻抗占总串联阻抗的比例。

可见, 系统振荡时, M 处的测量阻抗由两大部分组成, 第一部分为 $\left(\dfrac{1}{2}-\rho_M\right)Z_\Sigma$, 对应于线路上从母线 M 到振荡中心一段线路的阻抗, 是不随 δ 变化的; 第二部分为 $-\mathrm{j}\dfrac{1}{2}Z_\Sigma\cot\dfrac{\delta}{2}$, 垂直于 Z_Σ, 随着 δ 的变化而变化。如图 3-15 所示, 当 δ 由 0° 变化到 360° 时, 测量阻抗 Z_m 的末端沿着一条经过阻抗中心点 $\dfrac{1}{2}Z_\Sigma$、且垂直于 Z_Σ 的直线 OO' 自右

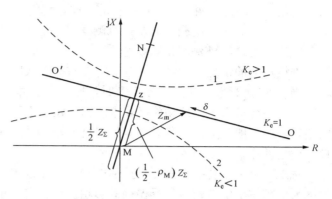

图 3-15 系统振荡时测量阻抗的变化轨迹

向左移动。当 $\delta=0°(+)$ 时, 测量阻抗 Z_m 位于复平面的右侧, 其值为无穷大; 当 $\delta=180°$ 时, 第二部分阻抗等于 0, 总测量阻抗变成 $\left(\dfrac{1}{2}-\rho_M\right)Z_\Sigma$; 当 $\delta=360°(-)$ 时, 测量阻抗的值也为无穷大, 但位于复平面的左侧。

如果 $\dot{E}_M$ 和 $\dot{E}_N$ 的幅值不相等, 分析表明, 系统振荡时测量阻抗末端的轨迹将不再是一条直线, 而是一个圆弧。设 $K_e=E_M/E_N$, 当 $K_e>1$ 及 $K_e<1$ 时, 测量阻抗末端的轨迹如图 3-15 中的虚线圆弧 1 和 2 所示。

由图 3-15 可见, 保护安装处 M 到振荡中心的一段线路阻抗为 $\left(\dfrac{1}{2}-\rho_M\right)Z_\Sigma$, 它与比值 ρ_M 的大小密切相关。当 $\rho_M<\dfrac{1}{2}$ 时, 它与 Z_Σ 同方向, 振荡中心 z 点位于阻抗平面的第一象限, 振荡时测量阻抗末端轨迹的直线 OO' 在第一象限内与 Z_Σ 相交; 当 $\rho_M=\dfrac{1}{2}$ 时, 该阻抗等于 0, 振荡中心 z 正好位于 M 点, 测量阻抗末端轨迹的直线 OO' 在坐标原点处与 Z_Σ 相交; 当 $\rho_M>\dfrac{1}{2}$ 时, 它与 Z_Σ 方向相反, 振荡中心 z 点位于阻抗平面的第三象限, 振荡时测量阻抗末端轨迹的直线 OO' 在第三象限内与 Z_Σ 相交。

若令 $\rho_N=\dfrac{Z_N}{Z_\Sigma}$, 则当 ρ_M 和 ρ_N 都小于 $\dfrac{1}{2}$ 时, 振荡中心就落在线路 MN 上, 其他情况下, 振荡中心将落在线路 MN 之外。

在图 3-14 所示的双侧电源系统中, 假设 M、N 两处均装有距离保护, 其测量元件均采用圆特性的方向阻抗元件, 距离 I 段的整定阻抗为线路阻抗的 80%, 则两侧测量元件的动作特性如图 3-16 所示, 实线圆为 M 侧 I 段的动作特性, 虚线圆为 N 侧 I 段的动作特性。

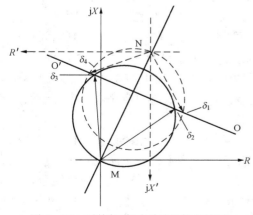

图 3-16 系统振荡对测量阻抗的影响

根据前面的分析，若 ρ_M 和 ρ_N 都小于 $1/2$，振荡中心就落在母线 M、N 之间的线路上。当 δ 变化时，M、N 两处的测量阻抗的末端，都将沿图 3-16 中的直线 OO′ 移动。由图 3-16 可见，当 δ 在 $\delta_1 \sim \delta_4$ 范围内时，N 侧测量阻抗落入动作范围之内，其测量元件动作；当 δ 在 $\delta_2 \sim \delta_3$ 范围内时，M 侧测量阻抗也落入动作范围之内，其测量元件也动作。即在振荡中心落在本线路上的情况下，当 δ 变至 $180°$ 左右时，线路两侧保护 I 段的测量元件都可能动作。

当 ρ_M 和 ρ_N 任意一个不小于 $1/2$ 时，振荡中心都将落在本线路之外，这时两侧保护的测量阻抗都不会进入 I 段的动作区，本线路的距离 I 段将不受振荡的影响。但由于 II 段及 III 段的整定阻抗一般较大，振荡时的测量阻抗比较容易进入其动作区，所以 II 段及 III 段的测量元件可能会动作。

总之，电力系统振荡时，阻抗继电器有可能因测量阻抗进入其动作区而动作，并且整定值越大的阻抗继电器越容易受振荡的影响。在整定值相同的情况下，动作特性曲线在与整定阻抗垂直方向的动作区越大时，越容易受振荡的影响。比如，与方向圆阻抗特性相比，全阻抗特性在与整定阻抗垂直方向的动作区较大，所以它受振荡的影响就较大。

3.4.3 系统振荡时距离保护的闭锁措施

电力系统正常运行时，阻抗继电器感受到的测量阻抗为阻抗值基本不变的负荷阻抗，其阻抗值较大、阻抗角较小，一般均落在阻抗继电器的动作区域之外，阻抗继电器不会动作；电力系统因静稳定破坏而引发振荡时，电压、电流和测量阻抗等电气量将随着功角 δ 的变化而不断地缓慢变化，经一定时间后，阻抗继电器可能因测量阻抗进入其动作区而动作；电力系统因暂态稳定破坏而引发振荡时，在大扰动发生的瞬间，电压、电流和测量阻抗等电气量有一个突变的过程，扰动过后的振荡过程中，电气量也将随着功角 δ 的变化而不断地缓慢变化，一定时间后阻抗继电器也可能误动作；保护区内发生短路故障时，故障电压、电流都会发生突变，测量阻抗也将从负荷阻抗突变为短路阻抗，并基本维持短路阻抗不变，测量元件立即动作，并在故障切除前一直处于动作状态。

通常距离保护一般采用以下几种振荡闭锁措施。

1. 利用系统故障时短时开放的措施实现振荡闭锁

所谓系统故障时短时开放，就是在系统没有故障时，距离保护一直处于闭锁状态，当系统发生故障时，短时开放距离保护。若在开放的时间内，阻抗继电器动作，说明故障点位于阻抗继电器的动作范围之内，则保护继续维持开放状态，直至保护动作，将故障线路跳开；若在开放的时间内阻抗继电器未动，则说明故障不在保护区内，则重新将保护闭锁。

电力系统是否发生故障的判断，是短时开放式振荡闭锁方式的核心。故障判断元件，又可称为起动元件，用来完成系统是否发生故障的判断，它仅需要判断系统是否发生了故障，而不需要判出故障的远近及方向，对它的要求是灵敏度高、动作速度快，系统振荡时不误动作。目前距离保护中应用的故障判断元件，主要有反映电压、电流中负序或零序分量的判断元件和反映电流突变量的判断元件两种，现分别讨论如下。

（1）反映电压、电流中负序或零序分量的故障判断元件。电力系统正常运行或因静稳定破坏而引发振荡时，系统均处于三相对称状态，电压、电流中不存在负序或零序分量。电力系统发生各种类型的不对称短路时，故障电压、电流中都会出现较大的负序或零序分量，即使在发生三相对称性短路时，也会因三相短路的不同时或负序、零序滤序器的不平衡输出，在短路瞬间也会有较大的负序或零序分量存在。这样，就可以利用负序或零序分量是否存在，作为系统是否发生故障的判断。电压、电流中不存在负序或零序分量时，故障判断元件不动作，从而将保护闭锁；电压、电流中存在较大负序或零序分量时，故障判断元件立即动作，短时开放保护。

（2）反映电流突变量的故障判断元件。反映电流突变量的故障判断元件是根据在系统正常或振荡时电流变化比较缓慢，而在系统故障时电流会出现突变这一特点来进行故障判断的。

2. 利用阻抗变化率的不同来构成振荡闭锁

如上所述，在电力系统发生短路故障时，测量阻抗从负荷阻抗 Z_L 突变为短路阻抗 Z_k，而在系统振荡时，测量阻抗变化比较缓慢，这样，就可以根据测量阻抗的变化速度不同构成振荡闭锁。

3. 利用动作的延时实现振荡闭锁

如前所述，电力系统振荡时，距离保护的测量阻抗是随 δ 角的变化而不断变化的，当 δ 角变化到某个角度时，测量阻抗进入到阻抗继电器的动作区，而当 δ 角继续变化到另个角度时，测量阻抗又从动作区移出。分析表明，对于按躲过最大负荷整定的Ⅲ段阻抗继电器来说，测量阻抗落入其动作区的时间一般不会超过 1～1.5s，即系统振荡时Ⅲ段阻抗继电器动作持续的时间不会超过 1～1.5s。这样，只要Ⅲ段动作的延时时间不小于 1～1.5s，系统振荡时Ⅲ段保护就不会误动作。系统故障时，若Ⅰ、Ⅱ段保护拒动，测量阻抗会一直落在Ⅲ段动作区内，经过预定的延时后，Ⅲ段动作跳闸。

目前国内各厂家生产的距离保护中，一般都是利用上述的短时开放原理在振荡过程中闭锁Ⅰ、Ⅱ段保护，但Ⅲ段保护一直处于开放状态，它依靠动作延时来免受振荡的影响。

4. 静稳定破坏引起的振荡的闭锁

在采取了上述故障时短时开放保护的措施后，系统正常运行或因静稳定破坏而发生振荡时，由于故障判断元件不动作，所以保护不会被开放，即使测量元件因振荡而动作，保护也不会误动跳闸。在故障情况下，启动元件动作，短时开放保护，既能够保证区内故障可靠动作，又能够保证在区外故障引发系统振荡时可靠闭锁。

但是，如果在静稳定破坏后的振荡过程中，又发生了区外故障，或故障判断元件因系统操作、振荡严重等情况发生误动，保护将会被开放，可能会因测量阻抗正好位于动作区内而造成保护误动作。为解决此问题，距离保护中还应设置静稳定破坏检测部分，在检出静稳定破坏引发的振荡后，闭锁故障判断元件，使其不再动作。

静稳定破坏的检测可以用按第Ⅲ段定值整定的阻抗元件或按躲最大负荷电流整定的过电流元件来实现，当Ⅲ段阻抗元件或过电流元件动作而起动元件未动时，就判断为静态稳定破坏，闭锁起动元件，同时进入振荡闭锁，振荡停息之前，起动元件一直被闭锁，所以保护的Ⅰ、Ⅱ段也不会开放，不会误动作。

上述的振荡闭锁措施，能够在系统出现振荡的情况下，可靠地将保护Ⅰ、Ⅱ段闭锁，使其不会发生误动。但是如果系统在振荡过程中又发生了内部故障，保护的Ⅰ、Ⅱ段也将不能动作，故障将无法被快速切除。为克服此缺点，振荡闭锁元件中还可以增设振荡过程中再故障的判别逻辑，判断出振荡过程中又发生内部短路时，将保护再次开放，限于篇幅本书不予讨论。

3.5　距离保护特殊问题的分析

3.5.1　短路点过渡电阻对距离保护的影响

本章前述各节的分析中，大多是以金属性短路为例进行的，但实际工况下，电力系统的短路一般都不是金属性的，而是在短路点存在过渡电阻。过渡电阻的存在，将使距离保护的测量阻抗、测量电压等发生变化，有可能造成距离保护的不正确工作。下面将对过渡电阻的性质、对距离保护的影响以及应采取的对策进行讨论。

1. 过渡电阻的性质

短路点的过渡电阻 R_g 是指当系统中发生相间短路或接地短路时，短路电流从一相流到另一相或相导线流入大地的途径中所通过物质的电阻，包括电弧电阻、中间物质的电阻、相导线与大地之间的接触电阻、金属杆塔的接地电阻等。

在相间故障中，过渡电阻主要由电弧电阻组成。电弧电阻具有非线性的性质，其大小与电弧的弧道长度成正比，与电弧电流的大小成反比，精确计算比较困难，一般按下式进行估算

$$R_g = 1050 \frac{L_g}{I_g}$$

式中　　L_g——电弧的长度，m；

　　　　I_g——电弧中的电流大小，A。

在短路初瞬间，电弧电流 I_g 最大，弧长 L_g 最短，这时弧阻 R_g 最小。几个周期后，电弧逐渐伸长，弧阻逐渐变大。相间故障的电弧电阻一般在数欧至十几欧之间。

发生导线对铁塔放电的接地短路时，过渡电阻的主要部分是铁塔及其接地电阻。铁塔的接地电阻与大地电导率有关，对于跨越山区的高压线路，铁塔的接地电阻可达数十欧。当导线通过树木或其他物体对地短路时，过渡电阻更高。对于 500kV 的线路，最大过渡电阻可达 300Ω，而对 220kV 线路，最大过渡电阻约为 100Ω。

2. 单侧电源线路上过渡电阻的影响

如图 3-17 （a）所示，在没有助增和外汲的单侧电源线路上，过渡电阻中流过的短路电流与保护安装处的电流为同一个电流，此时保护安装处测量电压和测量电流的关系可以表示为

$$\dot{U}_m = \dot{I}_m Z_m = \dot{I}_m (Z_k + R_g) \tag{3-36}$$

即 $Z_m = Z_k + R_g$，R_g 的存在总是使继电器的测量阻抗值增大，阻抗角变小，保护范围缩短。

当 B2 与 B3 之间的线路始端经过渡电阻 R_g 短路时，B2 处保护的测量阻抗为 $Z_{m2} = R_g$，而 B1 处保护的测量阻抗为 $Z_{m1} = Z_{12} + R_g$，当 R_g 的数值较大时，如图 3-17 （b）所示，就可能出现 Z_{m2} 超出 B2 处保护 Ⅰ 段范围而 Z_{m1} 仍位于 B1 处保护 Ⅱ 段范围内。此种故障情况下，B1 处的 Ⅱ 段动作切除故障，从而失去了选择性，同时也降低了动作的速度。

由图 3-17 （b）可见，保护装置距短路点越近时，受过渡电阻影响越大；同时，保护装置的整定阻抗越小（相当于被保护线路越短），受过渡电阻的影响越大。

3. 双侧电源线路上过渡电阻的影响

下面以图 3-18 （a）所示的没有助增和外汲的双侧电源线路为例，分析过渡电阻对距离保护的影响。

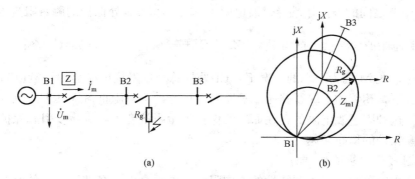

图 3-17 单侧电源线路过渡电阻的影响

(a) 系统示意图；(b) 对不同安装地点的距离保护的影响

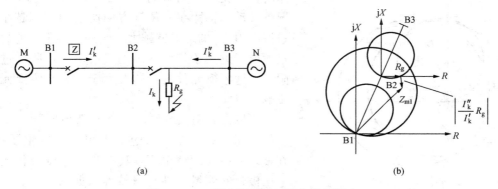

图 3-18 双侧电源线路过渡电阻的影响

(a) 系统示意图；(b) 对不同安装地点的距离保护的影响

在两侧电源的工况下，过渡电阻中的短路电流不再与保护安装处的电流为同一个电流，这时保护安装处测量电压和测量电流的关系可以表示为

$$\dot{U}_{m} = \dot{I}_{m}Z_{m} = \dot{I}'_{k}Z_{k} + \dot{I}_{k}R_{g} = \dot{I}'_{k}(Z_{k} + R_{g}) + \dot{I}''_{k}R_{g} \qquad (3-37)$$

令 $\dot{I}_{m} = \dot{I}'_{k}$，则继电器的测量阻抗可以表示为

$$Z_{m} = Z_{k} + \frac{\dot{I}_{k}}{\dot{I}'_{k}}R_{g} = (Z_{k} + R_{g}) + \frac{\dot{I}''_{k}}{\dot{I}'_{k}}R_{g} \qquad (3-38)$$

R_{g} 对测量阻抗的影响，取决于两侧电源提供的短路电流 $\dot{I}'_{k}$、$\dot{I}''_{k}$ 之间的相位关系，有可能增大，也有可能减小。若在故障前 M 端为送端，N 侧为受端，则 M 侧电源电动势的相位超前 N 侧。这样，在两端系统阻抗的阻抗角相同的情况下，$\dot{I}'_{k}$ 的相位将超前 $\dot{I}''_{k}$，式 (3-38) 中的 $\frac{\dot{I}''_{k}}{\dot{I}'_{k}}R_{g}$ 将具有负的阻抗角，即表现为阻容性质的阻抗，它的存在有可能使总的测量阻抗变小。反之，若 M 端为受端，N 侧为送端，则 $\frac{\dot{I}''_{k}}{\dot{I}'_{k}}R_{g}$ 将具有正的阻抗角，即表现为阻感性质的阻抗，它的存在总是使测量阻抗变大。在系统振荡加故障的情况下，$\dot{I}'_{k}$ 与 $\dot{I}''_{k}$ 之间的相位差可能在 $0°\sim360°$ 的范围内变化，此时测量阻抗末端的轨迹为圆。

当 B2 与 B3 之间的线路始端经过渡电阻 R_g 短路时，B2 处保护的测量阻抗为 $Z_{m2} = R_g + \dfrac{I''_k}{I'_k} R_g$，而 B1 处保护的测量阻抗为 $Z_{m1} = Z_{12} + R_g + \dfrac{I''_k}{I'_k} R_g$，如图 3-18（b）所示。

如上所述，在 M 端为送端的情况下，B1 处的总测量阻抗可能会因过渡电阻的影响而减小，严重情况下，相邻的下级线路始端短路时，可能使测量阻抗落入其 Ⅰ 段范围内，造成其 Ⅰ 段误动作。这种因过渡电阻的存在而导致保护测量阻抗变小，进一步引起保护误动作的现象，称为距离保护的稳态超越。

4. 克服过渡电阻影响的措施

从上述分析中可知，对于圆特性的方向阻抗继电器来说，在被保护区的始端和末端短路时，过渡电阻的影响比较大，而在保护区的中部短路时，过渡电阻的影响则较小。在整定值相同的情况下，动作特性在 $+R$ 轴方向所占的面积越小，受过渡电阻 R_g 的影响就越大。此外，由于接地故障时过渡电阻远大于相间故障的过渡电阻，所以过渡电阻对接地距离元件的影响要大于对相间距离元件的影响。

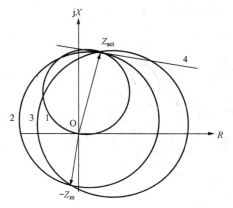

图 3-19　耐过渡电阻能力分析

所以，采用能容许较大的过渡电阻而不至于拒动的测量元件，是克服过渡电阻影响的主要措施。在整定值相同的情况下，具有正序电压极化或记忆电压极化的测量元件动作特性（如图 3-19 中的圆 2）在 $+R$ 轴方向所占的面积比方向阻抗元件（如图 3-19 中的圆 1）大，所以它们耐受过渡电阻的能力要比方向阻抗元件强。若进一步使动作特性向 $+R$ 方向偏转一个角度（如图 3-19 中的圆 3），则特性在 $+R$ 轴方向所占的面积更大，耐受过渡电阻的能力将更强。

但是特性圆偏转后，圆的直径变大，造成保护区加长，又容易在区外故障时引起稳态超越，造成保护误动。为防止此情况的发生，可将偏转后的特性与一个下倾的电抗特性（图 3-19中直线 4）进行"与"复合，这样，既可以保证有很强的耐受过渡电阻能力，又能够避免稳态超越。

本章 3.2 节中提到的四边形特性测量元件，其四个边可以分别整定，可使其在 $+R$ 轴方向所占的面积足够大，并在保护区的始端和末端都有比较大的动作区，所以它具有比较好的耐受过渡电阻的能力。四边形的上边适当地向下倾斜一个角度，可以有效地避免稳态超越问题。

利用不同的测量元件进行特性复合，可以获得较好的抗过渡电阻特性。

3.5.2　电压回路断线对距离保护的影响

当电压互感器二次回路断线时，距离保护将失去电压，在负荷电流的作用下，测量元件的测量阻抗变为零，因此可能发生误动作。对此，在距离保护中应采取防止误动作的闭锁装置。

对断线闭锁装置的要求是：当电压回路发生各种可能使保护误动作的故障情况时，应能可靠地将保护闭锁，而当被保护线路故障时，不因故障电压的畸变错误地将保护闭锁，以保证保护可靠动作，为此应使闭锁装置能够有效地区分以上两种情况下的电压变化。通常采用同时观察电流回路是否发生变化的方法。

3.6　工频故障分量阻抗继电器与 R-L 模型算法

3.6.1　工频故障分量阻抗继电器

距离保护根据其阻抗元件反应的电压量和电流量不同，可分为工频稳态量距离保护和工频故障分量距离保护。电力系统发生短路故障时，根据叠加原理，可以认为在短路点突然加入与该点故障前电压大小相等、方向相反的附加电压，于是短路后的系统状态可以看作是短路前负荷状态与由附加电压产生的短路附加状态相叠加。如图 3-20（a）所示的短路状态可分解为图 3-20（b）和图 3-20（c）两种状态的叠加。

反应图 3-20（b）和图 3-20（c）两种状态下叠加的电流电压的阻抗元件称为工频稳态量阻抗元件，由该种阻抗元件构成的距离保护称为工频稳态量距离保护。工频稳态量距离保护的测量阻抗与负荷状态和故障状态均有关。因此，工频稳态量距离保护的正确动作通常受电力系统的振荡、电压互感器二次回路断线、短路点过渡电阻及分支电流等因素的影响，在构成工频稳态量距离保护时必须采取措施。

只反应图 3-20（c）所示状态下（故障状态下）电流电压的阻抗元件称为工频故障分量阻抗元件，该阻抗元件的测量阻抗仅与故障分量有

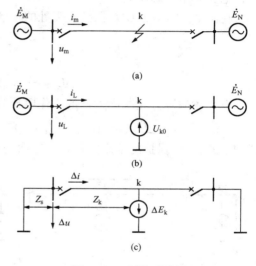

图 3-20　短路系统图
（a）系统短路示意图；（b）短路前负荷状态；
（c）附加电压产生的短路附加状态

关，不受电力系统振荡、负荷状态及过渡电阻的影响。所以，工频故障分量阻抗元件的可靠性、灵敏性均较好，在近几年的高压或超高压输电线路微机保护中广泛应用。下面对其工作原理进行分析。

系统故障时，保护安装处测量到的全电压 u_m、全电流 i_m 可以看作是负荷分量电压 u_L、电流 i_L 与故障分量电压 Δu、电流 Δi 的叠加，即

$$\left.\begin{array}{c} u_m = u_L + \Delta u \\ i_m = i_L + \Delta i \end{array}\right\} \tag{3-39}$$

根据式（3-39），可以导出故障分量的求取计算方法，即

$$\left.\begin{array}{c} \Delta u = u_m - u_L \\ \Delta i = i_m - i_L \end{array}\right\} \tag{3-40}$$

式（3-40）表明，从保护安装处的全电压、全电流中减去负荷电压、电流，就可以求得故障分量电压、电流。

在 Δu 和 Δi 中，既包含了系统短路引起的工频电压电流的变化量，还包含短路引起的

暂态分量,即

$$\left.\begin{array}{l} \Delta u = \Delta u_{st} + \Delta u_{tr} \\ \Delta i = \Delta i_{st} + \Delta i_{tr} \end{array}\right\} \tag{3-41}$$

式中　Δu_{st}、Δi_{st}——电压、电流故障分量中的工频稳态成分,称为工频故障分量或工频变化量、突变量;

Δu_{tr}、Δi_{tr}——电压、电流故障分量中的暂态成分。

由于 Δu_{st} 和 Δi_{st} 是按工频变化的正弦量,所以它们可以用相量的方式来表示。用相量表示时,一般省去下标,记为 $\Delta \dot{U}$ 和 $\Delta \dot{I}$。

工频故障分量距离保护又称为工频变化量距离保护,是一种通过反应工频故障分量电压、电流而工作的距离保护。

在图 3 - 20(c)中,保护安装处的工频故障分量电流、电压可以分别表示为

$$\Delta \dot{I} = \frac{\Delta \dot{E}_k}{Z_s + Z_k} \tag{3-42}$$

$$\Delta \dot{U} = -\Delta \dot{I} Z_s = -\Delta \dot{E}_k + \Delta \dot{I} Z_k \tag{3-43}$$

取工频故障分量距离元件的工作电压为

$$\Delta \dot{U}_{op} = \Delta(\dot{U}_m - \dot{I}_m Z_{set}) = \Delta \dot{U} - \Delta \dot{I} Z_{set} = -\Delta \dot{I}(Z_s + Z_{set}) \tag{3-44}$$

式中　Z_{set}——保护的整定阻抗,一般取为线路正序阻抗的 80%～85%。

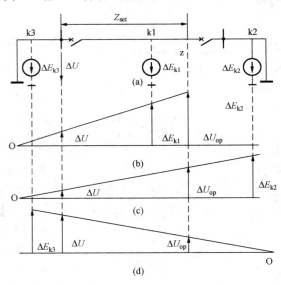

图 3 - 21 不同地点发生短路时电压故障分量的分布
(a)附加网络;(b)区内短路;
(c)正向区外短路;(d)反向区外短路

图 3 - 21 所示为在保护区内、外不同地点发生金属性短路时电压故障分量的分布,式(3 - 44)中的 $\Delta \dot{U}_{op}$ 对应图 3 - 21 中 z 点的电压。

在保护区内 k1 点短路时,如图 3 - 21(a)所示,$\Delta \dot{U}_{op}$ 在 O 与 $\Delta \dot{E}_{k1}$ 连线的延长线上,这时有 $|\Delta \dot{U}_{op}| > |\Delta \dot{E}_{k1}|$。

在正向区外 k2 点短路时,如图 3 - 21(b)所示,$\Delta \dot{U}_{op}$ 在 O 与 $\Delta \dot{E}_{k1}$ 的连线上,$|\Delta \dot{U}_{op}| < |\Delta \dot{E}_{k2}|$。

在反向区外 k3 点短路时,如图 3 - 21(c)所示,$\Delta \dot{U}_{op}$ 在 O 与 $\Delta \dot{E}_{k3}$ 的连线上,$|\Delta \dot{U}_{op}| < |\Delta \dot{E}_{k3}|$。

可见,比较工作电压 $\Delta \dot{U}_{op}$ 与故障附加网络电源电压的大小,就能够区分出区内

外的故障。$\Delta \dot{E}_{k1}$、$\Delta \dot{E}_{k2}$ 和 $\Delta \dot{E}_{k3}$ 的幅值分别等于 k1、k2 和 k3 点故障前电压的幅值,假设短路前系统为空载,则它们的幅值都相等,且等于电源电动势的幅值 $|\dot{E}|$。若设动作门槛为 $U_z = |\dot{E}|$,则工频故障分量距离元件的动作判据可以表示为

$$|\Delta \dot{U}_{op}| \geqslant U_z \tag{3-45}$$

满足式（3-45）判定为区内故障，保护动作；不满足式（3-45），判定为区外故障，保护不动作。

3.6.2　R-L 模型算法

R-L 模型算法仅用于计算线路阻抗。对于一般的输电线路，在短路情况下，线路分布电容产生的影响主要表现为高频分量，如果采用低通滤波器将高频分量滤除，就相当于可以忽略被保护线路分布电容的影响，因而从故障点到保护安装处的线路段可用一电阻和电感串联电路来表示，即将输电线路等效为 R-L 模型。只考虑金属性短路时，下列方程成立，即

$$u = Ri + L\frac{\mathrm{d}i}{\mathrm{d}t} \tag{3-46}$$

式中　R、L——分别为故障点至保护安装处线路的正序电阻和电感；

　　　　u、i——分别为保护安装处的电压、电流。

对于相间短路（以 A、B 为例），取 $u=u_{AB}$、$i=i_A-i_B$。对于单相接地短路（以 A 相为例），式（3-46）将写成

$$u_a = R(i_a + k_r \times 3i_0) + L\frac{\mathrm{d}(i_a + k_L \times 3i_0)}{\mathrm{d}t}$$

$$k_r = \frac{r_0 - r_1}{3r_1}$$

$$k_L = \frac{l_0 - l_1}{3l_1}$$

式中　　　k_r、k_L——分别为电阻及电感分量的零序补偿系数；

r_0、r_1、l_0、l_1——分别为输电线路每千米的零序和正序电阻和电感。

式（3-46）中的 u、i、$\mathrm{d}i/\mathrm{d}t$ 都是可以测量计算的，未知数为 R、L。如果在两个不同时刻 t_1 和 t_2 分别测量 u、i、$\mathrm{d}i/\mathrm{d}t$，可以得到两个独立的方程，即

$$u_1 = Ri_1 + L\frac{\mathrm{d}i_1}{\mathrm{d}t} = Ri_1 + LD_1$$

$$u_2 = Ri_2 + L\frac{\mathrm{d}i_2}{\mathrm{d}t} = Ri_2 + LD_2$$

式中，D 表示 $\mathrm{d}i/\mathrm{d}t$，下标 1、2 分别表示测量时刻 t_1 和 t_2。为了满足独立方程，要求 $t_1 \neq t_2 \pm k\dfrac{T}{2}$（$k=0$，1，2，3，…）。

两式联立，可以求出两个未知数 R 和 L，即

$$L = \frac{u_1 i_2 - u_2 i_1}{i_2 D_1 - i_1 D_2} \tag{3-47}$$

$$R = \frac{u_2 D_2 - u_1 D_2}{i_2 D_1 - i_1 D_2} \tag{3-48}$$

R-L 模型不必滤除非周期分量，因而算法时间窗较短，同时还有不受电网频率变化影响的优点，所以它在线路距离保护中得到广泛应用。

思 考 题 与 习 题

3-1　什么是故障环？距离保护为什么必须用故障环上的电压、电流作为测量电压和

电流？

3-2 距离保护装置一般由哪几部分组成？试简述各部分的作用。

3-3 为什么阻抗继电器的动作特性必须是一个区域？常用动作区域的形状有哪些？

3-4 距离保护Ⅰ段的整定值通常为多少？为什么？

3-5 什么是助增电流和外汲电流？它们对阻抗继电器的工作有什么影响？

3-6 什么是电力系统的振荡？振荡时电压电流有什么特点？阻抗继电器的测量阻抗如何变化？

3-7 在单侧电源线路上，过渡电阻对距离保护的影响是什么？

3-8 在双侧电源的线路上，保护测量到的过渡电阻为什么会呈容性或感性？

3-9 试简述工频故障分量距离继电器的工作原理。

3-10 如图3-22所示110kV网络，已知：系统等值阻抗，$X_A = 10\Omega$，$X_{B.min} = 30\Omega$，$X_{B.max} = \infty$；线路的正序阻抗 $Z_1 = 0.4\Omega/km$，阻抗角 $\varphi_k = 70°$；$l_{AB} = 35km$，$l_{BC} = 40km$，线路上采用三段式距离保护，阻抗元件均采用方向阻抗继电器，

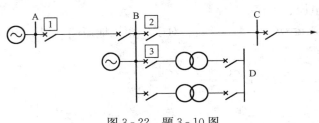

图 3-22 题 3-10 图

继电器最灵敏角 $\varphi_{sen} = 70°$；保护2的Ⅲ段时限为2s；线路AB的最大负荷电流 $I_{L.max} = 450A$，负荷自起动系数为1.5，负荷的功率因数为0.8；变压器采用差动保护，变压器容量 $2 \times 15MVA$、电压比 110/6.6kV、短路电压百分数 $U_k\% = 10.5$。试对三段式距离保护1进行整定计算。

3-11 如图3-23所示110kV网络，已知：线路正序阻抗 $Z_1 = 0.45\Omega/km$，平行线路70km、MN线路为40km，距离Ⅰ段保护可靠系数取0.85。M侧电源最大、最小等值阻抗分别为 $Z_{sM.max} = 25\Omega$、$Z_{sM.min} = 20\Omega$；N侧电源最大、最小等值阻抗分别为 $Z_{sN.max} = 25\Omega$、$Z_{sN.min} = 15\Omega$，试求MN线路M侧距离保护的最大、最小分支系数。

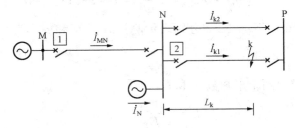

图 3-23 题 3-11 图

第4章 线路全线速动保护

【任务】

（1）设计应用于220kV及以上线路的全线速动保护。

（2）分析线路不同地点（保护区内、区外）发生短路时保护的动作行为。

【知识点】

（1）高频载波通道构成及各部分作用。

（2）输电线路纵联保护构成、工作原理和特点。

（3）输电线路方向高频保护的基本工作原理。

【目标】

（1）理解通过测量输电线路两侧电气量判别线路是否发生故障的继电保护基本原理。

（2）了解传递两侧电气量信息通道的构成原理。

（3）掌握线路纵差、方向高频保护的基本工作原理。

4.1 线路纵联保护概述

根据前几章讲述的电流电压保护和距离保护的原理，其测量信息均取自输电线路的一侧，这种单端测量的保护不能从电量的变化上判断保护区末端的情况，因而不能准确判断保护区末端附近的区内外故障，所以这些保护从原理上就不能实现全线速动保护。如距离保护的第 I 段，最多也只能瞬时切除被保护线路全长的 $80\%\sim85\%$ 范围以内的故障，对于线路末端故障，则要靠 II 段延时切除。这在 220kV 及以上电压等级的电网中难于满足系统稳定对快速切除故障的要求。研究和实践表明反应线路两侧的电气量可以快速、可靠地区分本线路内部任意点短路与外部短路，实现线路全长范围内故障无时限切除。为此需要将线路一侧电气量信息传到另一侧去，两侧的电气量同时比较、联合工作，也就是说在线路两侧之间发生纵向的联系，以这种方式构成的保护称之为输电线路的纵联保护。

下面以图 4-1 所示线路为例简要说明输电线路的纵联保护的基本原理。当线路 MN 正常运行以及被保护线路外部（如 k2 点）短路时，按规定的电流正方向看，M 侧电流为正，N 侧电流为负，两侧电流大小相等、方向相反，即 $i_M + i_N = 0$。当线路内部短路（如 k1 点）时，流经输电线两侧的故障电流均为正方向，且 $i_M + i_N = i_K$（i_K 为 k1 点短路电流）。利用被保护元件两侧电流和在内部短路与外部短路时一个是短路点电流很大、一个几乎为零的差异，构成电流差动保护；利用两侧电流在内部短路时几乎同相、外部短路几乎反相的特点，比较两侧电流的相位，可以构成电流相位差动保护。

一般纵联保护可以按照保护动作原理或所利用通道类型进行分类。

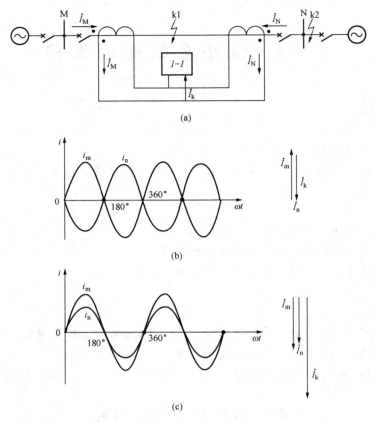

图 4 - 1   纵联保护的基本原理
(a) 原理示意图；(b) 外部短路两侧电流；(c) 内部短路两侧电流

输电线路的纵联保护比较两端不同电气量的差别构成不同原理的纵联保护。

(1) 纵联电流差动保护。这类保护利用通道将本侧电流的波形或代表电流相位的信号传送到对侧，每侧保护根据对两侧电流的幅值和相位比较的结果区分是区内还是区外故障，称为纵联电流差动保护。

(2) 方向比较式纵联保护。两侧保护装置将本侧的功率方向、测量阻抗是否在规定的方向、区段内的判别结果传送到对侧，每侧保护装置根据两侧的判别结果，区分是区内还是区外故障，按照保护判别方向所用的原理可分为方向纵联保护与距离纵联保护。

纵联保护按照所利用信息通道的不同类型可以分为四种，分别是导引线纵联保护（简称导引线保护）、电力线载波纵联保护（简称载波保护）、微波纵联保护（简称微波保护）、光纤纵联保护（简称光纤保护）。

4.2   线路纵联电流差动保护

4.2.1   导引线纵联电流差动保护

1. 基本工作原理

导引线纵差动保护是一种用辅助导线或称导引线作为通道的纵联保护，其基本原理是基于比较被保护线路始端和末端电流的大小和相位原理构成的，下面就以短线路为例进行说明。如图 4 - 2 所示，在线路的两端装设特性和变比完全相同的电流互感器，两侧电流互感器一次回路的正极性均接于靠近母线的一侧，二次回路的同极性端子相连接（标"·"号者为正极性），差动继电器则并联连接在电流互感器的二次端子上，两侧电流互感器之间的线路是差动保护的保护范围。按照电流互感器极性和正方向的规定，一次侧电流从"·"端流入，二次侧电流从"·"端流出。当线路正常运行或外部故障时，流入差动继电器的电流是两侧电流互感器二次侧电流之差，近似为零，也就是相当于继电器中没有电流流过；当被保护线路内部故障时，流入差动继电器的电流是两侧电流互感器二次侧电流之和。

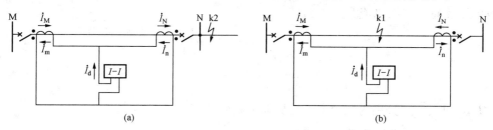

图 4 - 2　纵联电流差动保护故障电流分布
（a）区外故障电流分布；（b）区内故障电流分布

　　即当线路正常运行或外部故障（指在两侧电流互感器所包括的范围之外如 k2 点）时，如图 4 - 2（a）所示。规定一次侧电流的正方向为从母线流向被保护的线路，那么 M 侧电流为正，N 侧电流为负，两侧电流大小相等、方向相反，即 $\dot{I}_M + \dot{I}_N = 0$，流入差动继电器线圈的电流为

$$\dot{I}_d = (\dot{I}_m + \dot{I}_n) = \frac{1}{n_{TA}}(\dot{I}_M + \dot{I}_N) = 0 \qquad (4 - 1)$$

式中　n_{TA}——电流互感器变比。

　　但实际上，由于两侧电流互感器的励磁特性不可能完全一致，因此继电器线圈会流入一个不平衡电流（见后述）。

　　当线路内部（如 k1 点）故障时，如图 4 - 2（b）所示，流经输电线两侧的故障电流均为正方向，且 $\dot{I}_M + \dot{I}_N = \dot{I}_K$（$\dot{I}_K$ 为 k1 点短路电流），流入差动继电器线圈的电流为

$$\dot{I}_d = (\dot{I}_m + \dot{I}_n) = \frac{1}{n_{TA}}(\dot{I}_M + \dot{I}_N) = \frac{\dot{I}_K}{n_{TA}} \qquad (4 - 2)$$

式中　$\dot{I}_K$——流入故障点总的短路电流。

　　由式（4 - 2）可知，线路内部故障时，流入差动继电器线圈的电流为两侧电源供给短路点的总电流，大于继电器的动作电流，继电器动作，将线路两侧的断路器跳开。

　　从以上分析看出，纵差动保护装置的保护范围就是线路两侧电流互感器之间的距离。保护范围以外短路时，保护不动作，故不需要与相邻元件的保护在动作值和动作时限上互相配合，因此，它可以实现全线瞬时动作切除故障，但它不能作相邻元件的后备保护。

　　在线路正常运行或外部故障时，由于两侧电流互感器的特性不可能完全一致，以致反映在电流互感器二次回路的电流不等，继电器中将通过不平衡电流。

2. 不平衡电流

（1）稳态不平衡电流。前面讲的是被保护线路两端的电流互感器的特性完全一致的理想情况，所以在正常运行或外部故障时，流入差动继电器的电流为零。实际上电流互感器的特性总是有差别的，即使是同一厂家生产的相同型号、相同变比的电流互感器也是如此，这个特性不同主要表现在励磁特性和励磁电流不同。当一次电流较小时，这个差别的表现还不明显；当一次电流较大时，电流互感器的铁芯开始饱和，于是励磁电流开始剧烈上升，由于两电流互感器的励磁特性不同，即两铁芯的饱和程度不同，所以两个励磁电流剧烈上升的程度不一样，造成两个二次电流之间的差别较大，饱和程度越严重，这个差别就越大。

设电流互感器二次电流为

$$\left. \begin{aligned} \dot{I}_{\mathrm{m}} &= \frac{1}{n_{\mathrm{TA}}}(\dot{I}_{\mathrm{M}} - \dot{I}_{\mu\mathrm{M}}) \\ \dot{I}_{\mathrm{n}} &= \frac{1}{n_{\mathrm{TA}}}(\dot{I}_{\mathrm{N}} - \dot{I}_{\mu\mathrm{N}}) \end{aligned} \right\} \tag{4-3}$$

式中　$\dot{I}_{\mu\mathrm{M}}$、$\dot{I}_{\mu\mathrm{N}}$——分别为两个电流互感器的励磁电流；

　　　$\dot{I}_{\mathrm{m}}$、$\dot{I}_{\mathrm{n}}$——分别为其二次侧电流；

　　　n_{TA}——两电流互感器的额定变比。

在正常运行及外部故障时，$\dot{I}_{\mathrm{M}} = -\dot{I}_{\mathrm{N}}$，因此流过差动继电器的电流即不平衡电流为

$$\dot{I}_{\mathrm{unb}} = \dot{I}_{\mathrm{m}} + \dot{I}_{\mathrm{n}} = -\frac{1}{n_{\mathrm{TA}}}(\dot{I}_{\mu\mathrm{M}} + \dot{I}_{\mu\mathrm{N}}) \tag{4-4}$$

由此可见，不平衡电流等于两侧电流互感器的励磁电流之和。因此，凡导致励磁电流增加的各种因素，以及两个电流互感器的励磁特性的差别，是使不平衡电流增大的主要原因。

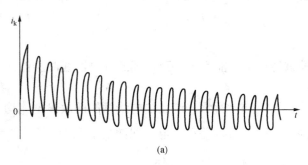

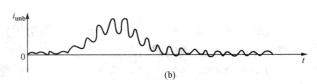

图 4-3　外部短路暂态过程中的短路电流和不平衡电流
（a）—一次侧短路电流；（b）不平衡电流

（2）暂态过程中的不平衡电流。由于差动保护是瞬时性动作的，因此，需要考虑在外部短路的暂态过程中，差动回路出现的不平衡电流。这时短路电流中除含有周期分量外，还含有按指数规律衰减的非周期分量，短路电流波形如图 4-3（a）所示。

一方面，当短路电流流过电流互感器的一次侧时，由于非周期分量对时间的变化率远小于周期分量的变化率，因此，它很难传变到二次侧，而大部分成为励磁电流。另一方面，由于电流互感器励磁回路以及二次回路中的磁通不能突变，将在二次回路中引起自由非周期分量电流。因此，在暂态过程中励磁电流将大大超过其稳态电流，并含有很大且缓慢衰减的非周期分量，使其特性曲线偏于时间轴的一侧，不平衡电流最大值出现在故障以后几个周波。

　　为了保证差动保护动作的选择性，继电器正确动作时的差动电流 I_d 应躲过正常运行及外部故障时的不平衡电流，即

$$I_d = |\dot{I}_m + \dot{I}_n| > I_{unb} \qquad (4-5)$$

　　在理论上不平衡电流的稳态值采用电流互感器的 10% 的误差曲线可计算为

$$I_{unb} = 0.1 K_{st} K_{np} I_{kmax} \qquad (4-6)$$

式中　K_{st}——电流互感器的同型系数，当两侧电流互感器的型号、容量均相同时取 0.5，
　　　　　　 不同时取 1；

　　　 K_{np}——非周期分量系数；

　　　 I_{kmax}——外部短路时穿过两个电流互感器的最大短路电流。

　　3. 动作特性

　　输电线路纵联电流差动保护常用不带制动作用和带有制动作用的两种动作特性，分述如下。

　　（1）不带制动特性的差动继电器特性。其动作方程是

$$I_d = |\dot{I}_m + \dot{I}_n| \geqslant I_{op} \qquad (4-7)$$

式中　I_d——流入差动继电器的电流；

　　　 I_{op}——差动继电器的动作电流整定值。

　　I_{op} 通常按以下两个条件来选取。

　　1）躲过外部短路时的最大不平衡电流，即

$$I_{op} = K_{rel} K_{np} K_{er} K_{st} I_{k.max} \qquad (4-8)$$

式中　K_{rel}——可靠系数，取 1.2～1.3；

　　　 K_{np}——非周期分量系数，当差动回路采用速饱和变流器时，K_{np} 为 1；当差动回路是
　　　　　　 用串联电阻降低不平衡电流时，为 1.5～2；

　　　 K_{er}——电流互感器的 10% 误差系数；

　　　 K_{st}——同型系数，在两侧电流互感器同型号时取 0.5，不同型号时取 1；

　　　 $I_{k.max}$——外部短路时流过电流互感器的最大短路电流（二次值）。

　　2）躲过最大负荷电流。考虑正常运行时一侧电流互感器二次断线时差动继电器在流过线路的最大负荷电流时保护不动作，即

$$I_{op} = K_{rel} I_{L.max} \qquad (4-9)$$

式中　K_{rel}——可靠系数，取 1.2～1.3；

　　　 $I_{L.max}$——线路正常运行时的最大负荷电流的二次值。

　　取以上两个整定值中较大的一个作为差动继电器的整定值。保护应满足线路在单侧电源运行发生内部短路时有足够的灵敏度，即

$$K_{sen} = \frac{I_{k.min}}{I_{op}} \geqslant 2 \qquad (4-10)$$

式中　$I_{k.min}$——单侧最小电源作用且被保护线路末端短路时，流过保护的最小短路电流。

　　若纵差保护不满足灵敏度要求，则可采用带制动特性的纵差保护。

　　（2）带有制动线圈的差动继电器特性。这种原理的差动继电器有两组线圈，制动线圈流过两侧互感器的循环电流 $|\dot{I}_m - \dot{I}_n|$，在正常运行和外部短路时制动作用增强，在动作线圈

中流过两侧互感器中的差电流 $|\dot{I}_{\mathrm{m}}+\dot{I}_{\mathrm{n}}|$，在内部短路时制动作用减弱（相当于无制动作用），而动作的作用极强。带制动线圈的差动继电器的结构原理和动作特性如图 4-4 所示。

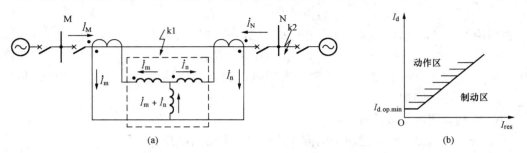

图 4-4　带制动线圈的差动继电器原理及动作特性
（a）差动继电器原理示意图；（b）动作特性

此类继电器的动作方程为

$$|\dot{I}_{\mathrm{m}}+\dot{I}_{\mathrm{n}}|-K|\dot{I}_{\mathrm{m}}-\dot{I}_{\mathrm{n}}| \geqslant I_{\mathrm{d.op.min}} \tag{4-11}$$

式（4-11）中 K 为制动系数，可在 0～1 之间选择；$I_{\mathrm{d.op.min}}$ 为很小的门槛，克服继电器动作机械摩擦或保证电路状态发生翻转需要的值，远小于无制动作用时按式（4-8）或式（4-9）计算的值。

这种动作电流 $|\dot{I}_{\mathrm{m}}+\dot{I}_{\mathrm{n}}|$ 不是定值而是随制动电流 $|\dot{I}_{\mathrm{m}}-\dot{I}_{\mathrm{n}}|$ 变化的特性称为制动特性。不仅提高了内部短路时的灵敏性而且提高了在外部短路时不动作的可靠性，因而在电流差动保护中得到了广泛的应用。

输电线路导引线纵联电流差动保护，需要铺设导引线电缆传送电气量信息，其投资随线路长度而增加，当线路较长（超过 10km 以上）时就不经济了。导引线越长，自身的运行安全性越低。在中性点接地系统中，除了雷击外，在接地故障时地中电流会引起地电位升高，也会产生感应电压，所以导引线的电缆必须有足够的绝缘水平（例如 15kV 的绝缘水平），从而使投资增大。一般导引线中直接传输交流二次电量波形，故导引线保护广泛采用差动保护原理，但导引线的参数（电阻和分布电容）直接影响保护性能，从而在技术上也限制了导引线保护用于较长的线路。

4.2.2　光纤纵联差动保护

光纤纵差动保护是通过光纤通道将测量信号从一侧传送到另一侧的。光纤通信广泛采用脉冲编码调制（PCM）方式。当被保护线路很短时，通过光缆直接将光信号送到对侧，在每半套保护装置中都将电信号变成光信号送出，又将所接收的光信号变为电信号供保护使用。由于光与电之间互不干扰，所以光纤保护没有导引线保护的问题，在经济上也可以与导引线保护竞争。近期发展的在架空输电线的接地线中铺设光纤的方法既经济又安全，很有发展前途。当被保护线路很长时，应与通信、远动等复用。下面以 RCS-931 超高压线路成套保护装置为例加以说明。

RCS-931 为由微机实现的数字式超高压线路成套快速保护装置，可用作 220kV 及以上电压等级输电线路的主保护及后备保护。RCS-931 包括以三相电流分相差动和零序电流差动为主体的快速主保护，由工频变化量距离元件构成的快速 I 段保护，由三段式相间和接地距离及两个延时段零序方向过电流构成的全套后备保护。

1. 装置的整体构成

图 4-5 所示为 RCS-931 保护装置的硬件模块图，组成装置的主要插件有以下 5 部分。

（1）电源插件（DC）：给保护装置其他插件供电，另外输出一组 24V 光耦电源。

（2）交流输入变换插件（AC）：采集三相电流、三相电压和零序电流。

（3）低通滤波插件（LPF）：本插件无外部连线，其主要作用是滤除高频信号以及电平调整。

（4）CPU 插件（CPU）：该插件是装置核心部分，由单片机（CPU）和数字信号处理器（DSP）组成。CPU 完成装置的总起动元件和人机界面及后台通信功能，DSP 完成所有的保护算法和逻辑功能。装置采样率为每周波 24 点，在每个采样点对所有保护算法和逻辑进行并行实时计算，使得装置具有很高的固有可靠性及安全性。起动 CPU 内设总起动元件，起动后开放出口继电器的正电源，同时完成事件记录及打印、保护部分的后台通信及与面板通信；另外还具有完整的故障录波功能，录波格式与 COMTRADE 格式兼容，录波数据可单独串口输出或打印输出。CPU 插件还带有光端机，它通过 64kbit/s 高速数据通道（专用光纤或复用 PCM 设备），用同步通信方式与对侧交换电流采样值和信号。

（5）通信插件（COM）：通信插件的功能是完成与监控计算机或 RTU 的连接。

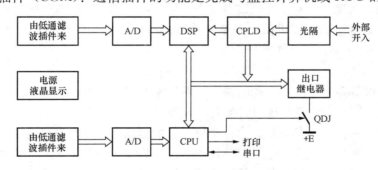

图 4-5 RCS-931 保护装置硬件模块图

2. 装置总起动元件

装置总起动元件分为两部分。其中一部分测量相电流工频变化量的幅值，其判据为

$$\Delta I_{\text{ppmax}} > 1.25 \Delta I_{\text{T}} + I_{\text{set}} \qquad (4-12)$$

式中　ΔI_{ppmax}——相间电流的半波积分的最大值；

$\quad\quad I_{\text{set}}$——可整定的固定门槛电流；

$\quad\quad \Delta I_{\text{T}}$——浮动门槛电流，随着变化量的变化而自动调整，取 1.25 倍可保证门槛始终略高于不平衡输出。

该判据满足时，总起动元件动作并展宽 7s，以开放出口继电器正电源。

另一部分为零序过电流元件。当外接和自产零序电流均大于整定值时，零序起动元件动作并展宽 7s，以开放出口继电器正电源。

3. 差动保护原理

电流差动继电器由三部分组成，即变化量相差动继电器、稳态相差动继电器和零序差动继电器。

（1）变化量相差动继电器。由变化量差动元件和低比率制动系数的稳态差动元件，构成

高灵敏的分相电流差动继电器。其动作方程为

$$\Delta I_{\mathrm{CD}.\varphi} > 0.75 \times \Delta I_{\mathrm{R}.\varphi}$$
$$\varphi = \mathrm{A, B, C} \tag{4-13}$$

$$\Delta I_{\mathrm{CD}.\varphi} = |\Delta \dot{I}_{\mathrm{M}.\varphi} + \Delta \dot{I}_{\mathrm{N}.\varphi}|; \quad \Delta I_{\mathrm{R}.\varphi} = |\Delta \dot{I}_{\mathrm{M}.\varphi} - \Delta \dot{I}_{\mathrm{N}.\varphi}|$$

式中　　$\Delta I_{\mathrm{CD}.\varphi}$——两侧电流变化量相量和的幅值，即为工频变化量差动电流；

　　　　$\Delta I_{\mathrm{R}.\varphi}$——两侧电流变化量相量差的幅值，即为工频变化量制动电流。

　　加入工频变化量的目的，是为了增加差动继电器的灵敏度，而且由于在区内故障时，两侧工频变化量电流严格同相；区外故障时，严格相反。这可以大大减小经接地电阻故障时穿越性负荷电流的影响，提高差动继电器的可靠性。

　　（2）稳态相差动继电器的动作方程为

$$I_{\mathrm{CD}.\varphi} > 0.75 \times I_{\mathrm{R}.\varphi}$$
$$\varphi = \mathrm{A, B, C} \tag{4-14}$$

$$I_{\mathrm{CD}.\varphi} = |\dot{I}_{\mathrm{M}.\varphi} + \dot{I}_{\mathrm{N}.\varphi}|; \quad I_{\mathrm{R}.\varphi} = |\dot{I}_{\mathrm{M}.\varphi} - \dot{I}_{\mathrm{N}.\varphi}|$$

式中　　$I_{\mathrm{CD}.\varphi}$——两侧电流相量和的幅值，即为差动电流；

　　　　$I_{\mathrm{R}.\varphi}$——两侧电流相量差的幅值，即为制动电流。

　　（3）零序差动继电器。对于经高过渡电阻接地故障，采用零序差动继电器具有较高的灵敏度，由零序差动继电器，通过低比率制动系数的稳态差动元件选相，构成零序差动继电器，经 100ms 延时动作。其动作方程为

$$I_{\mathrm{CD}.0} > 0.75 \times I_{\mathrm{R}.0} \tag{4-15}$$

式中　　$I_{\mathrm{CD}.0}$——两侧零序电流相量和的幅值，即为零序差动电流；

　　　　$I_{\mathrm{R}.0}$——两侧零序电流相量差的幅值，即为零序制动电流。

　　光纤通信是一种多路通信系统，可以提供足够的信息通道，具有很宽的频带，可以传送交流电的波形。采用脉冲编码调制（PCM）方式可以进一步扩大信息传输量，提高抗干扰能力，也更适合于数字保护。保护使用的光纤通道一般与电力信息系统统一考虑。当被保护的线路很短时，可架设专门的光缆通道直接将电信号转换成光信号送到对侧，并将所接收之光信号变为电信号进行比较。由于光信号不受干扰，在经济上也可以与导引线保护竞争，近年来成为短线路纵联保护的主要形式。

4.3　线路高频保护概述

4.3.1　高频保护的工作原理

　　将线路两端的电流相位（或功率方向）信息转变为高频信号，经过高频耦合设备将高频信号加载到输电线路上，输电线路本身作为高频信号的通道将高频载波信号传输到对侧，对端再经过高频耦合设备将高频信号接收下来，以实现各端电流相位（或功率方向）的比较，这就是高频保护或载波保护。当保护范围内部发生故障时，它瞬时将两端的断路器跳闸。当外部故障时，保护装置不动作。从原理上看，高频保护和纵差动保护的工作原理相似，即它不反应保护范围以外的故障，同时在参数的选择上无需和下一条线路相配合。高频保护作为主保护广泛应用于高压和超高压输电线路，是比较成熟和完善的一种无时限快速原理保护。

目前广泛采用的高频保护,按工作原理的不同可分为两大类,即方向高频保护和相差高频保护。方向高频保护的基本原理是比较线路两端的功率方向,而相差高频保护的基本原理则是比较两端电流的相位。在实现以上两类保护的过程中,都需要解决一个如何将功率方向或电流相位转化为高频信号,以及如何进行比较的问题。

4.3.2 高频通道及高频信号

为了实现高频保护,首先必须解决高频通道问题,目前广泛采用输电线路本身作为一个通道,即输电线路在传输 50Hz 工频电流的同时,还叠加传输一个高频信号——称为载波信号,以进行线路两端电量的比较。为了与传输线路中的工频电流相区别,载波信号一般采用 40～500kHz 的高频电流,这是因为频率低于 40kHz 时不仅受干扰大,且高频阻波器制造困难;而频率高于 500kHz 时传输衰耗大,也易与广播电台信号互相干扰。

1. 高频通道的构成

按照通道的构成,电力线载波通信又可分为使用两相线路的"相—相"式和使用一相一地的"相—地"式两种,其中"相—相"式高频信号传输的衰减小,而"相—地"式则比较经济。"相—地"式载波通道如图 4 - 6 所示,现将各组成部分的功能介绍如下。

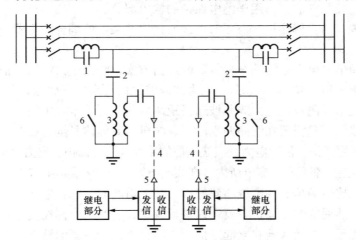

图 4 - 6 "相—地"式载波通道示意图
1—阻波器;2—耦合电容器;3—连接滤波器;
4—电缆;5—高频收发信机;6—接地开关

(1) 输电线路:三相输电线路都可以用来传递高频信号,任意一相与大地间都可以组成"相—地"式回路。

(2) 阻波器:为了使高频载波信号只在本线路中传输而不穿越到相邻线路上去,采用了电感线圈与可调电容组成的并联谐振回路,其阻抗与频率的关系如图 4 - 7 所示。当其谐振频率为载波信号所选定的载波频率

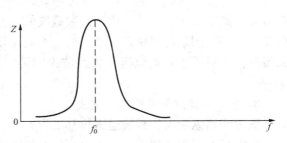

图 4 - 7 阻波器阻抗与频率的关系

时,对载波电流呈现极高的阻抗(1000Ω 以上),从而使高频电流被阻挡在本线路以内。而对工频电流,阻波器仅呈现电感线圈的阻抗(约 0.04Ω),工频电流畅通无阻。

（3）耦合电容器：为使工频对地泄漏电流减到极小，采用耦合电容器，它的电容量极小，对工频信号呈现非常大的阻抗，同时可以防止工频电压侵入高频收、发信机。对高频载波电流则阻抗很小，与连接滤波器共同组成带通滤波器，只允许此带通频率内的高频电流通过。

（4）连接滤波器：它是一个可调电感的空芯变压器和一个接在二次侧的电容。连接滤波器与耦合电容器共同组成一个"四端口网络"带通滤波器，使所需频带的电流能够顺利通过。例如 220kV 架空输电线路的波阻抗约为 400Ω，而高频电缆的波阻抗约为 100Ω，为使高频信号在收、发信机与输电线路间传递时不发生反射、减少高频能量的附加衰耗，需要"四端口网络"使两侧的阻抗相匹配。同时空芯变压器的使用进一步使收、发信机与输电线路的高压部分相隔离，提高了安全性。

（5）高频收、发信机：高频发信机由继电保护部分控制发出预定频率（可设定）的高频信号，通常都是在电力系统发生故障保护起动后发出信号，但也有采用长期发信故障起动后停信或改变信号的频率的工作方式。发信机发出的高频信号经载波信道传送到对端，被对端和本端的收信机所接收，两端的收信机既接收来自本侧的高频信号又接收来自对侧的高频信号，两个信号经比较判断后，作用于继电保护的输出部分。

（6）接地开关：当检修连接滤波器时，接通接地开关，使耦合电容器下端可靠接地。

2. 电力线载波通道的特点

电力线载波通信是电力系统的一种特殊的通信方式，它以电力线路为信息通道，通道传输的信号频率范围一般为 $40\sim500\text{kHz}$。电力线载波通信具有以下优点。

（1）无中继通信距离长。电力线载波通信距离可达几百千米，中间不需要信号的中继设备，一般的输电线路，只需要在线路两端配备载波机和高频信号耦合设备。

（2）经济、使用方便。使用电力线载波通信的装置（继电保护、电力自动化设备等）与载波机之间的距离很近，都在同一变电所内，高频电缆短，由于不需要再架信道，整个投资省。

（3）工程施工比较简单。输电线路建好后，装上阻波器、耦合电容器、结合滤波器，放好高频载波电缆，然后安装载波机，就可以进行调试。这些工作都在变电所内进行，基本不需另外进行基建工程，能较快地建立起通信。在不少工期比较紧的输变电工程中，往往只有电力线载波通信才能和输变电工程同期建成，保证了输变电工程的如期投产。

由于电力线载波通道是直接通过高压输电线路传送高频载波电流的，因此高压输电线路上的干扰直接进入载波通道，高压输电线路的电晕、短路、开关操作等都会在不同程度上对载波保护造成干扰。另外，由于高频载波的通信速率低，难于满足纵联电流差动保护实时性的要求，一般用来传递状态信号，构成方向比较式纵联和电流相位比较式纵联保护。电力线载波通信还被用于对系统运行状态监视的调度自动化信息的传递、电力系统内部的载波电话等。

3. 电力线载波通道的工作方式

输电线路纵联保护载波通道按其工作方式可分为三大类，即正常无高频电流方式、正常有高频电流方式和移频方式。根据高频保护对动作可靠性要求的不同特点，可以选用任意的工作方式，我国常用正常无高频电流方式。

（1）正常无高频电流方式。在电力系统正常工作条件下发信机不发信，沿通道不传送高频电流，发信机只在电力系统发生故障期间才由保护的起动元件起动发信，因此又称为故障起动发信的方式。

在利用正常无高频电流方式时，为了确知高频通道是否完好，往往采用定期检查的方法，定期检查又可分为手动和自动两种。在手动检查的条件下，值班员手动起动发信，并检查高频信号是否合格，通常是每班一次，该方式在我国电力系统中得到了广泛的采用。自动检查的方法是利用专门的时间元件按规定时间自动起动，检查通道，并向值班员发出信号。

（2）正常有高频电流方式。在电力系统正常工作条件下发信机处于发信状态，沿高频通道传送高频电流。因此正常有高频电流方式又称为长期发信方式。其主要优点是使高频保护中的高频通道部分经常处于监视的状态，可靠性较高；无需收、发信起动元件，使装置稍为简化。它的缺点是因为经常处于发信状态，增加了对其他通信设备的干扰时间；因为经常处于收信状态，外界对高频信号干扰的时间长，要求自身有更高的抗干扰能力。

应该指出，在长期发信的条件下，通道部分能否得到完善的监视仍要视具体情况而定。例如，当两端发信机的工作频率不同，任何一端的收信机只收对端送来的高频电流信号时，收、发信机和通道的中断能够及时发现；但是当两端发信机工作在同一频率（为了节约频带资源，在高频保护中往往是这样使用的）时，由于任何一端的收信机不仅收到对端送来的高频电流，同时也收到本端发信机发出的高频电流，因此，任何一个发信机或通道工作的中断都不能直接从收信结果判断出来，仍需采用其他附加的措施才能达到完全监视的目的。

（3）移频方式。在电力系统正常工作条件下，发信机处在发信状态，向对端送出频率为 f_1 的高频电流，这一高频电流可作为通道的连续检查或闭锁保护之用。在线路发生故障时，保护装置控制发信机停止发送频率为 f_1 的高频电流，同时发出频率为 f_2 的高频电流。这种方式能监视通道的工作情况，提高了通道工作的可靠性，并且抗干扰能力较强；但是它占用的频带宽，通道利用率低。移频方式在国外已得到了广泛的应用。

4. 电力线载波信号的种类

按照高频载波通道传送的信号在纵联保护中所起的作用，将高频信号分为闭锁信号、允许信号和跳闸信号。

（1）闭锁信号。闭锁信号是阻止保护动作于跳闸的信号。换言之，无闭锁信号是保护作用于跳闸的必要条件。只有同时满足以下两个条件时保护才作用于跳闸：

1）本端保护元件动作；

2）无闭锁信号。

表示闭锁信号逻辑的方框图如图 4-8（a）所示。

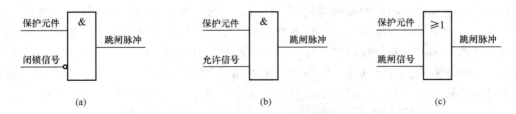

图 4-8　高频保护信号逻辑图

（a）闭锁信号；（b）允许信号；（c）跳闸信号

在闭锁式方向比较高频保护中，当外部故障时，闭锁信号自线路近故障点的一端发出，当线路另一端收到闭锁信号时，其保护元件虽然动作，但不作用于跳闸；当内部故障时，任何一端都不发送闭锁信号，两端保护都收不到闭锁信号，保护元件动作后即作用于跳闸。

（2）允许信号。允许信号是允许保护动作于跳闸的信号。换句话说，有允许信号是保护动作于跳闸的必要条件。只有同时满足以下两个条件时，保护装置才动作于跳闸：

1）本端保护元件动作；

2）有允许信号。

表示允许信号的逻辑框图如图4-8（b）所示。

在允许式方向比较高频保护中，当内部故障时，线路两端互送允许信号，两端保护都收到对端的允许信号，保护元件动作后即作用于跳闸；当外部故障时，近故障端不发出允许信号，保护元件也不动作，近故障端保护不能跳闸；远故障端的保护元件虽动作，但收不到对端的允许信号，保护不能动作于跳闸。

（3）跳闸信号。跳闸信号是直接引起跳闸的信号。换句话说，收到跳闸信号是跳闸的充要条件。使用跳闸信号的跳闸逻辑方框图如图4-8（c）所示，跳闸的条件是本端保护元件动作，或者对端传来跳闸信号。只要本端保护元件动作即作用于跳闸，与有无对端信号无关；只要收到跳闸信号即作用于跳闸，与本端保护元件动作与否无关。

从跳闸信号的逻辑可以看出，它在不知道对端信息的情况下就可以跳闸，所以本侧和对侧的保护元件必须具有直接区分区内和区外故障的能力，如距离保护Ⅰ段、零序电流Ⅰ段等。而阶段式保护Ⅰ段是不能保护线路的全长的，所以采用跳闸信号的纵联保护只能使用在两端保护的Ⅰ段有重叠区的线路才能快速切除全线任意点的短路。

还应指出，高频信号与高频电流是不同的，高频电流可以组成高频信号。对于电流相位比较式纵联保护，有无高频信号不仅取决于是否收到高频电流，还取决于收到的高频电流与反映本端电流相位的高频电流间的相对时序关系。

4.4　高频闭锁方向保护

4.4.1　高频闭锁方向保护的工作原理

高频闭锁方向保护是通过高频通道间接比较被保护线路两侧的功率方向，以判别是被保护范围内部故障还是外部故障。通常规定，从母线流向输电线路的功率方向为正方向，从输电线路流向母线的功率方向为负方向。在被保护的输电线路两侧都装有功率方向元件。当被保护范围外部故障时，靠近故障点一侧的功率方向，是由线路流向母线，在该侧的功率方向元件不动作，而且该侧的保护发出高频闭锁信号，通过高频通道送到输电线路的对侧。虽然对侧的功率方向是从母线流向线路，功率方向为正方向，但由于收到对侧发来的高频闭锁信号，这一侧的保护也不会动作。当被保护范围内部发生故障时，两侧的功率方向都是从母线流向线路，功率方向元件皆动作，两侧高频保护都不发出闭锁信号，故输电线路两侧的断路器立即跳闸。这种在外部故障时，由靠近故障点一侧的保护发出闭锁信号，由两侧的高频收信机所接收而将其保护闭锁起来的保护方式，称为高频闭锁方向保护。

现利用图4-9所示的短路条件说明保护的作用原理。假定短路发生在BC线路上，保护2、5的功率方向为负，其余保护的功率方向全为正。保护2、5起动发信机发出闭锁信号，将AB线路上保护1、2闭锁，将CD线路上保护5、6闭锁，非故障线路保护不跳闸。故障线路BC上保护3、4功率方向全为正，不发闭锁信号，保护3、4判定有正方向故障且没有收到闭锁信号，保护 3、4 分别跳闸。

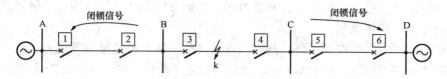

图 4-9　闭锁式方向纵联保护作用原理

这种按闭锁信号构成的保护只在非故障线路上才传送高频信号，而在故障线路上并不传送高频信号。因此，在故障线路上，由于短路使高频通道可能遭到破坏时，并不会影响保护的正确动作。我国高频闭锁方向保护的发信机多采用短时发信方式，即正常运行时，发信机并不发信，只是在线路上发生短路时发信机才短时发信。

4.4.2　高频闭锁方向保护的构成

图 4-10 所示的保护动作逻辑图为线路一侧的装置原理框图，另一侧与此完全相同故略之。其中 KW^+ 为功率正方向元件，KA2 为高定值电流起动停信元件，KA1 为低定值电流起动发信元件，t_1 为瞬时动作延时返回元件，t_2 为延时动作瞬时返回元件。现将发生各种故障时保护的工作情况分述如下。

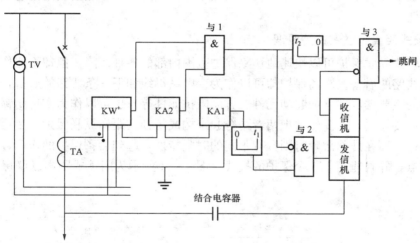

图 4-10　闭锁式方向纵联保护的原理接线图

（1）外部短路。如图 4-9 所示，线路 AB 上保护 1、2，在 A 端的保护 1，起动元件 KA1 的灵敏度高先起动发信机发出高频信号，但是随之起动元件 KA2、功率正方向元件 KW^+ 同时起动，与 1 元件有输出，立即停止发信，并经延时 t_2 后与 3 元件的一个输入条件满足，若收不到对端发来的高频电流，将会跳闸。延时 t_2 是考虑对端的闭锁信号传输需要一定的时间到达本端，一般为 4~16ms。在 B 端的保护 2，起动元件 KA1 起动发信后，功率方向为负，功率方向元件 KW^+ 不动作，与 1 元件不动作，发信机不停信，与 3 元件的两个输入条件都不满足，保护 2 不能跳闸。由于 B 端保护 2 不停地发闭锁信号，A 端保护 1 的与 3 元件不动作，A 端保护 1 不跳闸。当外部故障被切除后，A 端保护 1 的起动元件、功率方向元件立即返回，AB 两端的起动元件随之返回，但 B 端保护 2 经 t_1（一般为 100ms）延时后停止发信，这样即使 A 端保护的方向元件返回慢，也能确保在外部故障切除时不误动。

（2）两端供电线路内部短路。对于图 4-9 中线路 BC 两端保护 3、4，两端的起动发信元件都起动发信，但是，两侧功率方向都为正，两侧方向元件动作后准备了跳闸回路并停止了发信，经延时后两侧跳闸。

（3）单电源供电线路内部短路。两端供电线路随一端电源的停运等可能变成单电源供电线路，如图 4-9 中 D 侧母线电源停运，当 BC 线路内部短路时，B 侧保护 3 的工作情况同（2）的分析，C 侧保护 4 不起动，因而不发闭锁信号，B 侧（电源侧）保护收不到闭锁信号并且本侧跳闸条件满足，则立即跳开电源侧断路器，切除故障。

（4）对于用故障分量构成的功率方向元件，在振荡中不会误动。但对于用相电压、电流组成的功率方向元件、方向阻抗元件等组成方向判别元件时，当振荡中心位于被保护线路上时，会引起误动，需要采取防止误动的措施，这也是采用故障分量方向元件的原因之一。

通过以上工作过程的分析看出，在外部故障时依靠近故障侧（功率方向为负）保护发出的闭锁信号实现远故障侧（功率方向为正）的保护不跳闸，并且总是首先假定故障发生在反方向（首先起动发信）。这带来了两个问题，其一是等待对端的闭锁信号确实没有发出后才能根据本端的判别结果跳闸，延迟了保护动作时间。其二是需要一个起动发信元件和一个停信元件，并且本侧灵敏度要比两侧的都高。例如图 4-10 所示短路，AB 线路上保护 1、2 的两个元件灵敏度配合不当，保护 2 的灵敏度低于保护 1 的而没有起动，则会造成保护 1 的误跳闸。

4.4.3　闭锁式距离纵联保护的原理

方向比较式纵联保护可以快速地切除保护范围内部的各种故障，但却不能作为变电站母线和下一条线路的后备。距离保护却可以作为变电站母线和下一条线路的后备，由于在距离保护中所用的主要继电器（如起动元件、方向阻抗元件等）也可以作为实现闭锁式方向比较纵联保护的主要元件，因此经常把两者结合起来构成闭锁式距离纵联保护，使得内部故障时能够瞬时动作，而在外部故障时则具有不同的时限特性，起到后备保护的作用，从而兼有两种保护的优点，并且能简化整个保护的接线。图 4-11 所示为闭锁式距离纵联保护距离元件的动作范围。

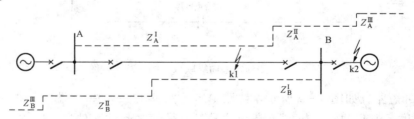

图 4-11　闭锁式距离纵联保护距离元件的动作范围

闭锁式距离纵联保护实际上是由两端完整的三段式距离保护附加高频通信部分组成，它以两端的距离Ⅲ段继电器作为故障起动发信元件（也可以增加负序电流加零序电流的专门起动元件），以两端的距离Ⅱ段为方向判别元件和停信元件，以Ⅰ段作为两端各自独立跳闸段，其一端保护的工作原理示意图如图 4-12 所示。其中，三段式距离保护的各段定值和时间仍按照第 3 章距离保护整定，核心的变化是距离Ⅱ段的跳闸时间元件增加了与门元件瞬时动作，该元件的动作条件是本侧Ⅱ段动作且收不到闭锁信号，表明故障在两端保护的Ⅱ段内（即本线路内），立即跳闸，构成了纵联保护瞬时切除全线任意点的短路的速动功能。需要注意的是距离Ⅲ段作为起动元件，其保护范围应超过正、反向相邻线末端母线，一般无方向性。

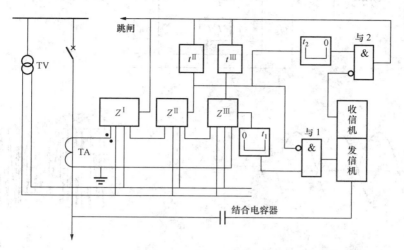

图 4 - 12 闭锁式距离纵联保护的原理示意图

在被保护线路内、外部短路时的工作过程请按照上述的原理结合图 4 - 12 自行分析。闭锁式距离纵联保护的主要缺点是当后备保护检修时，主保护也被迫停运，运行检修灵活性不够。

闭锁式零序方向纵联保护的实现原理与闭锁式距离纵联保护相同，只需要用三段式零序方向保护代替三段式距离保护元件与收、发信机部分相配合即可。

4.5 相差高频保护

4.5.1 相差高频保护的工作原理

相差高频保护的基本工作原理是比较被保护线路两侧电流的相位，即利用高频信号将电流的相位传送到对侧去进行比较，这种保护称为相差高频保护。

现以图 4 - 13 （a） 所示的短路条件说明保护的作用原理。首先假设线路两侧的电动势同相，系统中各元件的阻抗角相等（实际上它们是有差异的）。而电流的正方向仍然是从母线流向线路为正，从线路流向母线为负。这样，当被保护线路内部故障时，两侧电流都从母线流向线路，其方向为正且相位相同，如图 4 - 13 （b） 所示；当被保护线路外部故障时，两侧电流相位差为 180°，如图 4 - 13 （c） 所示。

当被保护线路外部短路故障时，两侧电流相位差为 180°，线路两侧的高频发信机交替工作，两侧收信机收到的高频信号是连续的，如图 4 - 13 （b3） 所示。而在被保护线路内部短路故障时，线路两侧电流同相位，在理想状态下，两侧高频发信机同时发出高频信号，也同时停止发信。两侧收信机收到的高频信号是间断的，即正半周有高频信号，负半周无高频信号，如图 4 - 13 （c3） 所示。

由以上的分析得知，通过比较收信机收到的高频信号可以实现相位比较。在被保护线路内部短路故障时，两侧收信机收到的高频信号是断续的，高频信号在一个周期重叠时间约为

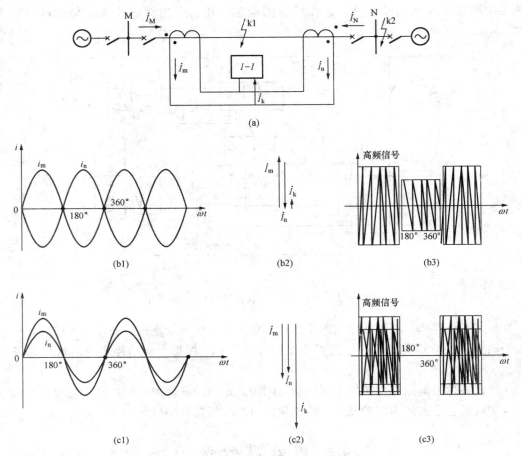

图 4-13　相差高频保护的工作原理

（a）原理示意图；（b1）、（b2）、（b3）外部短路两侧电流及高频信号；

（c1）、（c2）、（c3）内部短路两侧电流及高频信号

10ms，保护瞬时动作于跳闸。即使内部故障时高频通道被破坏，不能传送高频信号，但收信机仍能收到本侧收信机发出的间断高频信号，因而保护能正确动作。在被保护范围外部故障时，两侧收信机收到的高频信号是连续的，线路两侧的高频信号互为闭锁，使两侧保护都不动作于跳闸。

4.5.2　相差高频保护的构成

相差高频保护的构成框图如图 4-14 所示。相差高频保护主要由起动元件、操作元件、比相元件、高频收发信机组成。

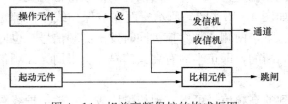

图 4-14　相差高频保护的构成框图

1. 起动元件

起动元件的作用是故障时起动发信机和开放比相回路，并且要求起动发信机要比开放比相回路更为灵敏，动作更为迅速。

2. 操作元件

操作元件的作用是将输电线路上的

50Hz电流转变为一个50Hz的方波电流，然后以此工频方波电流对发信机中的高频电流进行调制，此工频方波电流叫做操作电流。对操作电流的要求是能反应所有类型故障：当线路内部发生故障时，两侧操作电流的相位差为0°或接近0°；当线路外部发生故障时，两侧操作电流的相位差为180°或接近180°。

3. 比相元件

比相元件的作用是比较被保护线路两侧操作电流的相位。被保护线路内部故障时，比相元件动作，作用于跳闸；外部故障时，比相元件不动作，保护不跳闸。

4.5.3 相差高频保护的动作特性与相继动作

相差高频保护是通过测定通道上高频信号是否间断，来判断是保护范围内部还是外部故障的。从理论上说，这个测定是很简单的，因为在内部故障时的间断角为180°；而在外部故障时间断角为0°。而实际上，当线路内部故障时，两侧电流不完全同相位，相位差大于0°，间断角小于180°；而当外部故障时，两侧电流也不完全反相，相位差小于180°，间断角大于0°。因此，在线路内、外部故障时都出现间断角的情况下，必须解决保护如何动作才能满足选择性的问题。为此，应找出外部故障可能出现的最大间断角作为闭锁角，当间断角大于闭锁角时，为保护范围内部故障，保护动作；反之，当间断角小于闭锁角时，为保护范围外部故障，保护不动作。

为了保证在任何外部短路条件下保护都不误动，需要分析外部短路时两侧收到的高频电流之间不连续的最大时间间隔，即对应工频的相角差。一般说来，外部短路时流过线路两端电流互感器的一次电流是同一个电源产生、经过相同阻抗的电流，两侧相差180°；经过电流互感器后，按照10%误差要求选择负载后，两侧二次电流的最大误差不超过7°；经保护装置中的滤序器及发信操作回路的角度误差，两侧均不超过15°；高频信号在输电线路上传播，近似按30万km/s，根据传输的线路长度与等值的工频角延迟则有为$\frac{l}{100} \times 6°$。因而外部短路时两侧收到的高频电流之间的间隔角最小为$180° \pm \left(7° + 15° + \frac{l}{100} \times 6°\right)$时，保护不应动作，所以要选择保护的闭锁角为

$$\varphi_b = 7° + 15° + \frac{l}{100} \times 6° + \varphi_y \qquad (4-16)$$

一般裕度角φ_y取15°，可见线路越长闭锁角越大。

当按照上述原则整定闭锁角以后，如图4-15（c）所示，还要校验在内部短路最不利动作时保护的动作灵敏度。对于图4-15（a）所示系统，短路前M侧向N侧输送接近静态稳定边界的功率，即$\dot{E}_M$超前$\dot{E}_N$约70°，在靠近N侧发生三相对称短路。M侧电流$\dot{I}_M$滞后$\dot{E}_M$的角度由M侧发电机、变压器及线路MN的阻抗角决定，由于线路阻抗角较小，综合阻抗角取60°。在N侧，$\dot{I}_N$滞后$\dot{E}_N$的角度由发电机、变压器的阻抗角决定，综合阻抗角取90°，两侧一次短路电流的相位差可达100°，相量图如图4-15（b）所示。再考虑互感器、保护装置的角误差、高频信号由滞后的N侧传输到M侧的延迟，在M侧收到的高频信号不连续的间隔最大可达

$$100° + 22° + \frac{l}{100} \times 6° = 122° + \frac{l}{100} \times 6° \qquad (4-17)$$

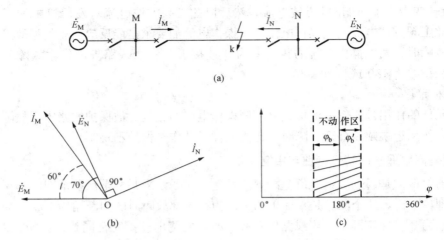

图 4 - 15　相差高频保护的动作特性
（a）系统示意图；（b）内部短路相量图；（c）动作特性图

随着被保护线路的增长，高频信号不连续的间隔增长，有可能进入保护的不动作区。但是，对于滞后的 N 侧来说，超前侧 M 发出的高频信号经传输延迟 $\dfrac{l}{100}\times6°$ 后，使 N 侧收到的高频信号不连续的间隔缩小为 $122°-\dfrac{l}{100}\times6°$，是可以动作的。为解决 M 端不能跳闸问题，当 N 侧跳闸后，停止发高频信号，M 侧只能收到本侧发的高频信号，间隔 180°，满足跳闸条件随之也跳闸，这种一端保护随着另一端保护动作而动作的情况称为保护的"相继动作"，保护相继动作的一端故障切除的时间变慢。

4.5.4　相差高频保护的评价

相差高频保护适用于 200km 以内的 110～220kV 输电线路，特别是在装有单相重合闸或综合重合闸的线路上更为有利。在 220kV 以上的长距离重负载线路上，则不宜采用此种保护装置。

相差动高频保护的主要优点有如下几点。

（1）相差动高频保护不反应系统振荡。这是因为振荡时流过线路两端的电流是同一个电流，与外部故障时的情况相似。同时，振荡过程中无负序电流，起动元件不动作，因此保护装置中不需要振荡闭锁装置，使保护的构成较为简单，同时也相应地提高了保护工作的可靠性。

（2）相差动高频保护在非全相运行时不会误动作。这是由于此时线路两端通过同一个负序电流，相位差为 180°。在使用单相重合闸或综合重合闸的超高压输电线路上，相差动高频保护的这一优点，对系统安全运行有很大好处，保护无需加非全相闭锁装置，简化了接线。同时，在系统振荡过程中被保护线路内部发生故障，或在线路单相跳闸后非全相运行过程中线路发生内部故障，相差动高频保护能瞬时地切除故障。

（3）相差动高频保护工作状态不受电压回路断线影响。相差动高频保护测量元件均反应电流量，无电压回路，因此，其工作状态不受电压回路断线影响。

相差动高频保护的主要缺点有如下几点。

（1）受负载电流的影响。在线路重负载的情况下，发生内部故障时两侧电流相位差较大，因此不能保证相差动高频保护正确动作。

（2）在线路较长的情况下，保护范围内部故障时，相差动高频保护可能工作在相继动作状态，增加了一侧故障切除的时间。

（3）相差动高频保护不能作为相邻线路的后备保护。

思 考 题 与 习 题

4-1　纵联保护依据的最基本原理是什么？

4-2　纵联保护与阶段式保护的根本差别是什么？试简述纵联保护的主要优、缺点。

4-3　什么是闭锁信号？什么是允许信号？什么是跳闸信号？

4-4　什么是故障起动发信、长期发信？各有何特点？

4-5　载波通道是由哪些设备组成的？

4-6　试简述高频闭锁方向保护的工作原理。

4-7　高频闭锁方向保护为什么设置两个灵敏度不同的起动元件？

4-8　与方向纵联保护比较，距离纵联保护有哪些优缺点？

第 5 章　线路微机保护装置及测试

【任 务】

(1) 学习使用微机保护测试仪。

(2) 对线路微机保护装置进行测试，分析测试结果。

【知识点】

(1) 线路微机保护装置的构成原理。

(2) 线路微机保护装置的测试。

(3) 微机保护测试仪的使用。

【目 标】

(1) 掌握线路微机保护装置的构成原理。

(2) 掌握线路微机保护装置的测试方法。

(3) 学会使用微机保护测试仪。

随着科学技术的发展和进步，我国数字式继电保护和安全自动装置已获得广泛应用，在科研、设计、制造、试验、施工和运行中已积累了不少经验，保护装置的检验工作对继电保护人员来说显得格外重要。根据国家标准 GB/T 14285—2006《继电保护和安全自动装置技术规程》和我国电力行业标准 DL/T 995—2006《继电保护和电网安全自动装置检验规程》，本章以 WXH‐802 型线路微机保护装置为例，介绍线路微机保护装置的硬件构成、基本原理和检验方法。

5.1　线路微机保护装置的硬件构成

WXH‐802 型线路微机保护装置采用基于 DSP 的 32 位通用硬件平台，硬件电路采用后插拔的插件式结构，CPU 电路板采用 6 层板，并采用表面贴装技术来保证装置可靠性。

此保护装置有两个完全独立的、相同的 CPU 板，并具有独立的采样、A/D 变换、逻辑计算及起动功能，这两块 CPU 板起动经二取二逻辑开放出口电源。此外有一块人机对话板，由一片 DSP 专门处理人机对话功能，承担键盘操作和液晶显示功能，正常时，液晶显示当前时间，本侧电流、电压。

此保护装置的模拟量变换由 1～2 块交流变换插件完成，功能是将 TA、TV 二次电气量转换成小电压信号；保护开入、信号、出口各由 1 块对应插件完成，接点不足时可使用预留的扩展位置。

　　组成此保护装置的插件有交流变换插件、采样保持插件、CPU 插件、开入插件、信号插件、出口插件、通信插件、稳压电源插件。

　　WXH‐802 型线路微机保护装置的硬件模块图如图 5‐1 所示，其整体结构图如图 5‐2所示。

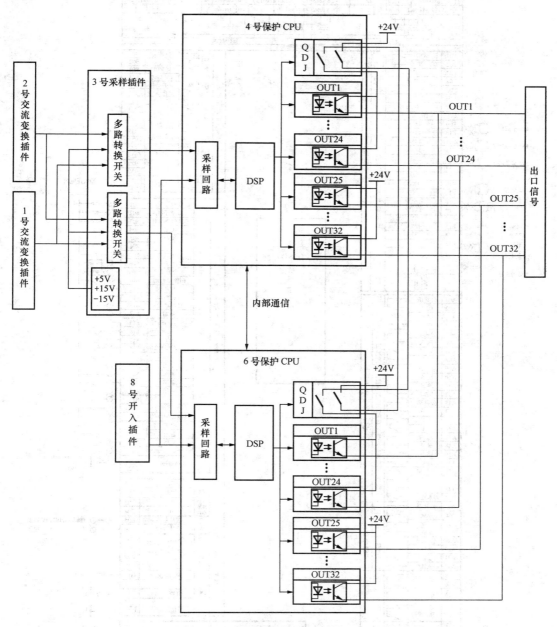

图 5‐1　WXH‐802 型线路微机保护装置的硬件模块图

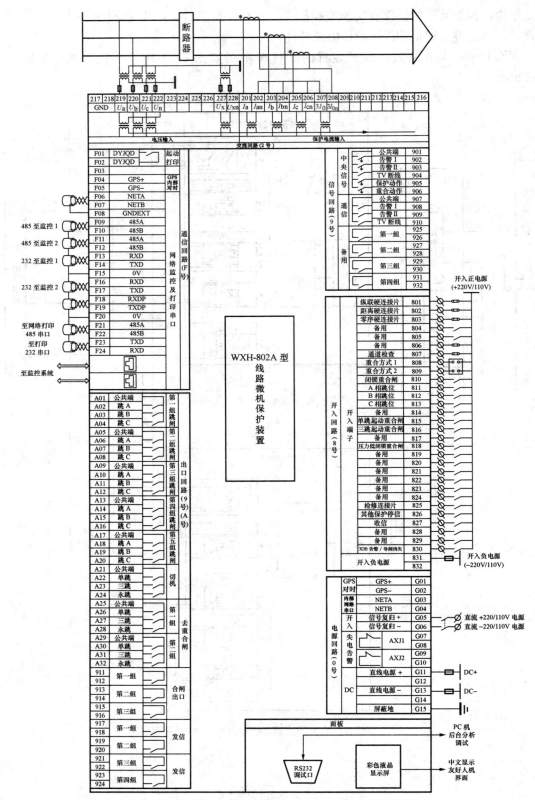

图 5 - 2　WXH - 802 型线路微机保护装置的整体结构图

5.2　线路微机保护装置的原理

220kV 及以上电压等级输电线路传输功率较大，并且传输距离较长，对系统安全稳定影响更大。因此，220kV 及以上电压等级输电线路保护的配置相对中低压线路保护而言要求更高。根据规程要求，220kV 及以上电压等级输电线路保护采取双重化原则配置，并按加强主保护简化后备保护的基本原则配置和整定。

对 220kV 线路，为了有选择性地快速切除故障，防止电网事故扩大，保证电网安全、优质、经济运行，一般情况下，所装设两套全线速动保护应满足以下要求。

（1）两套全线速动保护的交流电流、电压回路和直流电源彼此独立。对双母线接线，两套保护可合用交流电压回路。

（2）每一套全线速动保护对全线路内发生的各种类型故障，均能快速动作切除故障。

（3）对要求实现单相重合闸的线路，两套全线速动保护应具有选相功能。

（4）两套主保护应分别动作于断路器的一组跳闸线圈。

（5）两套全线速动保护分别使用独立的远方信号传输设备。

（6）具有全线速动保护的线路，其主保护的整组动作时间对近端故障应≤20ms，对远端故障应≤30ms（不包括通道时间）。

5.2.1　纵联保护

WXH-802 型线路微机保护装置是数字式超高压线路快速微机保护装置，可用作 220kV 及以上电压等级输电线路的主保护及后备保护。WXH-802 型线路微机保护装置配备了纵联保护、距离保护和零序保护，主保护为纵联保护，由纵联距离（相间、接地）方向保护和零序功率方向保护构成。

纵联距离保护的核心元件为阻抗继电器，它应满足以下两个要求。

（1）必须有良好的方向性，从本质上来说纵联保护的原理主要就是利用阻抗继电器的方向性来实现的；

（2）阻抗继电器必须在线路全长范围内都有足够的灵敏度，以确保故障线路两端的阻抗继电器均能可靠动作。

根据以上要求，WXH-802 型线路微机保护装置的纵联距离方向元件采用快速相量算法，零序功率方向元件采用全周傅里叶算法，并带零序电压补偿，能保证系统末端高阻故障可靠动作。各方向元件原理如下。

1. 接地距离方向元件

由多边形特性阻抗元件、零序功率方向元件复合构成接地距离方向元件；在非全相过程中动作元件的特性不变，零序功率方向由工频变化量方向代替。接地距离方向元件特性如图 5-3 所示。

测量方程（X、R 的测量）为

$$\dot{U}_{ph} = (R + jX)(\dot{I}_{ph} + K_{com}3\dot{I}_0)$$

2. 相间距离方向元件

相间距离元件由带正序电压极化的圆特性阻抗方向元件构成。正序极化圆特性如

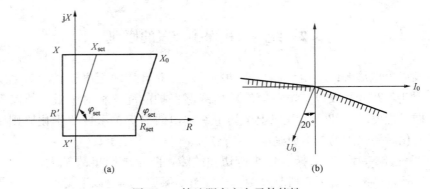

图 5-3 接地距离方向元件特性

（a）接地距离多边形特性；（b）零序功率方向元件特性

图 5-4 所示。

比相圆方程为

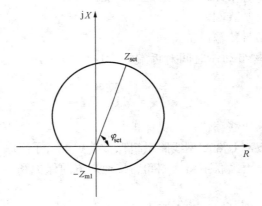

$$-90° < \mathrm{Arg}(-\dot{U}_{\mathrm{pol}}/\dot{U}_{\mathrm{op}}) < 90°$$

$$\dot{U}_{\mathrm{op}} = \dot{U}_{\mathrm{pp}} - \dot{Z}_{\mathrm{set}}\dot{I}_{\mathrm{pp}}$$

式中　$\dot{U}_{\mathrm{pol}}$——极化电压，全相时采用正序极化，非全相过程中改为健全相相间电压极化，出口三相短路时采用记忆正序电压极化；

$\dot{U}_{\mathrm{op}}$——工作电压。

3. 零序功率方向元件

零序电压极化的零序功率正方向元件动作方

图 5-4　带记忆的正序极化圆特性　　程为

$$-180° < \mathrm{Arg}\ \frac{3\dot{U}_0 - 3\dot{I}_0 Z_{\mathrm{com}}}{3\dot{I}_0} < -20°$$

Z_{com} 取 0.5 倍的线路零序阻抗。

反方向元件动作方程为

$$0° < \mathrm{Arg}\ \frac{3\dot{U}_0}{3\dot{I}_0} < 160°$$

4. 纵联保护动作原理

闭锁式纵联保护原理图如图 5-5 所示。

当发生区内故障时，本侧阻抗继电器 Z 动作，立即起动发信，此时发信机一直发信，收信机一直收信，发信 8ms 后停信，由于是区内故障，对侧发信机在发信 8ms 后同样停信，两侧均停信后，收信机收不到闭锁信号，延时 8ms 发跳闸命令。同理对侧保护也可以发跳闸命令。

当发生区外故障时，近故障点的一端一直发信，所以非故障线路上一直有闭锁信号，两侧保护都不会跳闸。

以上为闭锁式纵联距离保护的基本原理，基于此原理，WXH-802 型线路微机保护装置闭锁式纵联距离保护起动发信、动作逻辑框图如图 5-6 和图 5-7 所示。

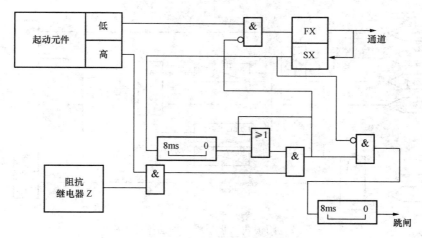

图 5 - 5　闭锁式纵联保护原理图

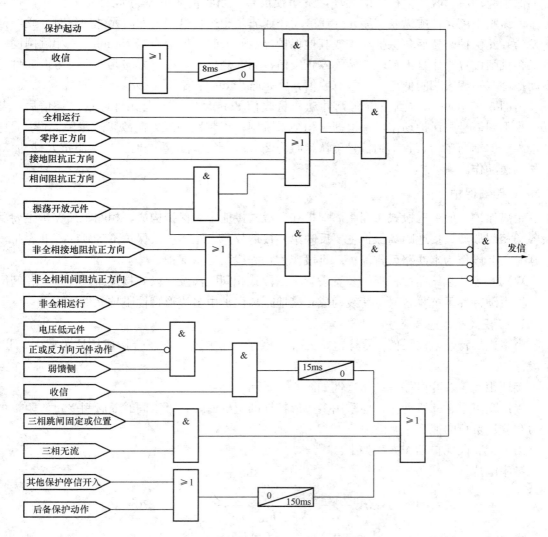

图 5 - 6　闭锁式纵联距离保护起动发信逻辑框图

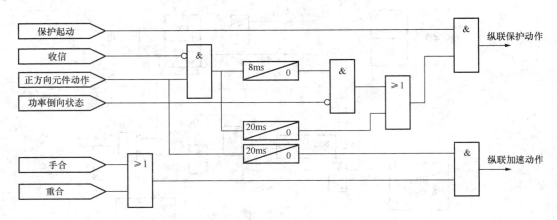

图 5 - 7　闭锁式纵联距离保护动作逻辑框图

保护起动后，收发信机立即起动，发闭锁信号；当收信 8ms 后才允许正方向元件投入工作，纵联距离元件或纵联零序元件任一动作或非全相运行过程正方向元件动作时，立即停止发信；此保护装置后备保护动作或其他保护停信开入时，停信展宽 150ms；三相跳闸固定或三相跳闸位置动作且无流时，始终停止发信；弱馈侧投入，在正方向元件及反方向元件都不动作，有一相或相间低电压，且有收信，则延时 15ms 停信。

由图 5 - 7 可知，本侧正方向元件动作且收信 8ms 后，正方向元件停信。停信后，若 8ms 收不到信号则保护动作，并根据选相结果跳闸；当判别为反方向故障或故障 50ms 后保护进入功率倒向逻辑，收不到信号确认延时为 20ms；当手合或重合时，本侧阻抗元件动作，纵联加速动作。

5.2.2　距离保护

距离保护一般由三段式相间距离保护和三段式接地距离保护构成。相间距离保护主要反映各类相间故障，接地距离保护主要反映单相接地故障。距离 Ⅰ 段保护不带延时，Ⅱ、Ⅲ 段带延时，Ⅱ 段作为本线路后备保护，Ⅲ 段作为相邻线路后备保护。

WXH - 802 型线路微机保护装置设置了三段式相间距离及三段式接地距离保护；相间距离保护由圆特性阻抗复合躲负荷线构成，接地距离保护由多边形特性阻抗元件构成。

1. 三段式接地距离保护

由多边形特性阻抗元件、零序电抗元件、零序功率方向元件复合构成接地距离 Ⅰ、Ⅱ、Ⅲ 段保护。

接地距离 Ⅰ、Ⅱ 段保护动作特性如图 5 - 8 所示。

接地距离 Ⅰ、Ⅱ 段动作特性采用多边形特性的阻抗元件，可以同时兼顾耐受过渡阻抗的能力和躲过负荷的能力。

则 Ⅰ、Ⅱ 段保护动作方程如下：

零序电抗线

$$90° \leqslant \mathrm{Arg} \frac{\dot{U}_{\mathrm{ph}} - (\dot{I}_{\mathrm{ph}} + K_{\mathrm{com}} 3\dot{I}_0) Z_{\mathrm{set}} \mathrm{e}^{\mathrm{j}\varphi_{\mathrm{set}}}}{3\dot{I}_0 \mathrm{e}^{\mathrm{j}78°}} \leqslant 270°$$

零序功率方向

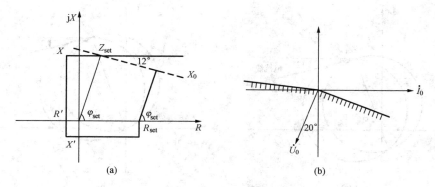

图 5-8　接地距离Ⅰ、Ⅱ段保护特性图

（a）接地距离多边形特性；（b）零序功率方向元件特性

$$-190° < \mathrm{Arg}\,\frac{\dot{U}_0}{\dot{I}_0} < -30°$$

在非全相过程中动作元件的特性不变，方向由工频变化量方向代替。

接地距离Ⅲ段保护动作特性如图 5-9 所示。

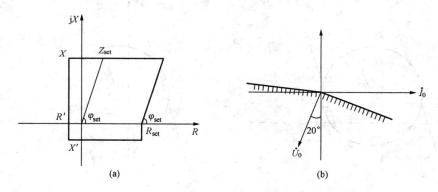

图 5-9　接地距离Ⅲ段保护动作特性

（a）接地距离多边形特性；（b）零序功率方向元件特性

则Ⅲ段保护零序功率方向动作方程为

$$-190° < \mathrm{Arg}\,\frac{\dot{U}_0}{\dot{I}_0} < -30°$$

在非全相过程中动作元件的特性不变，无零序功率方向元件。

其中 X、R 的测量方程为

$$\dot{U}_{\mathrm{ph}} = (R + \mathrm{j}X)(\dot{I}_{\mathrm{ph}} + K_{\mathrm{com}}3\dot{I}_0)$$

式中　　K_{com} ——零序电流补偿系数。

2. 三段式相间距离保护

相间距离Ⅰ、Ⅱ、Ⅲ段保护采用由正序电压极化的圆特性。

相间距离Ⅰ、Ⅱ段保护动作特性如图 5-10 所示。

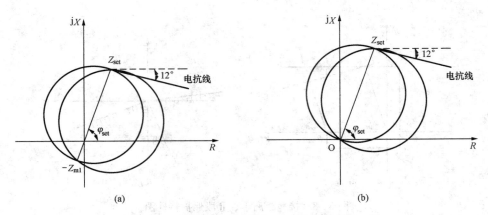

图 5 - 10　相间距离Ⅰ、Ⅱ段保护动作特性
（a）正方向故障的动作特性（带记忆）；（b）正方向故障的动作特性（稳态）

相间Ⅰ、Ⅱ段动作特性采用记忆电压极化的圆特性来解决电压死区问题，即在保护出口附近短路时，由于电压很小，阻抗继电器无法获得足够灵敏的电压而可能误动。

相间距离Ⅲ段保护动作特性如图 5 - 11 所示。

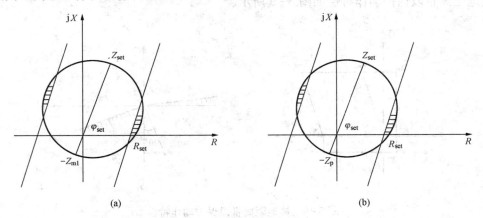

图 5 - 11　相间距离Ⅲ段保护动作特性
（a）正方向不对称故障时动作特性；（b）三相故障时动作特性（偏移阻抗）

Z_{m1} 为背后系统正序阻抗，相间距离Ⅲ段固定反偏，偏移阻抗 $Z_p = \min\{0.3\Omega, 0.5Z_{\text{Ⅲ}}\}$，其中 $Z_{\text{Ⅲ}}$ 为相间阻抗Ⅲ段定值。

正序极化电压较高时，由正序电压极化的距离继电器有很好的方向性；当正序电压下降至原电压的 20% 以下时，由正序电压记忆量极化。为保证正方向故障能动作，反方向故障不动作，设置了偏移特性。在Ⅰ、Ⅱ段距离继电器暂态动作后，改用反偏阻抗继电器，保证继电器动作后能保持到故障切除。在Ⅰ、Ⅱ段距离继电器暂不动作时，改用上抛阻抗继电器，保证母线及反向故障时不误动。对后加速则一直使用反偏阻抗继电器。

相间距离保护动作方程如下：

Ⅰ、Ⅱ段比相圆

$$-90° < \text{Arg} \frac{-\dot{U}_{\text{pol}} e^{j\theta}}{\dot{U}_{\text{op}}} < 90°（\theta \text{ 为偏移角}）$$

电抗线

$$-90° < \text{Arg}\, \frac{-\dot{I}_{pp}\mid Z_{set}\mid e^{j78°}}{\dot{U}_{op}} < 90°$$

Ⅲ段比相圆

$$-90° < \text{Arg}\left(-\frac{\dot{U}_{pol}}{\dot{U}_{op}}\right) < 90°$$

其中
$$U_{op} = \dot{U}_{pp} - \dot{Z}_{set}\dot{I}_{pp}$$

式中　$\dot{U}_{pol}$——极化电压，全相时采用正序极化，非全相过程中改为健全相相间电压极化；

　　　$\dot{U}_{op}$——工作电压。

以上是 WXH-802 型线路微机保护装置距离保护动作特性情况，其动作逻辑图如图 5-12 所示。

由图 5-12 可知 WXH-802 型线路微机保护装置距离保护具有以下特点。

（1）全相及非全相时配置三段式相间距离及接地距离保护。

（2）在手合故障时设置了按阻抗Ⅲ段加速切除故障的功能，考虑到手合故障 TV 可能在线路侧，手合加速阻抗带偏移特性。

（3）线路重合闸时，重合于故障线路分为单重加速和三重加速。单重加速投入经振荡开放元件开放接地Ⅱ段距离保护；三重于故障线路时投入加速Ⅱ段距离保护，并且可通过控制字决定投退是否经振荡闭锁，还可以通过控制字投入不经振荡闭锁的加速Ⅲ段距离保护。

（4）距离保护在系统未振荡时一直投入突变量起动元件瞬时开放距离保护，当保护识别出系统振荡时则闭锁突变量起动元件，并由不对称开放元件、对称开放元件、非全相开放元件开放距离保护。

（5）距离保护在手合时总是加速距离Ⅲ段。

（6）距离加速仅受距离连接片控制，不经各段控制投退。

5.2.3　零序保护

零序保护利用故障时零序电流的变化特征构成，对中性点接地系统来说，正常运行时零序电流很小，接地故障时则会产生较大的零序电流，零序保护就是反映零序电流增大而动作的一种保护。它具有无出口死区问题、构成原理简单、承受较大的过渡电阻、不受系统全相振荡影响等优点，但它同时有受系统运行方式变化影响较大、复杂电网零序保护整定困难等缺点。

WXH-802 型线路微机保护装置零序保护动作逻辑图如图 5-13 所示。由图 5-13 可知其零序保护具有以下特点。

（1）全相时投入零序Ⅰ段、零序Ⅱ段、零序Ⅲ段、零序Ⅳ段和零序加速段，零序Ⅰ段、零序Ⅱ段受零序方向控制不可整定，零序Ⅲ段、零序Ⅳ段是否经方向控制可整定。

（2）非全相时退出零序Ⅰ段、Ⅱ段和Ⅲ段，零序Ⅳ段是否经方向根据控制字整定，当投入控制字"零序Ⅳ段跳闸后加速"，零序Ⅳ段延时时间为 max｛零序Ⅳ段延时-500ms，500ms｝。

（3）合闸后投入零序加速段，不经方向，单重加速零序加速段延时 60ms，手合及三重加速零序加速段延时 100ms。

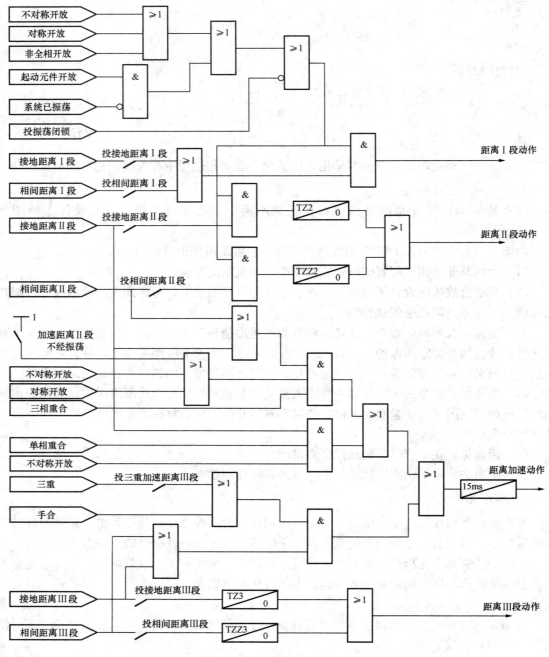

图 5-12 距离保护逻辑框图

（4）零序连接片或距离连接片投入时，TV 断线后自动投入零序过电流及相过电流，经同一延时动作。

（5）TV 断线时零序电流方向保护Ⅰ、Ⅱ段退出，Ⅲ、Ⅳ段若不经方向元件控制，则满足电流门槛定值动作出口，否则退出零序Ⅲ、Ⅳ段保护。

（6）零序Ⅳ段动作及 TV 断线下保护动作时，三相跳闸并闭锁重合。

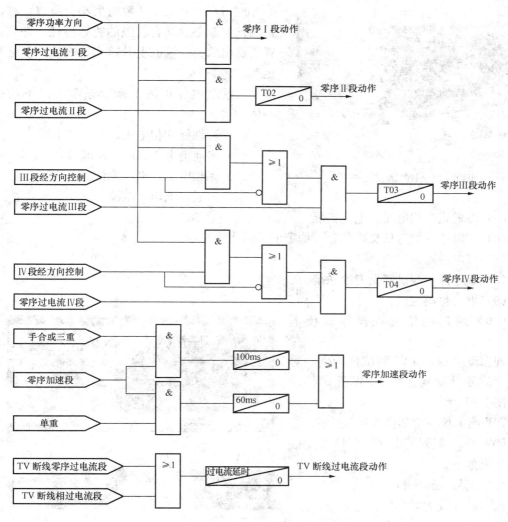

图 5 - 13 零序保护逻辑框图

5.3 微机继电保护测试仪简介

随着现代电力系统规模的不断扩大，对电力系统运行和管理的可靠性、高效性要求的不断提高，继电保护人员的测试工作变得更加频繁和复杂，同时由于计算机技术、微电子技术、电力电子技术飞速发展，微机继电保护得到了全面的推广，微机继电保护测试装置也已成为保证电力系统安全可靠运行的一种重要测试工具。

微机继电保护测试装置用 PC 机作为控制器，由计算机产生特定的电压、电流、开关量信号，并由前置机向被测保护装置输出电压、电流、开关量信号，检验被测保护装置动作逻辑。要求测试装置每周波必须具有较高的输出数据点，使其具有闭环功能的基础，以提高对被试保护装置的测试精确度、保证测试装置自身的安全。

近年来，使用暂态分量作为判据的保护装置逐渐增多，在试验中需要模拟和确定 $\mathrm{d}i/\mathrm{d}t$、

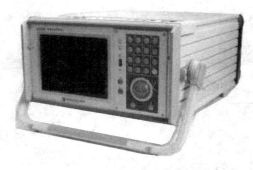

图 5-14　PW 测试仪外形

$\mathrm{d}u/\mathrm{d}t$、$\mathrm{d}f/\mathrm{d}t$ 和 ΔZ 的数值大小。所以，继电保护测试装置必须具有较强的暂态特性，即测试装置所输出的突变量的上升速率、响应速度必须满足要求。

目前继电保护测试系统通常集以下功能为一体。

（1）高性能三相电压、电流发生器。

（2）多通道电压、电流示波器。

（3）多相电流、电压表计。

（4）多通道电压、电流、开关量录波器。

（5）内置式多相电压、电流扩展。

（6）与保护装置通信交换信息（如定值、动作情况等）。

（7）继电器库。

（8）继电保护测试辅助专家系统。

（9）报告自动生成。

（10）通过网络远程操作及技术支持。

现以继电保护 PW 测试仪为例，对测试仪软硬件简要介绍。PW 测试仪外形如图 5-14 所示。

PW 测试仪界面如图 5-15 所示。

PW（A）系列继电保护测试仪硬件主要特点如下。

（1）信号处理平台。

（2）线性放大器。

（3）输出波形监视及录波功能。

（4）适用于各种现场接线的开入量。

（5）异常工况报警功能。

（6）实时多任务功能。

（7）智能散热系统和电源手动软起动方式。

PW（A）系列继电保护测试仪软件主要特点如下。

（1）基于 Windows 操作系统的测试软件。如图 5-16 所示，PW 测试仪具有实时多任务、多窗口的特点。在 Windows 下运行的测试程序充分利用了 Windows 多线程的特点，增加了通信数据的吞吐量，提高了程序运行的实时性。

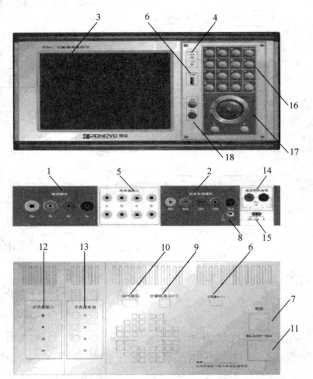

图 5-15　PW 测试仪面板说明

1—Ia、Ib、Ic、In 接线端子；2—Ua、Ub、Uc、Uz、Un 接线端子；3—显示屏；4—电源信号灯、联机信号灯；5—开入量 A、B、C、D 端子；6—USB 接口；7—电源开关按钮；8—装置接地端子；9—数据电缆插口；10—GPS 接口；11—电源插口；12—开入量 E、F、G、H 端子；13—开出量 1、2、3、4 端子；14—直流电压输出接线端子；15—直流电压输出选择钮（220V/可调/关）；16—按键；17—鼠标；18—开始试验键、停止试验键

在对保护装置进行测试的同时，还可通过计算机串口与所测的保护装置相连，与保护装置进行通信。软件的每一个测试模块提供测试、波形监视、历史状态、相量图和时间信号图等多个视图，能提供可视化的测试进程和全方位的测试信息。

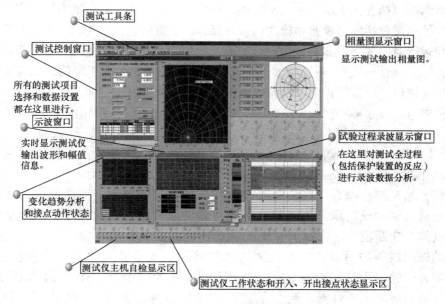

图 5 - 16　PW 测试仪测试界面

（2）测试步骤。每个测试模块基本分为六个步骤。

1）定义保护特性参数。

2）定义测试方法，包括变量、变化范围、所测故障类型等试验参数，添加测试项目。

3）对照硬件配置编辑接线图。

4）定制所需的测试报告。

5）在现场打开参数文件，起动执行程序。

6）生成测试报告，然后打印、归档。

在上述六个测试步骤中，前四个步骤都可在办公室由继电保护工作人员完成，以保证测试计划和方案的准确性。到现场只需按软件界面中给定的接线图进行接线，然后起动执行程序即可获得测试结果和测试报告，保证了极少的现场工作量。可避免在现场因头绪多，可能出现的紧急情况下，继电保护工作人员无法保持清晰思路而造成测试项目的遗漏、测试方法错误而导致的测试结果不正确。

（3）测试报告。对 PW 测试软件生成的测试报告可通过选择相关项目，包括尽可能多的测试信息（如保护安装地点、保护特性曲线图、时间信号图、相量图以及测试结果等），也可只包含部分测试结果。测试完成后，在 PW 测试仪提供的测试报告中的测试结果是不可改动的，这有利于对现场测试情况的了解和掌握。该测试报告也可以文本文件格式导出，可插入 Word 文档、Excel 表格及 BMP 图像，这样就可对所导出的测试报告进行编辑、执行剪切、复制和粘贴等操作。

（4）测试功能。PW 测试仪测试功能界面如图 5 - 17 所示，可实现线路保护、元件保护、自动装置、通用测试、录波回放等方面的检验工作。从本质上来说，继电保护测试仪相当于电压、电流、开关量信号的一个发生源，它可通过软件仿真各类故障情况下的电压、电流信号以及开关量信息，利用功放装置输出给被测试设备，从而达到检验被测试设备动作逻辑的目的。

继电器测试包括各类电压、电流、频率、相位、功率方向、阻抗继电器、突变量继电器等。线路保护测试包括定值校验和特性扫描两部分。定值检验包括距离（工频变化量阻抗）、零序（全相运行时的零序，非全相运行时的不灵敏零序）、负序定值、过电流速断（复压闭锁过电流、$I-T$ 特性曲线）、重合后加速定值、重合闸检同期无电压定值、低频减载（低频定值、电压闭锁值、电流闭锁值、滑差闭锁值、电压变化率闭锁值）、纵联保护定值（如高频距离保护定值、高频零序保护定值、测试仪开出模拟收发信机动作情况）、振荡中的阻抗保护定值等检验项目。特性扫描包括阻抗特性（R/X、稳态特性、暂态特性）、精工电流（Z/I）、精工电压（Z/U）、阶梯特性（Z/T）等项目。整组试验包括各种短路形式、故障性质时的动作及出口传动情况、同时测试两套保护、模拟带负荷运行工况下各种试验、可设置短路开始时刻合闸角、直流分量、纵联保护调试等项目。元件保护测试包括差动保护和发电机过励磁反时限、失磁阻抗，其中差动保护包括自动校验比例制动特性的门槛值、拐点值、速断值、动作时间、比例制动比、谐波制动比、间断角制动定值、自动扫描直流助磁曲线等项目。自动装置测试包括同期装置检验和快切、备自投装置检验，其中同期装置检验包括自动调整试验、电压闭锁值、频率闭锁值、导前角及导前时间、电气零点（可对脉动电压合闸接点进行录波）、调压脉宽、调频脉宽等内容。录波回放以 COMTRADE（Common Format for Transient Data Exchange）格式记录的数据文件用测试仪播放，实现故障重演。

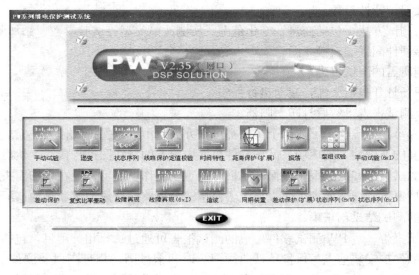

图 5-17   PW 测试仪测试功能界面

（5）实时多任务功能。PW 测试仪可采用并行通信口与计算机相连，保证计算机的串行口空闲，这样该串行口就可与所测试的保护装置相连。在一台计算机上同时操作测试仪和被测保护装置，并口有较高的传输速率，可提高测试装置的响应速度，实现测试仪的实时控制和快速测试，如图 5-18 所示。

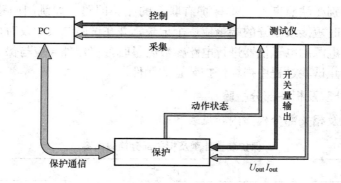

图 5 - 18　实时控制示意图

5.4　线路微机保护检验

保护装置的检验工作具有十分重要的作用，检验过程必须严格遵守 DL/T 995—2006《继电保护和电网安全自动装置检验规程》的相关规定。对于微机线路保护而言，检验工作共分以下十二步。

（1）保护装置外观及相关部分检验；

（2）绝缘和耐压检验（仅在新装置投运时检验）；

（3）逆变电源的检验；

（4）保护装置的通电检验；

（5）打印机检验；

（6）整定时钟检验；

（7）软件版本和程序校验码的检验；

（8）定值输入、固化、输出及切换功能的检验；

（9）模数变换系数检验；

（10）开关量输入回路检验；

（11）开关量输出回路检验；

（12）保护定值检验及整组试验。

检验过程中应注意以下内容。

（1）断开直流电源后才允许插、拔插件，插、拔交流插件时应防止交流电流回路开路。

（2）打印机及每块插件应保持清洁，注意防尘。

（3）调试过程中发现有问题时，不要轻易更换芯片，应先查明原因，当证实确需更换芯片时，则必须更换经筛选合格的芯片，芯片插入的方向应正确，并保证接触可靠。

（4）试验人员接触、更换芯片时，应采取人体防静电接地措施，以确保不会因人体静电而损坏芯片。

（5）原则上在现场不能使用电烙铁，试验过程中如需使用电烙铁进行焊接时，应采用带接地线的电烙铁或电烙铁断电后再焊接。

（6）试验过程中，应注意不要将插件插错位置。

（7）检验中特别要注意断开与本保护有联系的相关回路，如跳闸回路、起动失灵回路等。因检验需要临时短接或断开的端子应逐个记录，并在试验结束后及时恢复。

（8）使用交流电源的电子仪器进行电路参数测量时，仪器外壳应与保护屏（柜）在同一点可靠接地，以防止试验过程中损坏保护装置的元件。

5.4.1 保护装置外观及相关部分检验

保护装置外观及相关部分检验内容见表 5-1。

表 5-1 保护装置外观及相关部分检验内容

序号	检 查 内 容
1	检查控制屏、保护屏、端子箱端子排、装置背板端子排接线紧固；清扫灰尘
2	检查电缆屏蔽层接地线、装置外壳屏蔽线、高频电缆屏蔽层和接地铜排可靠连接
3	检查连接片端子接线应符合反措要求、连接片端子接线压接应良好
4	检查装置上电后装置外观及指示灯正常，液晶屏幕显示正常

注 检查装置内部时应采取相应防静电措施。

5.4.2 绝缘和耐压检验

绝缘试验仅在新安装装置的验收检验时进行。

绝缘试验的要求及内容如下。

（1）按照装置技术说明书的要求拔出插件。在保护屏柜端子排内侧分别短接交流电压回路端子、交流电流回路端子、直流电源回路端子、跳闸和合闸回路端子、开关量输入回路端子、调度自动化系统接口回路端子及信号回路端子。

（2）断开与其他保护的弱电联系回路。

（3）将打印机与装置断开。

（4）装置内所有互感器的屏蔽层应可靠接地。在测量某一组回路对地绝缘电阻时，应将其他各组回路都接地。

（5）用 500V 绝缘电阻表测量绝缘电阻值，要求阻值均大于 20MΩ。测试后，应将各回路对地放电。

5.4.3 逆变电源检验

逆变电源检验前应断开保护装置出口连接片。

从保护屏端子排上的端子接入试验用的直流电源。将屏上其他装置的直流电源开关置于断开状态，同时保证保护装置各插件均插入良好。

（1）直流电源缓慢上升时的自起动性能检验：合上保护装置逆变电源插件背板上的电源开关，试验直流电源由零缓慢升至 80% 额定电压值，此时逆变电源插件背板上的电源指示灯应亮。

（2）拉合直流电源时的自起动性能：直流电源调至 80% 额定电压，断开保护装置逆变电源插件背板上的电源开关，保护装置电源异常接点应闭合，10s 后再合上电源开关，逆变电源插件背板上的电源指示灯应亮，保护装置电源异常接点应断开。

5.4.4 通电初步检验

WXH-802 型线路微机保护装置的正面面板布置如图 5-19 所示。

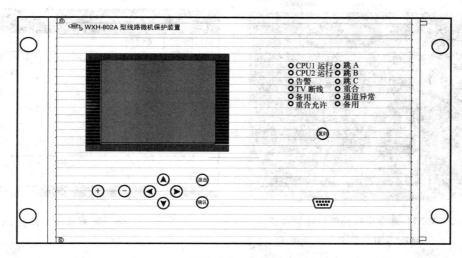

图 5 - 19　WXH - 802 型线路微机保护装置的正面面板布置图

保护装置面板上包含 12 个信号灯，其中有两个为备用，其余各自的颜色、含义及点亮条件见表 5 - 2。

表 5 - 2　　　　　　　　　　　　　　　　　保护装置信号灯的说明

信号灯名称	颜色	含　义	点　亮　条　件
CPU1 运行	绿	监视保护 CPU1 的运行情况	正常运行时点亮；装置起动后闪烁
CPU2 运行	绿	监视保护 CPU2 的运行情况	正常运行时点亮；装置起动后闪烁
告　警	红	指示装置有异常情况发生	（1）装置软硬件告警信息，如程序自检错、AD 出错、RAM 出错、5V 出错、EEPROM 出错、开出自检错、定值越限告警、定值自检错；（2）装置逻辑自检告警信息，如 TA 异常、TA 反序、TV 反序等
TV 断线	红	指示 TV 回路异常	TV 断线条件满足时点亮
重合允许	绿	指示重合闸是否充满电	当重合闸充满电时点亮
跳　A	红	指示保护装置跳 A 出口	当保护装置跳 A 出口时点亮
跳　B	红	指示保护装置跳 B 出口	当保护装置跳 B 出口时点亮
跳　C	红	指示保护装置跳 C 出口	当保护装置跳 C 出口时点亮
重　合	红	指示重合闸重合出口	当重合闸重合出口时点亮
通道异常（WXH - 802A/F1）	红	指示通道状态	当光纤通道有较高误码率或通道中断、通道混连等异常情况时点亮

保护装置通电后，会进行全面自检。自检通过后，运行灯应点亮。液晶屏上显示保护型号、运行定值区，当前时钟、自动切换显示电压电流相量和连接片状态，如图 5 - 20 所示。

图 5 - 20 所示为装置正常时的显示界面，当保护动作时，液晶屏幕自动显示最新保护动作报告，一屏最多显示 7 个报告，一屏显示不全时界面右边有滚动条，可以用"↑"、"↓"方向键翻页显示。按面板复归按钮可切换到主接线图。例如零序 I 段动作时的界面如图 5 - 21所示。

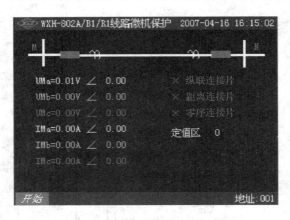

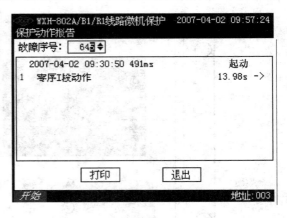

图 5-20　WXH-802 型线路微机保护装置　　　图 5-21　保护装置动作报告显示图
显示界面示意图

5.4.5　打印机检验

接上装置和打印机之间的连接电缆，给打印机装上打印纸，将打印机与装置的波特率设置为一致。操作打印机自检，打印机应打印出自检规定字符。

5.4.6　时钟的整定和检验

正常状态下按"退出"键，显示一级菜单，通过"∧、∨"键，移至"整定"，通过"∧、∨"键移至"时钟设置"，通过"<、>、+、-"键进行时钟整定。

5.4.7　软件版本和程序检验码的检验

正常状态下按"退出"键，显示一级菜单，通过"∧、∨"键，移至"浏览"，通过"∧、∨"键移至"版本号"，按确认键查看各 CPU 的版本号。

5.4.8　定值输入、固化、输出及切换功能的检验

正常状态下按"退出"键，显示一级菜单，通过"∧、∨"键，移至"整定"，通过"∧、∨"键移至"定值"，按"确认"键进入下一级菜单，通过"∧、∨、<、>、+、-"键进行定值整定。

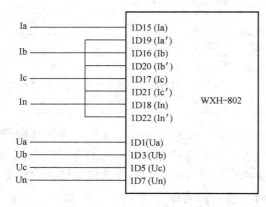

图 5-22　WXH-802 型线路微机保护
装置检验接线图

5.4.9　模数变换系统检验

（1）零漂检验：所有交流电压、电流端子均开路，正常状态下按"退出"键，显示一级菜单，通过"∧、∨"键，移至"浏览"，按"确认"键进入下一级菜单，通过"∧、∨"键选择"模拟量"，按"确认"键显示各通道分量的采样值，光标移至"打印"可打印出零漂采样值。通过上述方法打印各 CPU 采样值，要求零漂电流在 $0.02 I_n$，电压在 0.2V 以内。

（2）刻度检验。

1）实验接线。如图 5-22 所示，在保护屏端子排上短接 1D19、1D20、1D21、1D22（即

Ia′、Ib′、Ic′、In′），在端子排 1D15、1D16、1D17、1D18（即 Ia、Ib、Ic、In）上分别接继电保护测试仪的 Ia、Ib、Ic、In，在端子 1D1、1D3、1D5、1D7（即 Ua、Ub、Uc、Un）上分别接继电保护测试仪的 Ua、Ub、Uc、Un。

2）打开继电保护测试仪的电源开关，进入图 5-17 所示测试功能界面。选"手动试验"菜单，通过按键改变电压和电流的幅值，检验装置的采样数据，如图 5-23 所示。

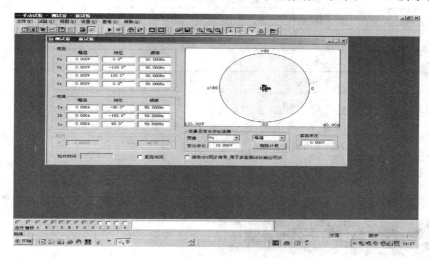

图 5-23　PW 测试仪 4661E 手动实验界面

3）调整输入交流电压、电流幅值，要求保护装置的显示值与外部表计测量的误差应小于 3%。同理，用继电保护测试仪的"手动试验"功能，改变电流的相位，检验装置的采样数据，检验模拟量输入的相位特性。

5.4.10　开关量输入回路检验

微机保护的开关量输入类型主要包括硬连接片开入、各种试验按钮、切换开关、跳合闸位置开入、隔离开关位置开入、其他信号开入（如失灵开入）等外部开入。开入的输入电平一般为 220V 或 24V 直流开入，往往经过光电隔离开入。

开入量检验首先在微机保护装置上调出【开入量】菜单，正常状态下按"退出"键，显示一级菜单，通过"∧、∨"键，移至"浏览"，按"确认"键进入下一级菜单，通过"∧、∨"键选择"开入量"，实时观察开入状态。

依照端子图，将 DC220V 电源正端依次与各开入端子（具体端子见表 5-3）短接，同时进入【浏览】→【开入量】菜单，观察对应开入位由"0"变为"1"，当断开电源正端与相应开入的连接时，相应开入位应由"1"变为"0"。

表 5-3　　　　　　　　　　　　　　　开　入　检　查

开入位	名　　称	端子名称	备　　注
0	纵联硬连接片	n801	
1	距离硬连接片	n802	
2	零序硬连接片	n803	
3	A 通道自环测试连接片	n806	用于 802A/F1

开入位	名　称	端子名称	备　注
4	通道检查	n807	用于 802A/B1
5	重合方式 1	n808	
6	重合方式 2	n809	
7	闭锁重合	n810	
8	A 相跳位	n811	
9	B 相跳位	n812	
10	C 相跳位	n813	
11	单跳起动重合	n815	
12	三跳起动重合	n816	
13	压力低闭锁重合	n818	
23	检修连接片	n825	
24	其他保护停信	n826	用于 802A/B1

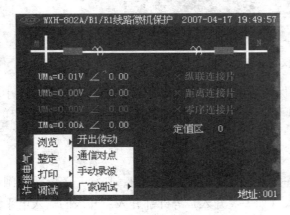

图 5-24　保护装置开出传动菜单

5.4.11　开关量输出回路检验

开出量检验首先在微机保护装置上调出【开出传动】菜单，正常状态下按"退出"键，显示一级菜单，通过"∧、∨"键，移至"调试"，按"确认"键进入下一级菜单，在二级菜单中选定"开出传动"，如图 5-24 所示，按"ENTER"键，进入菜单后选择 CPU 号，并输入操作密码进入，对照显示的可驱动各 CPU 的各路开出，观察面板信号，测量各开出触点。按复归按钮，复归面板上的信号，上述开出检验时接通的触点应返回，同样需进行检查。

5.4.12　保护定值检验及整组试验

1. 准备工作

(1) 退出保护装置所有连接片，并做好记录。

(2) 打印定值清单。

(3) 按照保护装置原理图设计要求，连接保护装置端子排与继电保护测试仪的试验线，继电保护测试仪的开关量输入取跳合闸连接片的接点。

(4) 合上高频收发信机电源，收发信机置"本机—负载"。

(5) 按照定值要求置"重合闸方式开关"。

(6) 合上断路器开关。

2. 保护定值检验

纵联保护相关定值见表 5-4。

定值名称	单位	定值	定值名称	单位	定值
纵联距离阻抗定值	Ω	8.4	零序电抗补偿系数		0.67
纵联零序电流定值	A	1.4	零序电阻补偿系数		0.67

表 5 - 4　　　　　　　　　　　　　纵 联 保 护 定 值

（1）纵联相间距离保护和纵联接地距离保护。仅投入纵联保护投入硬连接片，同时投入纵联距离软连接片。

分别模拟 A 相间、B 相间和 C 相间单相接地瞬时故障，AB 相间、BC 相间和 CA 相间瞬时故障。模拟故障前电压为额定电压，故障电流为 I（当故障电压 $U_{pp}>100V$ 或 $U_{ph}>57V$，应将 I 适当降低），故障时间为 $100\sim150ms$，相角为 $90°$，故障电压测试仪自动计算，其公式如下：

模拟单相接地故障时为

$$U_{ph} = mIX_D(1+K_X)$$

模拟两相相间故障时为

$$U_{pp} = 2mIX_D$$

式中　m——系数，其值分别为 0.95、1.05；

　　　X_D——纵联距离停信范围电抗分量定值；

　　　K_X——零序电抗补偿系数。

以 A 相单相接地瞬时故障为例，首先将收发信机设为本机—负载状态，在保护屏端子排上短接 1D19、1D20、1D21、1D22（即 Ia′、Ib′、Ic′、In′），在端子 1D15、1D16、1D17、1D18（即 Ia、Ib、Ic、In）上分别接继电保护测试仪的 Ia、Ib、Ic、In，在端子 1D1、1D3、1D5、1D7（即 Ua、Ub、Uc、Un）上分别接继电保护测试仪的 Ua、Ub、Uc、Un。将保护的跳闸出口触点与测试仪的开入触点相连，打开继电保护测试仪的电源开关，进入图 5 - 25 所示界面。

选择"线路保护定值校验"，选择"阻抗定值校验"，如图 5 - 25 所示。

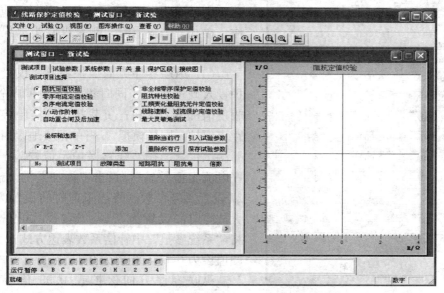

图 5 - 25　继电保护测试仪 4661E 线路保护定值校验界面

点击"添加"键，正确设置实验参数，如图 5 - 26 所示，点击"确认"键。

阻抗定值校验

故障类型　A相接地

阻抗角　90.0°

短路电流　1.000A

整定值

	整定阻抗(Z)	整定阻抗(R)	整定阻抗(X)	整定动作时间	
I段	8.400Ω	0.000Ω	2.000Ω	0.000S	☑ 正向
II段	4.000Ω	0.000Ω	4.000Ω	0.500S	☐ 正向
III段	6.000Ω	0.000Ω	6.000Ω	2.000S	☐ 正向
IV段	2.500Ω	0.500Ω	2.500Ω	1.500S	☐ 正向
I'段	3.000Ω	0.000Ω	3.000Ω	2.000S	☐ 反向
II'段	3.500Ω	0.000Ω	3.500Ω	3.000S	☐ 反向

整定倍数

| 0.700 | ☐ | 1.000 | ☐ |
| 0.950 | ☑ | 1.050 | ☑ |

☐ 整定阻抗以R、X表示

确认　　取消

图 5 - 26　阻抗定值校验参数设置

零序定值校验

故障类型　A相接地

故障方向　正向短路

短路阻抗

Z　10.000Ω　　Phi　90.0°

R　0.000Ω　　X　10.000Ω

整定值

零序定值	动作时间	
0.200A	0.000s	☐ 起动值
1.400A	0.000s	☑ 1
2.000A	1.000s	☐ 2
2.500A	2.000s	☐ 3
3.000A	3.000s	☐ 4
3.500A	3.500s	☐ 5

整定倍数

| 0.700 | ☐ | 2.000 | ☑ |
| 0.950 | ☑ | 1.050 | ☑ |

确认　　取消

图 5 - 27　纵联零序保护定值校验参数设置

将"试验参数"中故障前时间设置为 18s，最大故障时间设置为 0.2s。运行测试仪检验保护。将"系统参数"中补偿系数表达方式选为"KL"，幅值设为 0.67，相角为 0°。

纵联距离保护在 0.95 倍定值（$m = 0.95$）时，应可靠动作；在 1.05 倍定值时，应可靠不动作；在 0.7 倍定值时，测量纵联距离保护动作时间，应不大于 35ms。

（2）纵联零序方向保护检验。仅投入纵联保护投入硬连接片，同时投入纵联零序软连接片，收发信机设为本机—负载状态。实验接线同纵联距离保护，同样模拟 A 相单相接地瞬时故障，打开测试仪，选择"线路保护定值校验"——"零序电流定值校验"，点击"添加"键，按照图 5 - 27 设置实验参数。将故障前时间设置为 18s，最大故障时间设置为 0.2s。运行测试仪检验保护，将"系统参数"中补偿系数表达方式选为"KL"，幅值设为 0.67，相角为 0°。

纵联零序方向保护在 0.95 倍定值（$m = 0.95$）时，应可靠不动作；在 1.05 倍定值时应可靠动作；在 2 倍定值时，测量纵联零序方向保护的动作时间，要求不大于 80ms（小于 2 倍定值时固定 50ms 延时投入）。

（3）距离保护检验。以距离 I 段保护检验为例，仅投入距离 I 段硬连接片，同时投软连接片。

模拟 A 相单相接地瞬时故障，接地电抗 I 段定值设为 1.4Ω，选择"线路保护定值校验"——"阻抗定值校验"，故障电流 I 固定（一般 $I = I_n$），单相接地故障时的相角设为 $90°$（两相相间故障时的相角为整定正序阻抗角），模拟故障时间为 $100 \sim 150$ms，参数设置如图 5-28 所示，故障电压测试仪自动生成，公式如下：

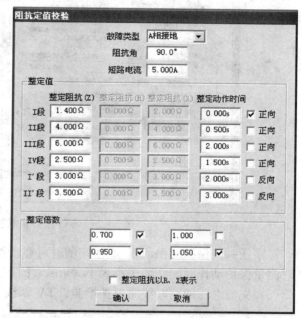

模拟单相接地故障时为
$$U = mX_{D1}(1 + K_X)I$$
模拟两相相间故障时为
$$U = 2mIZ_{Z1}$$

式中　m——系数，其值分别为 0.95、
　　　　　　1.05 及 0.7；

　　　X_{D1}——距离 I 段接地电抗分量
　　　　　　定值；

　　　Z_{Z1}——距离 I 段相间阻抗定值；

　　　K_X——零序电抗补偿系数。

图 5-28　距离保护定值校验参数设置

距离 I 段保护在 0.95 倍定值（$m = 0.95$）时，应可靠动作；在 1.05 倍定值时，应可靠不动作；在 0.7 倍定值时，测量距离保护 I 段的动作时间。

同理可检验距离 II、III 段定值动作情况。

（4）零序保护检验。分别投入零序保护 I 段投入连接片和零序保护其他段投入连接片，分别模拟 A 相、B 相、C 相单相接地瞬时故障，以 B 相单相接地 II 段定值校验为例，零序 II 段保护定值为 2.1A，零序 II 段时间定值为 2.5s，模拟故障时间应大于零序相应段保护的动作时间定值，相角为灵敏角，模拟故障电流为

$$I = mI_{setn}$$

式中　m——系数，其值分别为 0.95、1.05 及 2；

　　　n——其值分别为 1、2、3 和 4；

　　　I_{set1}——零序 I 段定值；

　　　I_{set2}——零序 II 段定值；

　　　I_{set3}——零序 III 段定值；

　　　I_{set4}——零序 IV 段定值。

选择"线路保护定值校验"——"零序电流定值校验"，故障电流 I 固定（一般 $I = I_n$），单相接地故障时的相角设为 $90°$（两相相间故障时的相角为整定正序阻抗角），故障前

时间设置为 18s，模拟最大故障时间为 2.7s，参数设置如图 5-29 所示。

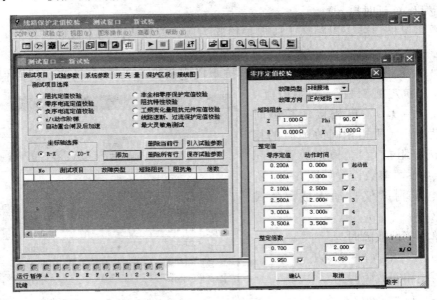

图 5-29　零序保护Ⅱ定值校验参数设置

零序任一段保护应保证 1.05 倍定值时可靠动作；0.95 倍定值时可靠不动作；在 2 倍定值时测量保护动作时间，要求不大于 30ms（Ⅰ段）。

（5）交流电压回路断线时保护检验。TV 断线过电流定值见表 5-5。

表 5-5　　　　　　　　　　　　　　　TV 断线过电流定值

定值名称	单　　位	定　　值
TV 断线相过电流定值	A	6
TV 断线零序过电流定值	A	1
TV 断线过电流时间	s	1.5

WXH-802 型线路微机保护装置 TV 断线仅在线路正常运行时投入，保护起动后不进行 TV 断线检测。其 TV 断线判据如下。

1）三相电压相量和大于 7V，即自产零序电压大于 7V，保护不起动，延时 1s 发 TV 断线异常信号。

2）三相电压相量和小于 8V，但正序电压小于 30V 时，若采用母线 TV 则延时 1s 发 TV 断线异常信号；若采用线路 TV，则当三相有电流元件均动作或跳位继电器 TWJ 不动作时，延时 1s 发 TV 断线异常信号。

判别 TV 断线后退出距离保护，同时自动投入 TV 断线相过电流和 TV 断线零序过电流保护，零序电流方向保护Ⅰ、Ⅱ段退出，若"零序Ⅲ段经方向"则退出Ⅲ段零序方向过电流，否则保留不经方向元件控制的Ⅲ段零序过电流。

TV 断线恢复后保护延时 2s 恢复正常，同时 TV 断线异常信号返回。

以 TV 断线相过电流定值校验为例，投入零序保护和距离保护投运连接片，距离零序保护控制字中 TV 断线零序段和 TV 断线相过电流段置投入状态，零序各段置带方向状态。模拟故障电压量不加（等于零），模拟故障时间应大于交流电压回路断线时过电流延时定值和零序过电流延时定值。

实验接线同纵联保护，打开测试仪，选择"状态序列"，设置两个状态，如图 5 - 30 所示。状态 1 状态时间设为 3s，状态 2 时间设为 1.6s。运行测试仪，检验 TV 断线相过电流定值。

TV 断线相过电流保护和 TV 断线零序过电流保护在故障电流为 1.05 倍定值时应可靠动作；在 0.95 倍定值时可靠不动作；在 1.2 倍定值下测量保护动作时间，误差应不大于 5%。

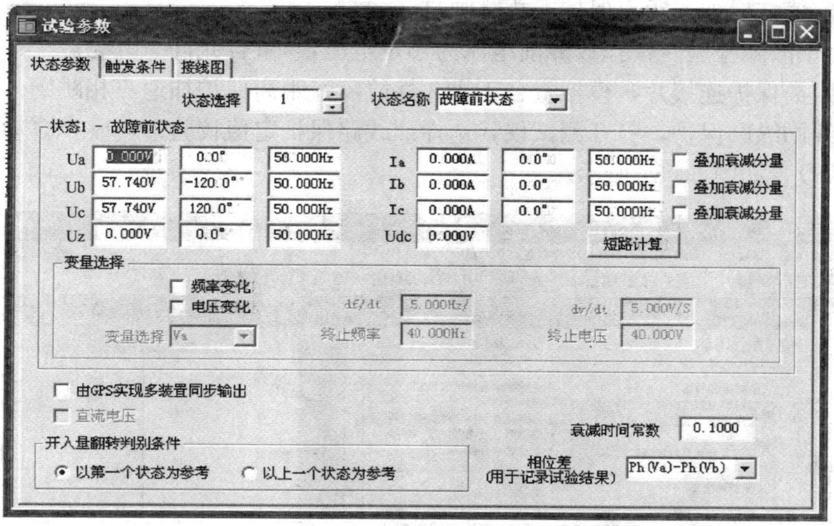

(a)

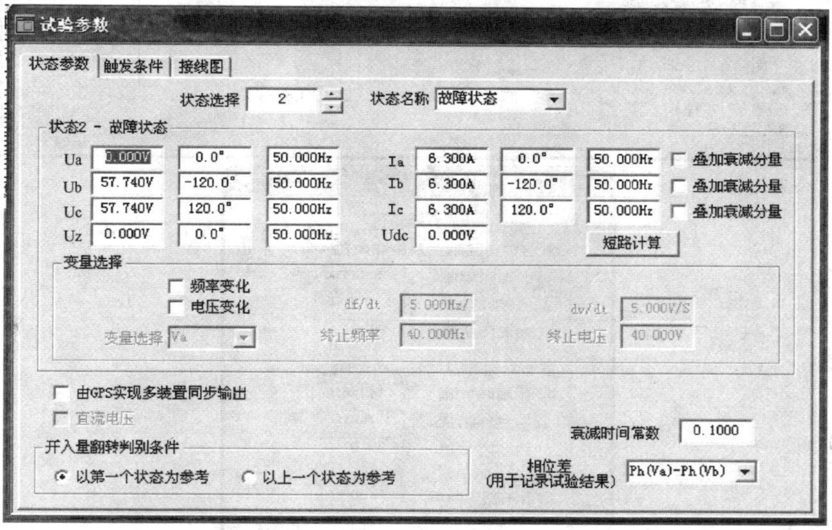

(b)

图.5 - 30　TV 断线相过电流定值校验参数设置

（a）状态 1；（b）状态 2

（6）合于故障时加速段保护检验。合闸于故障线路保护检验如下。

1）手合于故障检验。将"跳闸位置"开关量接入（或开关置分闸位置），等待开入确认时间30s。

仅投入零序保护连接片，模拟手合开关合于故障线路（单相接地），打开测试仪，选择"线路保护定值检验"——"零序电流定值校验"，点击"添加"键，如图5-29所示，要求零序电流大于加速定值，最大故障时间大于整定延时时间。

同理，仅投入距离保护连接片，模拟手合开关合于故障线路，选择"线路保护定值检验"——"阻抗定值校验"，如图5-28所示，分别设置单相、相间故障，要求短路阻抗小于距离三段定值，后加速距离保护三相跳闸。

2）重合于故障检验。模拟故障前电压为额定电压，"重合允许"灯亮。

仅投入距离保护连接片，模拟重合于永久性故障，距离保护加速三相跳闸。

实验接线同纵联保护，打开测试仪，选择"线路保护定值校验"——"自动重合闸及后加速"，参数设置如图5-31所示。

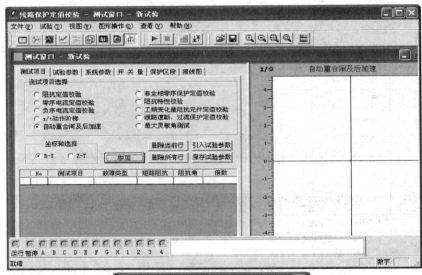

图5-31 重合于故障线路参数设置

同理，可仅投入零序保护连接片，模拟重合于永久性接地故障，零序电流大于加速定值

（1A）时经整定延时三相跳闸。

（7）快速距离保护。仅投距离保护硬连接片和软连接片，重合把手切在"综重方式"。

整定保护定值距离控制字中"投快速距离Ⅰ段"置1，重合闸控制字中"投无检定方式"置1，整定定值中"线路正序阻抗角"为90°。

等保护充电，直至"重合允许"灯亮。

打开测试仪，选择"线路保护定值校验"——"工频变化量阻抗元件定值校验"，加故障电流，分别模拟A、B、C相单相接地瞬时性故障及AB、BC、CA相间瞬时性故障；单相接地故障时的相角为90°，两相相间故障时的相角为整定正序阻抗角，模拟故障时间为100～150ms，故障电压计算公式如下：

模拟单相接地故障时电压为
$$U = (1+K_X)IZ_{set1} + (1-1.38m)U_N（同时应满足故障电压在 0～U_N 范围内）$$
模拟相间故障时电压为
$$U = 2IZ_{set1} + (1-1.3m)×100（同时满足故障电压在 0～100V 范围内）$$
式中　$m=0.9, 1.1, 1.3$；

Z_{set1}——相间距离Ⅰ段阻抗定值、接地距离Ⅰ段阻抗定值的较小者；

K_X——零序电抗补偿系数。

试验接线同纵联保护，以A相瞬时接地故障为例（接地电抗Ⅰ段值和相间接地Ⅰ段定值均为1.4Ω，零序电抗补偿系数为0.67），进入"工频变化量阻抗元件定值校验"，点击"添加"键，各参数设置如图5-32所示。

快速距离在 $m=1.1$ 时应可靠动作，在 $m=0.9$ 时应可靠不动作。

（8）带断路器整组传动试验。根据 DL/T 995—2006《继电保护和电网安全自动装置检验规程》，装置在做完每一套单独保护（元件）的整定检验后，需要将同一被保护设备的所有保护装置连在一起进行整组的检查试验，以检验各装置在故障及重合闸过程中的动作情况、保护回路设计正确性及其调试质量。新安装装置的验收检验或全部检验时，需要先进行每一套保护（指几种保护共用一组出口的保护总称）带模拟断路器（或带实际断路器或采用其他手段）的整组试验。每一套保护传动完成后，还需模拟各种故障用所有保护带实际断路器进行整组试验。

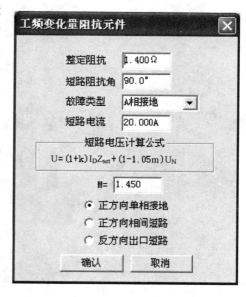

图5-32　快速距离Ⅰ段参数设置

整组传动试验中，首先将断路器置于合闸位置，投入相应的保护功能连接片及出口连接片，在整定的重合闸方式下做以下传动断路器试验。

1）分别模拟A、B、C相瞬时性接地故障；

2）模拟AB相间瞬时性故障；

3）模拟C相永久性接地故障；

4）在重合闸停用方式下模拟一次 C 相瞬时性接地故障。

故障模拟方法同（1）～（6）所示方法。

值得注意的是，传动断路器试验应在确保检验质量的前提下尽可能减少断路器的动作次数。

上述所有试验结束后，恢复所有接线，检查所有接线连接良好。复归信号，关闭直流电源 15s 后再打开，装置会全面自检，应无其他告警报告（除了 TV 断线在满足条件时报出），运行灯亮。

思 考 题 与 习 题

5-1　试简述 WXH-802 线路微机保护装置的硬件构成。

5-2　线路微机保护装置检验过程中的注意事项有哪些？

5-3　PW 测试仪的硬件、软件有哪些特点？

5-4　试简述线路微机纵联保护的原理。

5-5　试简述检验线路微机保护装置的基本步骤。

第 6 章　变压器保护技术与应用

【任　务】

(1) 针对变压器的故障和不正常运行状态配置变压器保护。

(2) 分析变压器纵差保护的原理及后备保护的动作情况。

【知识点】

(1) 变压器的故障和不正常运行状态，变压器的保护配置。

(2) 变压器纵差保护的基本原理。

(3) 变压器相间短路及接地短路后备保护的构成原理。

【目　标】

(1) 熟练掌握变压器纵差保护的原理、特点。

(2) 掌握变压器相间短路及接地短路后备保护的作用、原理。

6.1　变压器故障和不正常运行状态及其保护

电力变压器是一种静止的电气设备，结构比较可靠，发生故障的机会较少。但是，由于它是电力系统的重要组成元件，一旦发生故障，就会给系统的正常供电和安全运行带来严重的影响，同时大容量电力变压器又是十分昂贵的设备，因此，应根据变压器的容量和重要程度装设相应的继电保护装置。

变压器的故障可以分为油箱内故障和油箱外故障。油箱内故障包括绕组的相间短路、匝间短路、中性点直接接地侧绕组的接地短路、铁芯的烧损等。油箱内故障时产生的电弧，会损坏绕组的绝缘、烧毁铁芯，而且由于油箱内充满了变压器油，绝缘材料和变压器油受热分解会产生大量的气体，很可能引起油箱爆炸。油箱外故障，主要是套管和引出线上发生的相间短路以及中性点直接接地侧的接地短路。这些故障的发生会危害电力系统的安全连续供电。对于变压器发生的各种故障，要求保护装置应尽快将变压器切除。

变压器的不正常运行状态主要有变压器外部短路引起的过电流、负荷超过其额定容量引起的过负荷、变压器外部接地短路引起的中性点过电压、油箱漏油引起的油面降低、风扇故障引起的冷却能力下降、大容量变压器的过励磁等，这些不正常运行状态将会使绕组和铁芯过热，威胁变压器的绝缘。因此，变压器出现异常运行时，继电保护装置应根据其严重程度，发出告警信号，使运行人员及时发现并采取相应的措施，以确保变压器的安全。

为保证电力变压器的安全运行，根据 GB/T 14285—2006《继电保护和安全自动装置技术规程》的规定，针对变压器的故障和不正常运行状态，应装设下列保护。

(1) 瓦斯保护。0.4MVA 及以上的车间内油浸式变压器和 0.8MVA 及以上的油浸式变压器，均应装设瓦斯保护。瓦斯保护用来反应变压器油箱内部的各种短路故障以及油面的降低，其中轻瓦斯保护动作于信号，重瓦斯保护动作于断开变压器各侧断路器。

（2）纵差动保护或电流速断保护。电压在 10kV 及以下、容量在 10MVA 及以下的变压器，应装设电流速断保护。电压在 10kV 以上、容量在 10MVA 及以上的变压器，应装设纵差动保护。对于电压为 220kV 及以上的变压器，可装设双重差动保护。纵差动保护或电流速断保护用来反应变压器绕组、套管及引出线上发生的各种短路故障，保护瞬时动作于断开变压器各侧断路器。

（3）相间短路的后备保护。35～66kV 及以下中小容量的降压变压器宜采用过电流保护；对 110～500kV 降压变压器、升压变压器和系统联络变压器，用过电流保护灵敏性不符合要求时，宜采用复合电压起动的过电流保护或负序电流和单相低电压起动的过电流保护。相间短路的后备保护用来反应变压器外部相间短路引起的过电流，同时作为瓦斯保护和纵差动保护的后备保护，保护带两段时限，以较短的时限缩小故障影响范围，较长的时限动作于跳开变压器各侧断路器。

（4）接地短路的后备保护。110kV 及以上中性点直接接地电力网中，若变压器中性点直接接地运行，应装设零序电流保护；若变压器中性点可能接地或不接地运行时，应增设零序电压保护或间隙零序电流保护。零序保护用于反应变压器高压侧以及相邻元件的接地短路，同时作为主保护的后备。零序电流保护带两段时限，以较短的时限缩小故障影响范围，较长的时限动作于跳开变压器各侧断路器。

（5）过负荷保护。对于 0.4MVA 及以上的变压器，当数台并列运行或单独运行，并作为其他负荷的备用电源时，应装设过负荷保护。过负荷保护通常只装在一相上，反应变压器的对称过负荷，带时限动作于信号。

（6）过励磁保护。高压侧电压为 330kV 及以上的变压器，对频率降低和电压升高引起的过励磁现象，应装设过励磁保护。在变压器允许的过励磁范围内，保护动作于信号，当过励磁超过允许值时，动作于跳闸。

（7）其他保护。对于变压器油温、绕组温度及油箱内的油压升高以及冷却系统故障，应按规程要求，装设动作于信号或动作于跳闸的保护。

6.2　变压器的瓦斯保护

电力变压器通常是利用变压器油作为绝缘和冷却介质的。当变压器油箱内故障时，在故障电流和故障点电弧的作用下，变压器油和其他绝缘材料会因受热而分解，产生气体，这些气体将从油箱流向油枕。故障严重时，产生大量气体，气流夹杂着变压器油快速流向油枕。利用气体继电器通过反应变压器油箱内故障时产生的气体而动作的保护，称为瓦斯保护。

瓦斯保护的主要元件是气体继电器（又称瓦斯继电器），它安装在油箱和油枕之间的连接管道上，为了便于气流顺利通过气体继电器，变压器顶盖与水平面间应有 1%～1.5% 的坡度，连接管道应有 2%～4% 的坡度，如图 6-1 所示。开口杯挡板式气体继电器的内部结构如图 6-2 所示。

气体继电器的工作原理如下：正常运行时，上、下开口杯 2 和 1 都浸在油中，开口杯和附件在油内的重力所产生的力矩小于平衡锤 4 所产生的力矩，因此开口杯向上倾斜，永久磁铁 10 远离干簧触点 3，干簧触点 3 断开。油箱内部发生轻微故障或油面降低时，少量气体上升后逐渐聚集在继电器的上部，迫使油面下降，使上开口杯露出油面，此时浮力减小，开口杯和附件在空气中的重力加上杯内油重所产生的力矩大于平衡锤 4 所产生的力矩，于是上开口杯 2 顺时针方向转动，带动永久磁铁 10 靠近上部干簧触点 3，使触点闭合，发出"轻瓦斯"动作信号，即"轻瓦斯"保护动作。油箱内部发生严重故障时，大量气体和油流直接冲击挡板 8，使下开口杯 1 顺时针方向转动，带动永久磁铁靠近下部干簧触点 3 使之闭合，发出跳闸脉冲，即"重瓦斯"保护动作。

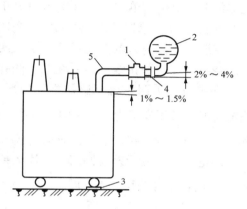

图 6-1　气体继电器安装图

1—气体继电器；2—油枕；3—钢垫块；
4—阀门；5—导油管

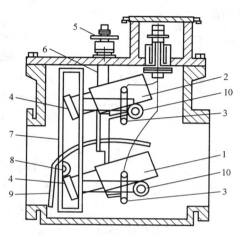

图 6-2　气体继电器的内部结构

1—下开口杯；2—上开口杯；3—干簧触点；
4—平衡锤；5—放气阀；6—探针；7—支架；
8—挡板；9—进油挡板；10—永久磁铁

　　气体继电器有两个输出触点，一个反映变压器油箱内的轻微故障或油面的降低，称为"轻瓦斯触点"；另一个反映变压器油箱内的严重故障，称为"重瓦斯触点"。轻瓦斯保护动作于信号，使运行人员能够迅速发现故障并及时处理；重瓦斯保护动作于跳开变压器各侧断路器。

　　在数字式保护中，将轻瓦斯触点和重瓦斯触点作为开关量分别引入保护装置，实现瓦斯保护的功能。

　　对模拟式保护，瓦斯保护的原理接线如图 6-3 所示。当油箱内发生严重故障时，油流不稳定将造成干簧触点抖动，为了使断路器可靠跳闸，应采用带自保持线圈的出口中间继电器。为了防止变压器换油或进行试验时引起重瓦斯保护误跳闸，可以利用切换片将跳闸回路切换至信号回路。

　　瓦斯保护接线简单，它能反应变压器油箱内的各种故障以及油面

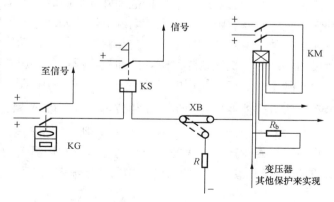

图 6-3　瓦斯保护原理接线图

的降低，但不能反应变压器油箱外的故障，所以瓦斯保护不能单独作为变压器的主保护。

6.3 变压器的纵差动保护

6.3.1 纵差动保护的基本原理和接线方式

变压器的纵差动保护是变压器的一种主保护，主要用来反应变压器绕组、套管及其引出线的各种短路故障。它是通过比较变压器各侧电流的大小和相位来反应保护区内故障，并且瞬时切除故障的保护。

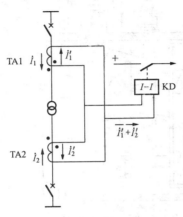

图 6-4 双绕组变压器纵差动保护的单相原理接线图

双绕组变压器纵差动保护的单相原理接线图如图 6-4 所示，变压器两侧装设电流互感器 TA1 和 TA2，变比分别为 n_{TA1} 和 n_{TA2}，靠近变压器侧为电流互感器一次二次绕组同极性端，二次绕组按环流法接线，然后在二次侧并联接入差动继电器，保护范围为两电流互感器之间的部分。

假定变压器两侧电流的参考正方向为母线指向变压器，$\dot{I}_1$、$\dot{I}_2$ 为变压器两侧的一次电流，$\dot{I}'_1$、$\dot{I}'_2$ 为相应的电流互感器二次电流，差动继电器 KD 接于差动回路中，流入差动继电器 KD 的电流为 $\dot{I}_d$，称为差动电流，即

$$\dot{I}_d = \dot{I}'_1 + \dot{I}'_2 = \frac{\dot{I}_1}{n_{TA1}} + \frac{\dot{I}_2}{n_{TA2}} \tag{6-1}$$

纵差动保护的动作判据为

$$I_d > I_{op} \tag{6-2}$$
$$I_d = |\dot{I}'_1 + \dot{I}'_2|$$

式中　I_{op}——差动保护的动作电流；

I_d——差动电流的有效值。

设变压器的变比为 $n_T = U_1/U_2$，若选择电流互感器的变比，使之满足

$$\frac{n_{TA2}}{n_{TA1}} = n_T \tag{6-3}$$

则正常运行和变压器纵差动保护范围外部故障时，差动电流为零，保护不动作；变压器纵差动保护范围内部故障时，流入差动继电器的差动电流等于故障点电流的二次值，只要这个电流大于差动继电器的动作电流，差动保护就能迅速动作。由此可见，纵差动保护能够正确区分区内外故障，快速切除故障，因而被广泛用作变压器的主保护。

实际电力系统中使用的三相变压器通常采用 Yd11 的接线方式，如图 6-5（a）所示。这种接线方式使变压器两侧电流相位不一致。以 A 相为例，由于 $\dot{I}_{\Delta A} = \dot{I}_{\Delta a} - \dot{I}_{\Delta b}$，正常运行时，$\dot{I}_{\Delta A}$ 超前 $\dot{I}_{YA}$ 为 30°，如图 6-5（b）所示，此时若将二次电流直接引入纵差动保护，将会在差动回路中产生较大的电流，为此可以利用纵差动保护的接线方式消除这个电流。解决的方法就是将变压器 Y 侧的电流用两相电流差的方法接入差动继电器，即

$$\left. \begin{array}{l} \dot{I}_{dA} = (\dot{I}'_{YA} - \dot{I}'_{YB}) + \dot{I}'_{\Delta A} \\ \dot{I}_{dB} = (\dot{I}'_{YB} - \dot{I}'_{YC}) + \dot{I}'_{\Delta B} \\ \dot{I}_{dC} = (\dot{I}'_{YC} - \dot{I}'_{YA}) + \dot{I}'_{\Delta C} \end{array} \right\} \tag{6-4}$$

式中　$\dot{I}_{dA}$、$\dot{I}_{dB}$、$\dot{I}_{dC}$——流入三个差动继电器的差动电流。

由此就可以消除两侧电流相位不一致的影响。由于变压器 Y 侧电流互感器采用了两相电流差接线，使流入差动继电器的电流增大为 $\sqrt{3}$ 倍，因此两侧电流互感器变比的选择应该满足

$$\frac{n_{TA2}}{n_{TA1}} = \frac{n_T}{\sqrt{3}} \qquad (6-5)$$

为了满足式（6-4），模拟式的差动保护都是采用图 6-5（a）所示的接线方式，即变压器△侧的电流互感器采用 Y 接线方式；变压器 Y 侧的电流互感器则采用△接线方式。对于数字式差动保护，也可以将 Y 侧的三相电流直接接入保护装置内，由计算机的软件实现式（6-4）的功能，以简化接线。

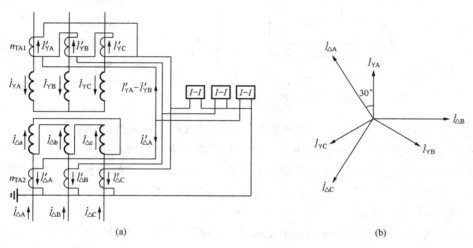

图 6-5　双绕组三相变压器纵差动保护原理接线图
(a) 接线图；(b) 相量关系

6.3.2　变压器纵差动保护的不平衡电流及减小不平衡电流的方法

由于变压器各侧电压等级、绕组接线方式、电流互感器型式和变比的不同，以及变压器励磁涌流等原因，变压器在正常运行和纵差动保护范围外部故障时，流入差动继电器的电流不为零，这个电流称为不平衡电流 $\dot{I}_{unb}$。纵差动保护的动作电流必须躲过最大可能的不平衡电流。因此，分析变压器纵差动保护中不平衡电流产生的原因及减小不平衡电流对保护影响的方法是研究变压器纵差动保护的主要问题。下面以双绕组单相变压器为例进行分析。

1. 变压器两侧电流相位不同产生的不平衡电流

如前所述，变压器采用 Yd11 的接线方式时，正常运行时其两侧电流的相位差为 30°，若电流互感器采用通常的接线方式，差动回路中将存在不平衡电流。因此，为消除不平衡电流的影响，模拟式差动保护采用相位补偿接线，如图 6-5（a）所示，电流互感器变比的选择满足式（6-5）；数字式差动保护利用软件进行补偿。

2. 变压器两侧电流互感器的计算变比与实际变比不同产生的不平衡电流

变压器两侧电流互感器的变比选取的都是标准变比，变压器的变比也是标准变比，三者的关系很难满足式（6-5），因此正常运行时差动回路中有不平衡电流。

对于数字式纵差动保护装置，只需按照一定的公式进行简单的计算就能够实现补偿。对于模拟式纵差动保护装置，可以采用如下方法进行补偿。

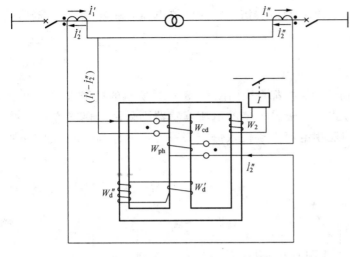

图 6-6 电流互感器变比的补偿

如图 6-6 所示，利用差动继电器的平衡线圈进行补偿。在中间变流器的铁芯上绕有主线圈 W_{cd}，接入电流 $i'_2 - i''_2$。另外还绕一个平衡线圈 W_{ph} 和二次线圈 W_2。若在区外故障时 $i'_2 > i''_2$，则差动线圈中将流过电流 $i'_2 - i''_2$，由它所产生的磁动势为 W_{cd} $(i'_2 - i''_2)$。为了消除这个差动电流的影响，通常都是将平衡线圈 W_{ph} 接入二次电流较小的一侧，应使 W_{cd} $(i'_2 - i''_2) = W_{ph} i''_2$。

这样，在二次线圈 W_2 上就没有感应电动势，从而没有电流流入继电器。

同时，也可以采用自耦变流器进行补偿，利用自耦变流器变换保护差动臂中的电流。

采用这些补偿方法时，由于绕组的匝数不能平滑调节，选用的匝数与计算的匝数不可能完全一致，故仍有一部分不平衡电流流入继电器，但不平衡电流已很小。

3. 变压器带负荷调节分接头而产生的不平衡电流

电力系统中经常采用带负荷调压的变压器，利用改变变压器分接头的位置来调整电压。改变分接头的位置，实际上就是改变变压器的变比 n_T。在某一变压器变比下已调整好了电流互感器的变比和差动保护的整定值，当变压器分接头改变时，将在差动回路产生不平衡电流。这个不平衡电流要在整定计算时考虑躲过，一般引入 ΔU。ΔU 为由变压器分接头改变引起的相对误差，考虑到电压可以正负两个方向进行调整，一般可取调整范围的一半。

4. 变压器两侧电流互感器的型号不同产生的不平衡电流

变压器各侧电压等级和额定电流不同，采用的电流互感器型号不同，它们的特性差别较大，不平衡电流也较大。通常引入同型系数 K_{st} 来消除互感器型号对不平衡电流的影响。当两个电流互感器型号相同时，取 $K_{st} = 0.5$；否则取 $K_{st} = 1$。

5. 变压器励磁涌流产生的不平衡电流

正常运行和外部故障时变压器不会饱和，励磁电流一般不会超过额定电流的 2%~5%，对纵差动保护的影响常常略去不计。当变压器空载投入或外部故障切除后电压恢复时，变压器电压从零或很小的数值突然上升到运行电压。在这个电压上升的暂态过程中，变压器可能会严重饱和，产生很大的暂态励磁电流。这个暂态励磁电流称为励磁涌流。励磁涌流的最大值可达额定电流的 4~8 倍，励磁涌流 i_μ 全部流入差动继电器中，形成较大的不平衡电流。

由于励磁涌流很大，若用动作电流来躲过其影响，纵差动保护在变压器内部故障时灵敏度将会很低。一般要通过其他措施来防止励磁涌流引起纵差动保护的误动，这也是变压器纵差动保护的核心问题。

下面以一台单相变压器的空载合闸为例来说明励磁涌流产生的原因。

变压器正常运行时，铁芯中的磁通滞后外加电压 $90°$，设变压器在 $t=0$ 时刻空载合闸（电压瞬时值 $u=0$，初相角 $\alpha=0$），此时，铁芯中的磁通应为负的最大值 $-\Phi_m$。但是，由于铁芯中的磁通不能突变，因此，将出现一个非周期分量磁通 $+\Phi_m$。经过半个周期后，铁芯中的磁通达到 $2\Phi_m$，若铁芯中原来还存在剩磁通 Φ_r，则总磁通为 $2\Phi_m+\Phi_r$。这时，变压器的铁芯严重饱和，产生励磁涌流。

电力变压器的饱和磁通一般为 $\Phi_s=1.15\sim1.4$，而变压器的运行电压一般不会超过额定电压的 10%，相应的磁通 Φ 不会超过饱和磁通 Φ_s。所以在变压器稳态运行时，铁芯是不会饱和的。但在变压器空载合闸时产生的暂态过程中，使 Φ 可能会大于 Φ_s，造成变压器的饱和。最严重的情况是在电压过零时刻（$\alpha=0$）合闸，Φ 的最大值为 $2\Phi_m+\Phi_r$，远大于饱和磁通 Φ_s，造成变压器的严重饱和。此时 Φ 的变化曲线如图 6-7 所示。

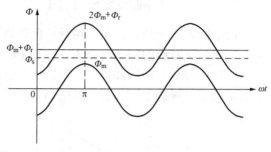

图 6-7　变压器磁通的变化曲线

励磁涌流具有以下特点。

（1）包含有很大成分的非周期分量，往往使涌流偏于时间轴的一侧。

（2）包含有大量的高次谐波，以二次谐波为主。

（3）波形之间出现间断，如图 6-8 所示，在一个周期中间断角为 α。

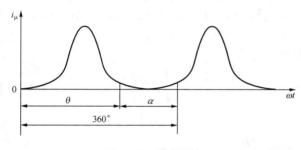

图 6-8　励磁涌流

在变压器纵差动保护中防止励磁涌流影响的方法有以下几种。

（1）采用具有速饱和铁芯的差动继电器。

（2）利用二次谐波制动躲过励磁涌流。

（3）采用鉴别短路电流和励磁涌流波形间断角原理的纵差动保护。

由以上分析可以看出，在稳态情况下最大不平衡电流的计算式可表示为

$$I_{unb.max}=(0.1K_{np}K_{st}+\Delta f_{za}+\Delta U)I_{k.max} \qquad (6-6)$$

式中　$I_{k.max}$——外部短路故障时最大短路电流；

　　　Δf_{za}——由于电流互感器计算变比和实际变比不一致引起的相对误差；

　　　ΔU——由变压器分接头改变引起的相对误差，一般可取调整范围的一半；

　　　0.1——电流互感器容许的最大稳态相对误差；

　　　K_{st}——电流互感器同型系数，取为 1；

　　　K_{np}——非周期分量系数，取 $1.5\sim2$。

6.3.3　纵差动保护的构成及工作原理

1. 比率制动特性

变压器外部故障时，流入差动继电器的不平衡电流与变压器外部故障时的穿越电流有

关。穿越电流越大，不平衡电流也越大。具有比率制动特性的保护，是在保护中引入一个能够反应变压器穿越电流大小的制动电流，继电器的动作电流不再是按躲过最大穿越电流整定，而是根据制动电流自动调整。比率制动特性就是指保护的动作电流随外部短路电流按比例增大，它能保证保护在外部故障时不误动，内部故障时有较高的灵敏度。

如图 6-4 所示，假定变压器两侧电流的参考正方向为母线指向变压器，差动电流取两侧二次电流相量和的幅值，$I_d = |\dot{I}'_1 + \dot{I}'_2|$，制动电流取两侧二次电流相量差一半的绝对值，$I_{res} = \dfrac{|\dot{I}'_1 - \dot{I}'_2|}{2}$。比率制动特性如图 6-9 所示，在数字式纵差动保护中，常常采用一段与坐标横轴平行的直线和一段斜线构成"两折线"特性，B 点所对应的动作电流 $I_{d.op.min}$ 称为最小动作电流，而对应的制动电流 $I_{res.min}$ 称为最小制动电流，也称拐点电流，BC 的斜率为 K。折线 ABC 称为差动继电器的制动特性，而处于制动特性上方的区域称为动作区，显然只有差动电流处于折线的上方时差动继电器才能动作。

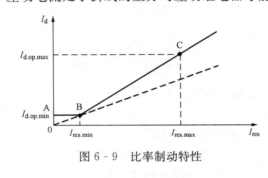

图 6-9 比率制动特性

当 $I_{res} \leqslant I_{res.min}$ 时，如图中 AB 段，差动电流 I_d 只要大于最小动作电流 $I_{d.op.min}$，保护即可动作，即制动电流较小时，采用较小的差动动作电流，保证内部轻微故障时具有较高的灵敏度；当 $I_{res} > I_{res.min}$ 时，如图 6-9 中 BC 段，动作电流随制动电流的增大按比例增加，差动电流 I_d 位于 BC 线上方时，保护才动作，即在外部故障制动电流较大时，采用较大的差动动作电流，保证区外故障时保护不误动。

具有折线比率制动特性的纵差保护的动作方程为

$$\begin{cases} I_d > I_{d.op.min} & (I_{res} \leqslant I_{res.min}) \\ I_d > I_{d.op.min} + K(I_{res} - I_{res.min}) & (I_{res} > I_{res.min}) \end{cases} \tag{6-7}$$

式中　K——制动特性的斜率，由图 6-9 可知

$$K = \frac{I_{d.op.max} - I_{d.op.min}}{I_{res.max} - I_{res.min}} \tag{6-8}$$

保护的整定计算就是确定最小动作电流 $I_{d.op.min}$、拐点电流（即最小制动电流）$I_{res.min}$ 和制动特性的斜率 K。

最小动作电流 $I_{d.op.min}$ 按经验公式可以取为

$$I_{d.op.min} = (0.2 \sim 0.4) I_N$$

拐点电流（即最小制动电流）$I_{res.min}$ 可以取为

$$I_{res.min} = (0.8 \sim 1) I_N$$

制动特性的斜率 K 按式（6-8）计算。

$I_{d.op.min}$ 与 $I_{res.min}$ 的具体数值一般由运行经验来确定。

2. 二次谐波制动特性

二次谐波制动方法是根据励磁涌流中含有大量二次谐波分量的特点，当检测到差动电流中二次谐波含量大于整定值时就将差动继电器闭锁，以防止励磁涌流引起的误动。采用这种原理的保护称为二次谐波制动的纵差保护。二次谐波制动元件的动作判据为 $I_2 > K_2 I_1$。其

中 I_1、I_2 分别为差电流中的基波分量和二次谐波分量的幅值，K_2 称为二次谐波制动比，按躲过各种励磁涌流下最小的二次谐波含量整定，整定范围通常为 $K_2 = 15\% \sim 20\%$，具体数值根据现场空载合闸试验或运行经验来确定。

二次谐波制动的差动保护原理非常简单。在具体实现时需要用滤波技术（或算法）从差动电流中分离出基波分量和二次谐波分量。在数字式纵差动保护中广泛采用傅里叶算法来实现这个功能。

3. 差动电流速断特性

当变压器内部发生严重故障时，差动电流很大，使电流互感器饱和，引起纵差动保护延迟动作，此时，在纵差动保护中增设了差动电流速断部分，当差动电流大于差动电流速断部分的动作电流时，保护直接作用于出口。

差动电流速断的整定值按照躲过变压器的最大励磁涌流和区外短路时的最大不平衡电流计算，即

$$I_{d.op.qu} = \frac{K_\mu I_N}{n_{TA}} \tag{6-9}$$

式中　$I_{d.op.qu}$——差动电流速断的整定值；

　　　　I_N——变压器基本侧额定电流；

　　　　K_μ——躲过变压器励磁涌流倍数；

　　　　n_{TA}——电流互感器的变比。

4. 二次谐波制动差动保护的构成

图 6-10 所示的是一种二次谐波制动差动保护逻辑图，采用"三相或门制动"的方案，即三相差电流中只要有一相的二次谐波含量超过制动比 K，就将三相差动继电器全部闭锁。$I_{d\varphi} > I_{d.op.\varphi}$（$\varphi =$ A，B，C）表示 φ 相带有制动特性的差动继电器；$I_{2\varphi} > KI_{1\varphi}$（$\varphi =$ A，B，

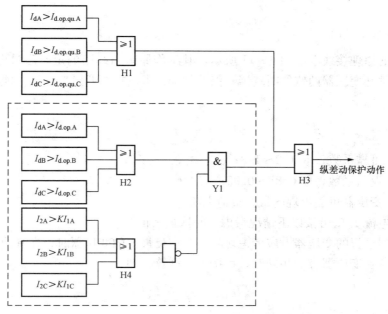

图 6-10　二次谐波制动差动保护逻辑图

C）表示 φ 相的二次谐波制动元件，同或门 H2、非门以及与门 Y1 一起构成了三相或门制动的二次谐波制动方案；$I_{d\varphi} > I_{d.\,op.\,qu.\,\varphi}$（$\varphi =$A，B，C）表示 φ 相差动电流速断继电器，由于电流很大，$I_{d\varphi} > I_{d.\,op.\,qu.\,\varphi}$ 与或门 H1 一起构成差动电流速断保护。

变压器内部故障时，测量电流中的暂态分量也可能存在二次谐波。若二次谐波含量超过 K_2，差动保护也将被闭锁，一直等到暂态分量衰减后才能动作。电流互感器饱和也会在二次电流中产生二次谐波。电流互感器饱和越严重，二次谐波含量越大。为了加快内部严重故障时纵差动保护的动作速度，往往再增加一组不带二次谐波制动的差动继电器，称为差动电流速断保护。

二次谐波制动差动保护原理简单、调试方便、灵敏度高，在变压器纵差动保护中获得了广泛应用。但在具有静止无功补偿装置等电容分量比较大的系统，故障暂态电流中有比较大的二次谐波含量，差动保护的速度会受到影响。若空载合闸前变压器已经存在故障，合闸后故障相为故障电流，非故障相为励磁涌流，采用三相或门制动的方案时，差动保护必将被闭锁。由于励磁涌流衰减很慢，保护的动作时间可能会长达数百毫秒。这是二次谐波制动方法的主要缺点。

6.4　变压器相间短路的后备保护

变压器的主保护通常采用纵差动保护和瓦斯保护。除了主保护外，变压器还应装设相间短路和接地短路的后备保护。后备保护的作用是为了防止由外部短路引起的变压器绕组过电流，并作为变压器内部短路时主保护的后备以及相邻元件的后备保护。变压器的相间短路后备保护通常采用过电流保护、低电压起动的过电流保护、复合电压起动的过电流保护以及负序过电流保护等，在上述保护灵敏度不能满足要求的情况下，可采用阻抗保护作为后备保护。

6.4.1　过电流保护

保护装置的原理接线图如图 6 - 11 所示，其工作原理与线路的定时限过电流保护相同。保护动作后，跳开变压器两侧的断路器。保护的动作电流按照躲过变压器可能出现的最大负荷电流来整定，即

$$I_{op} = \frac{K_{rel}}{K_{re}} I_{l.\,max} \qquad\qquad (6\text{-}10)$$

式中　K_{rel}——可靠系数，取 1.2～1.3；

　　　K_{re}——返回系数，取 0.85～0.95；

　　　$I_{l.\,max}$——变压器可能出现的最大负荷电流。

最大负荷电流 $I_{l.\,max}$ 可按以下情况考虑，并取最大值。

（1）对并列运行的变压器，应考虑切除一台容量最大的变压器时，在其他变压器中出现的过负荷。当各台变压器容量相同时，可按下式计算，即

$$I_{l.\,max} = \frac{n}{n-1} I_N \qquad\qquad (6\text{-}11)$$

式中　n——并列运行变压器的最少台数；

　　　I_N——每台变压器的额定电流。

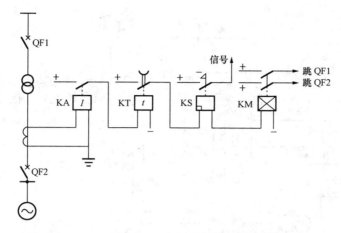

图 6 - 11　变压器过电流保护的单相原理接线图

（2）对降压变压器，应考虑负荷电动机自起动时的最大电流，即

$$I_{l.max} = K_{ast} I'_{l.max} \tag{6-12}$$

式中　$I'_{l.max}$——正常工作时的最大负荷电流（一般为变压器的额定电流）；

　　　　K_{ast}——自起动系数，其值与负荷的性质有关，一般取 1.5～2。

保护的灵敏系数按下式校验，即

$$K_{sen} = \frac{I^{(2)}_{k.min}}{I_{op}} \tag{6-13}$$

式中　$I^{(2)}_{k.min}$——最小运行方式下，灵敏度校验点发生两相短路时，流过保护的最小短路电流。

近后备保护取变压器低压侧母线作为校验点，要求 $K_{sen}=1.5～2$。远后备保护取相邻线路末端作为校验点，要求 $K_{sen}\geqslant1.2$。

保护的动作时限与相邻元件的后备保护相配合。

6.4.2　低电压起动的过电流保护

对于升压变压器或容量较大的降压变压器，过电流保护的灵敏度往往不能满足要求，此时可以采用低电压起动的过电流保护。

低电压起动的过电流保护的原理接线图如图 6 - 12 所示，只有在电流元件和低电压元件同时动作后，才能起动时间元件，经过预定的延时后动作于跳闸。由于电压互感器回路发生断线时，低电压元件将误动作，因此还应反应电压回路断线情况。

采用低电压元件后，电流元件的整定值按躲过变压器的额定电流整定，即

$$I_{op} = \frac{K_{rel}}{K_{re}} I_N \tag{6-14}$$

低电压元件的动作电压按以下条件整定，并取最小值。

（1）按躲过正常运行时可能出现的最低工作电压整定，即

$$U_{op} = \frac{U_{min}}{K_{rel} K_{re}} \tag{6-15}$$

式中　U_{min}——最低工作电压，一般取 $0.9U_N$（U_N 为变压器的额定电压）；

　　　　K_{rel}——可靠系数，取 1.1～1.2；

　　　　K_{re}——低电压元件的返回系数，取 1.15～1.25。

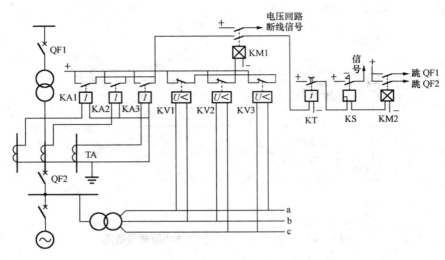

图 6 - 12　低电压起动的过电流保护原理接线图

（2）按躲过电动机自起动时的电压整定。当电压取自变压器低压侧电压互感器时有

$$U_{op} = (0.5 \sim 0.6)U_N \tag{6 - 16}$$

当电压取自变压器高压侧电压互感器时有

$$U_{op} = 0.7U_N \tag{6 - 17}$$

电流元件灵敏度的校验方法与不带低电压起动的过电流保护相同。低电压元件的灵敏系数可校验为

$$K_{sen} = \frac{U_{op}}{U_{k.\,max}} \tag{6 - 18}$$

式中　$U_{k.\,max}$——灵敏度校验点发生三相金属性短路时，保护安装处感受到的最大残压。

通常要求 $K_{sen} \geqslant 1.25$。

对于升压变压器，如果低电压元件只接在一侧电压互感器上，则另一侧故障时，往往不能满足灵敏度的要求。此时可采用两组低电压元件分别接在变压器两侧的电压互感器上，其触点相并联，以提高灵敏度。但这样使保护的接线变得复杂，近年来已广泛采用复合电压起动的过电流保护和负序电流保护。

6.4.3　复合电压起动的过电流保护

复合电压起动的过电流保护原理接线图如图 6 - 13 所示。复合电压元件由一个带动断触点的负序过电压元件 KVN 和一个接于线电压上的低电压元件 KV 组成。

当发生各种不对称故障时，由于出现负序电压，电压元件 KVN 将动作，动断触点打开。于是加于低电压继电器 KV 上的电压降为零而使之动作，并使继电器 KM1 的动合触点闭合。此时电流继电器也动作，于是起动时间继电器 KT，经过预定延时，动作于跳闸。

当发生三相短路故障时，由于短路的瞬间也会出现短时的负序电压，使继电器 KVN 动作，继而低电压继电器 KV 也动作。负序电压消失后，继电器 KVN 返回，继电器 KV 又接于线电压上。三相短路后，电压已降低，若它低于继电器 KV 的返回电压，则低电压继电器仍将处于动作状态而不返回。此时，保护的工作状态相当于一个低电压起动的过电流保护，但低电压继电器的动作电压增加了，因而灵敏度提高了。

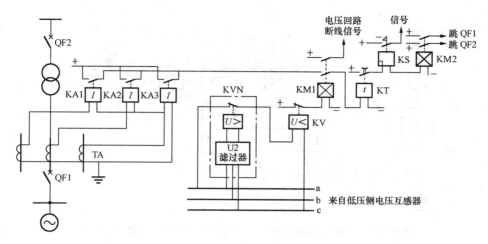

图 6-13　复合电压起动的过电流保护原理接线图

保护装置的过电流继电器和低电压继电器的整定原则与低电压起动过电流保护相同。负序过电压继电器的动作电压按躲过正常运行时负序电压滤过器出现的最大不平衡电压来整定，通常取

$$U_{op2} = (0.06 \sim 0.12)U_N \tag{6-19}$$

电流元件和低电压元件的灵敏系数校验方法同式（6-13）、式（6-18）。

负序过电压元件的灵敏系数可校验为，即

$$K_{sen} = \frac{U_{k.2.min}}{U_{op2}} \tag{6-20}$$

式中　$U_{k.2.min}$——灵敏度校验点发生两相金属性短路时，保护安装处的最小负序电压。

通常要求近后备 $K_{sen} \geq 2$，远后备 $K_{sen} \geq 1.5$。

由此可见，复合电压起动过电流保护在不对称故障时电压继电器的灵敏度高，并且接线比较简单，因此应用比较广泛。

对于模拟式保护，三相短路故障时灵敏度也比低电压起动过电流保护有所提高，而数字式保护，三相短路故障时灵敏度与低电压起动过电流保护相同。

对于大容量的变压器和发电机组，由于额定电流很大，而相邻元件末端两相短路故障时的故障电流可能较小，因此复合电压起动的过电流保护往往不能满足作为相邻元件后备保护时对灵敏度的要求。在这种情况下，可采用负序过电流保护，以提高不对称故障时的灵敏度。

6.4.4　负序电流及单相低电压起动的过电流保护

负序电流及单相低电压起动的过电流保护原理接线如图 6-14 所示。它是由负序电流滤过器和电流继电器 KA2 组成负序电流保护，反应不对称短路，由电流继电器 KA1 和低电压继电器 KV 组成低电压起动的过电流保护反应对称短路。

负序电流继电器的一次动作电流按以下条件选择。

（1）躲开变压器正常运行时负序电流滤过器出口的最大不平衡电流。其值为

$$I_{op2} = (0.1 \sim 0.2)I_N \tag{6-21}$$

（2）躲开线路一相断线时引起的负序电流。

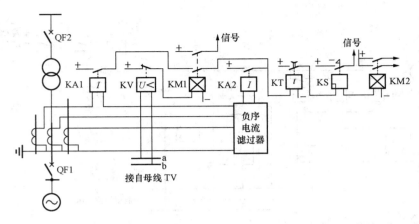

图 6 - 14　负序电流及单相低电压起动的过电流保护原理接线图

（3）与相邻元件负序电流保护在灵敏度上相配合。

由于整定计算较复杂，在实际工程中可以粗略选取

$$I_{op2} = (0.5 \sim 0.6)I_N \qquad (6 - 22)$$

若灵敏度不够，再做详细的配合计算。

灵敏度校验为

$$K_{sen} = \frac{I_{k.2.min}}{I_{op2}} \qquad (6 - 23)$$

要求 $K_{sen} \geqslant 2$。

负序电流保护的灵敏度较高，接线也较简单，但整定计算比较复杂，通常用于 63MVA 及以上的升压变压器。

6.5　变压器接地短路的后备保护

电力系统中，发生接地故障的几率较大，对于中性点直接接地系统中的变压器，要求装设接地保护，作为变压器主保护的后备和相邻元件接地故障的后备保护。中性点直接接地系统中发生接地故障时，变压器中性点将出现零序电流，系统中将出现零序电压，通过反应这些电气量可以构成变压器的接地保护。变压器接地保护的构成与变压器中性点的运行方式和绝缘水平有关。

6.5.1　中性点直接接地运行变压器的零序电流保护

中性点直接接地运行的变压器可装设零序电流保护作为变压器接地保护。零序电流通常取自变压器接地中性线的零序电流互感器上，零序电流保护通常采用两段式。零序电流Ⅰ段与相邻元件零序电流保护Ⅰ段相配合；零序电流Ⅱ段与相邻元件零序电流保护后备段相配合。每段设两个时限，以较短的时限动作于缩小故障影响范围，如跳母联或分段断路器，以较长的时限跳开变压器各侧断路器。

图 6 - 15 所示的是双绕组变压器零序电流保护的系统接线和保护逻辑。零序电流取自变压器中性线电流互感器的二次侧。由于是双母线运行，在另一条母线故障时，零序电流保护应该跳开母联断路器 QF，使变压器能够继续运行。所以零序电流Ⅰ段和Ⅱ段均采用两个时

限，短时限 t_1、t_3 跳开母联断路器 QF，长时限 t_2、t_4 跳开变压器两侧断路器。

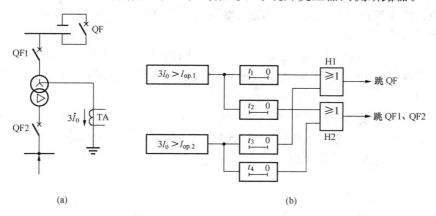

图 6-15　双绕组变压器零序电流保护的系统接线和保护逻辑

（a）系统接线图；（b）保护逻辑图

零序电流 I 段的动作电流 I_{op1} 整定为

$$I_{op1} = K_{rel}K_{br}I'_{op1} \tag{6-24}$$

式中　K_{rel}——可靠系数，取 1.2；

　　　K_{br}——零序电流分支系数，其值等于在最大运行方式下，相邻元件零序电流保护 I
段范围末端发生接地短路时，流过本保护的零序电流与流过相邻元件保护的
零序电流之比；

　　　I'_{op1}——相邻元件零序电流 I 段的动作电流。

通常，零序电流 I 段的短时限取 $t_1 = 0.5 \sim 1s$；长延时为 $t_2 = t_1 + \Delta t$。

零序电流 II 段的动作电流 I_{op2} 也按式（6-24）整定，只是式中的电流 I'_{op1} 应理解为相邻
元件零序电流后备段的动作电流。动作时限 $t_3 = t'_3 + \Delta t$（t'_3 为相邻元件保护后备段时限），
$t_4 = t_3 + \Delta t$。

零序电流 I 段的灵敏系数按变压器母线处故障校验；II 段按相邻元件末端故障校验。校
验方法与线路零序电流保护相同。

6.5.2　中性点可能接地可能不接地运行变压器的接地保护

当发电厂或变电所有多台变压器并联运行时，通常采用一部分变压器中性点接地运行，
而另一部分变压器中性点不接地运行的方
式。这样可以将接地故障电流水平限制在合
理范围内，同时也使零序电流的大小和分布
尽量不受运行方式变化的影响，提高零序电
流保护的灵敏度。如图 6-16 所示，T2 和
T3 中性点接地运行，T1 中性点不接地运
行。k2 点发生单相接地故障时，T2 和 T3
由零序电流保护动作而被切除，T1 由于无
零序电流，仍将带故障运行。此时由于失去
接地中性点，变成了中性点不接地系统单相

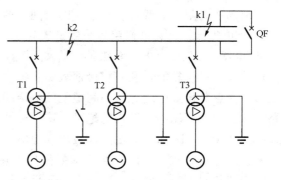

图 6-16　多台变压器并列运行的接线图

接地，将产生零序电压，危及变压器和其他电力设备的绝缘，因此需要装设中性点不接地运行方式下的接地保护将 T1 切除。根据变压器绝缘方式的不同，分别采用如下保护方案。

1. 全绝缘变压器的接地保护

全绝缘变压器在所连接的系统发生单相接地同时又失去中性点时，绝缘不会受到威胁，但此时产生的零序过电压会危及其他电力设备的绝缘，需装设零序电压保护将变压器切除。

全绝缘变压器的接地保护的原理接线如图 6 - 17 所示，零序电流保护作为变压器中性点接地运行时的接地保护，零序电压保护作为中性点不接地运行时的接地保护，零序电压取自电压互感器二次侧的开口三角绕组。

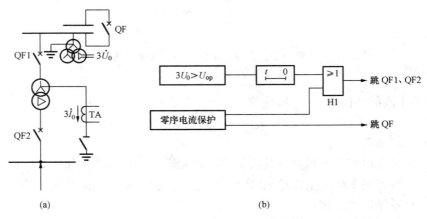

图 6 - 17　全绝缘变压器的接地保护接线图

(a) 系统接线图；(b) 保护原理图

零序电压保护的动作电压要躲过在部分中性点接地的电网中发生单相接地时，保护安装处可能出现的最大零序电压；同时要在发生单相接地且失去接地中性点时有足够的灵敏度。考虑两方面的因素，动作电压一般取 $1.8U_N$。采取这样的动作电压是为了减少故障影响范围，例如图 6 - 16 的 k1 点发生单相接地故障时，T1 零序电压保护不会起动，在 T2 和 T3 的零序电流保护将母联断路器 QF 跳开后，T1 和 T2 仍能继续运行；而 k2 点发生故障时，QF 和 T2 跳开后，接地中性点失去，T1 的零序电压保护动作。由于零序电压保护只有在中性点失去、系统中没有零序电流的情况下才能够动作，不需要与其他元件的接地保护相配合，故动作时限只需躲过暂态电压的时间，通常取 0.3～0.5s。

2. 中性点装设放电间隙的分级绝缘变压器的接地保护

220kV 及其以上电压等级的大型变压器，为了降低造价，高压绕组采用分级绝缘，中性点绝缘水平比较低，在单相接地故障且失去中性点时，其绝缘将受到破坏。为此可以在变压器中性点装设放电间隙，当间隙上的电压超过动作电压时迅速放电，形成中性点对地的短路，从而保护变压器中性点的绝缘。这种中性点装设放电间隙分级绝缘变压器的接地保护原理接线如图 6 - 18 所示，由反应放电间隙电流和反应零序电压的零序电流电压保护组成中性点不接地运行方式下的接地保护。在发生单相接地故障且中性点消失时，间隙放电，因放电间隙不能长时间通过电流，零序电流元件在检测到间隙放电后迅速切除变压器。放电间隙是一种比较粗糙的设施，气象条件、连续放电的次数都可能会影响该动作而不能动作，因此还应装设零序电压元件，作为间隙不能放电时的后备，动作于切除变压器。

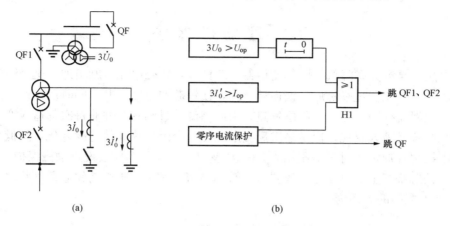

图 6-18　中性点装设放电间隙分级绝缘变压器的接地保护接线图
(a) 系统接线图；(b) 保护原理图

零序电压元件动作电压和时限的整定方法与全绝缘变压器的零序电压保护相同。放电间隙零序电流元件的动作电流可根据间隙放电电流的经验数据整定，一般一次侧动作电流可取 100A。

6.6　过负荷保护

变压器长期过负荷运行时，绕组会因发热而受到损伤。我国规程规定，容量为 0.4MVA 及以上的变压器，应根据实际可能出现过负荷的情况装设过负荷保护。过负荷保护可为单相式，具有定时限或反时限的动作特性。过负荷保护在检测到绕组电流大于动作电流后，经延时发出信号，运行人员据此通过减少负荷等措施使变压器保持正常运行。

由于变压器三相负荷基本对称，通常只检测一相电流。对于一般的变压器采用定时限过负荷保护，过负荷保护的动作电流应躲过变压器的额定电流，即

$$I_{op} = \frac{K_{rel}}{K_{re}} I_N \qquad (6-25)$$

式中　K_{rel}——可靠系数，取 1.05；

　　　K_{re}——返回系数，取 0.85；

　　　I_N——变压器的额定电流。

为防止过负荷保护在外部短路故障及短时过负荷时误发信号，其动作时限应比变压器后备保护的时限大一个时限级差 Δt。

对于大型变压器，可以采用反时限的过负荷保护，反时限特性与变压器过负荷曲线相配合。过负荷保护的动作电流和延时根据变压器绕组的过负荷倍数和允许运行时间来整定。过负荷倍数比较大时，允许运行时间较短；反之允许运行时间较长。

过负荷保护应能反应变压器各绕组的过负荷情况。对双绕组升压变压器应装在发电机电压侧；对双绕组降压变压器应设在高压侧；对于三绕组变压器，各侧负荷不同，额定容量也不一定相同，过负荷保护装设于哪一侧或哪几侧，需以能够反应变压器各绕组可能的过负荷

情况确定。

6.7 过 励 磁 保 护

由于电压升高或频率降低，引起变压器铁芯饱和，励磁电流急剧增加；这个现象称为变压器的过励磁。变压器过励磁后，铁损耗增加，使铁芯的温度上升；同时还会使靠近铁芯的金属构件产生涡流损耗，使这些部位发热，引起高温。过励磁时并非每次都造成变压器的明显破坏，往往容易被人忽视，但是多次反复过励磁，会因过热而使绝缘老化，降低变压器的使用寿命。按规程规定，对于高压侧为 330kV 及以上的变压器应装设过励磁保护。

当加在铁芯绕组上的电压是正弦波时，铁芯磁密 B（即磁通 Φ 与铁芯截面积之比）与电压 U 和频率 f 之间的关系为

$$B = K \frac{U}{f}$$

式中　K——常数。

变压器过励磁情况可用过励磁倍数来表示，即

$$n = \frac{B}{B_N} = \frac{U/f}{U_N/f_N} = \frac{U_*}{f_*}$$

式中　U_N、f_N——额定电压和额定频率；

$\qquad n$——过励磁的倍数。

过励磁倍数等于电压标么值与频率标么值的比值。n 越大，对变压器的危害越大，变压器允许运行的时间 t 也越小。n 与 t 的关系曲线称为变压器过励磁倍数曲线。

变压器过励磁保护通常采用反应 n 大小的反时限保护，反时限特性与变压器过励磁倍数曲线相配合。

思 考 题 与 习 题

6-1　变压器的故障和不正常运行状态有哪些？需要装设哪些保护？

6-2　变压器纵差动保护中产生不平衡电流的因素有哪些？减小不平衡电流的措施有哪些？

6-3　什么是励磁涌流？它有哪些特点？

6-4　与低电压起动的过电流保护相比，复合电压起动的过电流保护为什么灵敏度较高？

6-5　当变电所多台变压器并联运行时，全绝缘变压器和分级绝缘变压器的接地保护如何设置？

第7章 发电机保护技术与应用

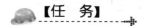**【任 务】**

针对发电机故障和异常工况配置相应的保护，分析发电机故障下的保护动作情况。

【知识点】

（1）发电机的故障和不正常工作状态及保护配置。
（2）发电机纵差保护的工作原理与整定原则。
（3）发电机横差保护工作原理。
（4）发电机定子绕组单相接地的特点及100％定子接地保护原理。
（5）励磁回路一点接地、两点接地保护原理与特点。
（6）发电机失磁保护原理。

【目 标】

（1）掌握发电机的保护配置。
（2）掌握发电机纵差保护的基本原理。
（3）理解发电机定子绕组匝间短路的保护方式。
（4）掌握发电机100％定子接地保护工作原理。
（5）理解励磁回路一点接地、两点接地保护原理。
（6）理解发电机失磁保护的构成。

7.1 发电机故障和不正常工作状态及其保护

电力系统中，同步发电机是十分重要和贵重的电气设备，它的安全运行对电力系统的正常工作、用户的不间断供电、保证电能的质量等方面，都起着极其重要的作用。

由于发电机是长期连续运转的设备，它既要承受机械振动，又要承受电流、电压的冲击，因而常常导致定子绕组和转子绕组绝缘的损坏。因此，同步发电机在运行中，定子绕组和转子励磁回路都有可能产生危险的故障和不正常的运行情况。

为了使同步发电机能根据故障的情况有选择地、迅速地发出信号或将故障发电机从系统中切除，以保证发电机免受更为严重的损坏，减少对系统运行所产生的不良后果，使系统其余部分继续正常运行，在发电机上装设能反应各种故障的继电保护是十分必要的。

7.1.1 发电机可能发生的故障及其相应的保护

一般来说，发电机的内部故障主要是由定子绕组及转子绕组绝缘损坏而引起的，常见的故障有以下几种。

1. 发电机定子绕组相间短路

定子绕组相间短路会产生很大的短路电流，应装设纵联差动保护。

2. 发电机定子绕组匝间短路

定子绕组匝间短路会产生很大的环流，引起故障处温度升高，使绝缘老化，甚至击穿绝缘发展为单相接地或相间短路，扩大发电机损坏范围。可装设的保护有横联差动保护（简称横差保护）、反应转子回路二次谐波电流的匝间短路保护、纵向零序电压式匝间保护。

3. 发电机定子绕组单相接地

定子绕组单相接地是发电机易发生的一种故障。单相接地后，其电容电流流过故障点的定子铁芯，当此电流较大或持续时间较长时，会使铁芯局部熔化，给修复工作带来很大困难。因此，应装设能灵敏反应全部绕组任一点接地故障的 100% 定子绕组单相接地保护。

4. 发电机转子绕组一点接地和两点接地

转子绕组一点接地，由于没有构成通路，对发电机没有直接危害，但若再发生另一点接地，就造成两点接地，则转子绕组一部分被短接，不但会烧毁转子绕组，而且由于部分绕组短接会破坏磁路的对称性，造成磁动势不平衡而引起机组剧烈振动，产生严重后果。因此，应装设转子绕组一点接地保护和两点接地保护。

5. 发电机失磁

由于转子绕组断线、励磁回路故障或灭磁开关误动等原因，将造成转子失磁，失磁故障不仅对发电机造成危害，而且对电力系统安全也会造成严重影响，因此应装设失磁保护。

7.1.2 发电机的不正常工作状态及其相应的保护

（1）由于外部短路、非同期合闸以及系统振荡等原因引起的过电流，应装设过电流保护，作为外部短路和内部短路的后备保护。对于 50MW 及以上的发电机，应装设负序过电流保护。

（2）由于负荷超过发电机额定值，或负序电流超过发电机长期允许值所造成的对称或不对称过负荷。针对对称过负荷，应装设只接于一相的过负荷保护；针对不对称过负荷，一般对 50MW 及以上发电机应装设负序过负荷保护。

（3）发电机突然甩负荷引起过电压，特别是由于水轮发电机的调速系统惯性大，中间再热式大型汽轮发电机功频调节器的调节过程比较缓慢，在突然甩负荷时，转速急剧上升从而引起过电压。因此，在水轮发电机和大型汽轮发电机上应装设过电压保护。

（4）当汽轮发电机主汽门突然关闭而发电机断路器未断开时，发电机变为从系统吸收无功而过渡到同步电动机运行状态，对汽轮发电机叶片特别是尾叶，可能导致过热而损坏。因此，应装设逆功率保护。

为了消除发电机故障，其保护动作跳开发电机断路器的同时，还应作用于自动灭磁开关，断开发电机励磁电流。

7.2 发电机纵联差动保护

发电机纵联差动保护（又称纵差保护），反应发电机定子绕组及其引出线的相间短路，是发电机的主保护，其作用原理与变压器纵联差动保护相同。根据接入发电机中性点侧电流的份额（即接入全部中性点侧电流或只取一部分电流接入），可分为完全纵差保护和不完全纵差保护，如图 7-1 所示。

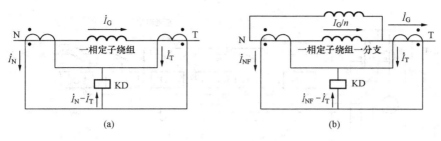

图 7-1　发电机完全纵差保护与不完全纵差保护原理接线图

(a) 完全纵差保护；(b) 不完全纵差保护

完全纵差保护，能反应发电机内部及引出线上的相间短路，但不能反应发电机内部匝间短路及分支开焊故障。不完全纵差保护，适用于每相定子绕组多分支的大型发电机。它除了能反应发电机相间短路故障，还能反应定子线棒开焊及分支匝间短路。但是，采用不完全纵差保护，应该通过各种内部故障的计算，明确哪一分支宜于装设互感器，如果不作详细计算而盲目地选择一个分支装设互感器，很可能在某种内部短路时保护拒动。

7.2.1　用 DCD-2 型继电器构成的发电机纵差保护

1. 差动保护的基本原理

发电机纵差保护的基本原理是比较发电机两侧的电流的大小和相位，它反应于发电机定子绕组及其引出线的相间故障。发电机纵差保护的原理示意图如图 7-2 所示，差动继电器 KD 接于其差动回路中（两侧电流互感器同变比、同型号）。

当正常运行或外部 k1 点发生短路故障时，流入 KD 的电流为

$$\frac{\dot{I}_1}{n_{TA}} - \frac{\dot{I}_2}{n_{TA}} = \dot{I}'_1 - \dot{I}'_2 \approx 0$$

故 KD 不动作。

当在保护区内 k2 点发生故障时，流入 KD 的电流为

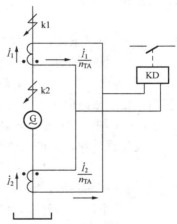

图 7-2　发电机纵差保护原理示意图

$$\frac{\dot{I}_1}{n_{TA}} + \frac{\dot{I}_2}{n_{TA}} = \dot{I}'_1 + \dot{I}'_2 = \frac{\dot{I}_{k2}}{n_{TA}}$$

当大于 KD 的整定值时，KD 动作。

2. 原理接线

在中、小型发电机中，常采用 DCD-2 型继电器构成的带有断线监视的发电机纵差动保护，如图 7-3 所示。在中性点侧装设一组电流互感器 TA1，在机端引出线靠近断路器 QF 处装设另一组电流互感器 TA2，所以它的保护范围是定子绕组及其引出线。由于发电机差动保护两侧可选用同一电压等级、同型式、同变比及特性尽可能一致的电流互感器，因此其不平衡电流比变压器差动保护的小。

由于装在发电机中性点侧的电流互感器受发电机运转时振动的影响，接线端子容易松动而造成二次回路断线，因此在差动回路中线上装设断线监视继电器 KVI，任何一相电流互

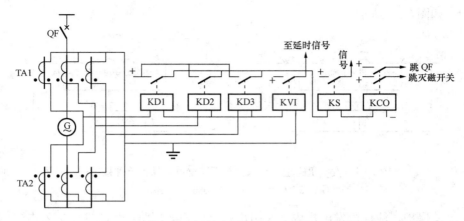

图 7-3 带断线监视的发电机纵差动保护原理接线图

感器的二次回路断线时，KVI 均能动作并经延时发信号。

3. 差动保护的整定计算

（1）差动保护动作电流的整定与灵敏度校验，具体如下。

1）防止电流互感器断线条件整定。为防止电流互感器二次回路断线时保护误动作，保护动作电流按躲过发电机额定电流整定，即

$$I_{op} = K_{rel} I_{G.N} \tag{7-1}$$

式中　K_{rel}——可靠系数，取 1.3；

　　　$I_{G.N}$——发电机的额定电流的二次值。

2）按躲过最大不平衡电流条件整定。发电机正常运行时，不平衡电流 I_{unb} 很小，当外部故障时，由于短路电流的作用，TA 的误差增大，再加上短路电流中非周期分量的影响，使 I_{unb} 增大，一般外部短路电流越大，I_{unb} 就可能越大。为使保护在发电机正常运行或外部故障时不发生误动作，保护的动作电流按躲过外部短路时的最大不平衡电流整定。

$$I_{op} = K_{rel} I_{unb.max} = K_{rel} K_{np} K_{st} f_{er} I_{k.max} / n_{TA} \tag{7-2}$$

式中　K_{rel}——可靠系数，取 1.3；

　　　f_{er}——电流互感器最大相对误差，取 0.1；

　　　K_{np}——非周期分量系数，当采用 DCD-2 型继电器时取 1；

　　　K_{st}——同型系数，取 0.5；

　　　$I_{k.max}$——发电机出口短路时的最大短路电流。

发电机纵差保护动作电流取式（7-1）及式（7-2）计算所得较大者作为整定值。

3）灵敏度校验，即

$$K_{sen} = \frac{I_{k.min}^{(2)}}{I_{op}}$$

式中　$I_{k.min}^{(2)}$——发电机出口短路时，流经保护的最小周期性短路电流。

要求 K_{sen} 一般不应小于 2。

（2）断线监视继电器的整定。断线监视继电器的动作电流，应按躲过正常运行时的不平衡电流来整定，根据运行经验，一般为 $I_{op} = 0.2 I_{G.N}$。为了防止断线监视装置误发信号，KVI 动作后应延时发出信号，其动作时间应大于发电机后备保护最大延时。

7.2.2　比率制动式发电机纵差动保护

对于大型发电机的相间短路，一般不选用带速饱和变流器的纵差保护（如 DCD－2 型差动继电器等），原因有如下两点。

（1）速饱和变流器虽有削弱外部短路暂态不平衡电流的作用，但它同时恶化了内部短路暂态（非周期分量和周期分量）电流的传变，使保护动作延缓和灵敏度降低。

（2）由于不采用比率制动特性，保护动作电流必须按最大外部短路时周期性短路电流所引起的最大不平衡电流来整定，动作电流 I_{op} 为一固定值。在发电机内部故障短路电流小时，动作灵敏度低，保护有可能拒动，待故障进一步发展，发电机危害加剧后，保护方能动作。

比率制动式纵差保护的动作电流不是固定不变的，它随外部短路电流的增大而增大，既保证外部短路不误动，同时对于内部短路又有较高的灵敏度。

1. 比率制动式纵差保护原理

比率制动式纵差保护原理是基于保护的动作电流 I_{op} 随着外部故障的短路电流产生的 I_{unb} 的增大而按比例线性增大，且比 I_{unb} 增大得更快，使在任何情况下的外部故障时，保护不会误动作。

与变压器纵差保护相似，该保护的动作条件为

$$\begin{cases} I_d > I_{op.min} & (I_{res} \leqslant I_{res.min}) \\ I_d \geqslant K(I_{res} - I_{res.min}) + I_{op.min} & (I_{res} > I_{res.min}) \end{cases} \tag{7-3}$$

式中　K——制动特性曲线的斜率。

其比率制动特性曲线如图 7-4 所示。可以看出，其动作特性由无制动部分和比率制动部分组成。这种动作特性的优点是：在区内故障电流小时，它具有较高的灵敏度；而在区外故障时，它具有较强的躲过暂态不平衡差动电流的能力。

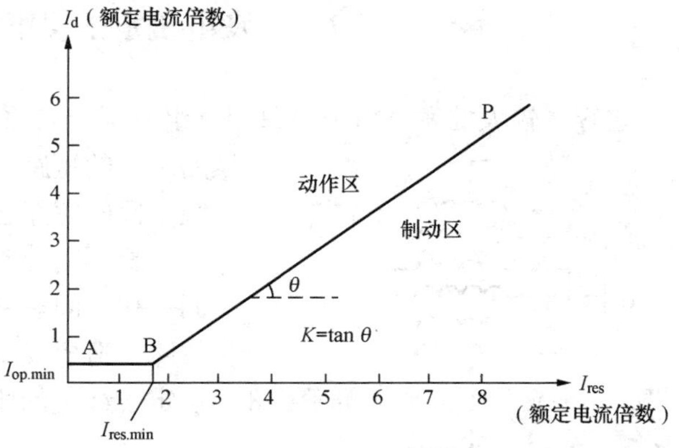

如图 7-5 所示，假定一次电流参考正方向为由发电机的中性点指向机端，差动电流和制动电流用以下两式表示：

图 7-4　比率制动特性曲线

差动电流　　　$I_d = |\dot{I}' - \dot{I}''|$

制动电流　　　$I_{res} = \dfrac{1}{2}|\dot{I}' + \dot{I}''|$

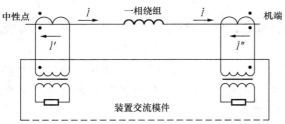

图 7-5　比率制动式纵差保护继电器原理图

（1）当正常运行时，$\dot{I}' = \dot{I}'' = \dfrac{\dot{I}}{n_{TA}}$，制动电流为 $I_{res} = \dfrac{1}{2}|\dot{I}' + \dot{I}''| = \dfrac{I}{n_{TA}}$，差动电流 $I_d = |\dot{I}' - \dot{I}''| \approx 0$，保护不动作。

（2）当外部短路时，$\dot{I}' = \dot{I}'' = \dfrac{\dot{I}_k}{n_{TA}}$，

制动电流为 $I_{res} = \frac{1}{2}|\dot{i}' + \dot{i}''| = \frac{I_k}{n_{TA}}$，数值大。差动电流为 $I_d = |\dot{i}' - \dot{i}''|$，低于 K（I_{res} $- I_{res.min}$）$+ I_{op.min}$，保护不动作。

（3）当内部故障时，$\dot{i}''$ 的方向与正常或外部短路故障时的电流相反，$\dot{i}' \neq \dot{i}''$。制动电流为 $I_{res} = \frac{1}{2}|\dot{i}' + \dot{i}''|$，数值小；$I_d = |\dot{i}' - \dot{i}''| = \frac{I_{k\Sigma}}{n_{TA}}$，数值大，保护能动作。特别是当 $I' \approx I''$ 时，$I_{res} \approx 0$。此时，只要动作电流达到最小值 $I_{op.min}$ 保护就能动作，保护灵敏度大大提高。

2. 比率制动式纵差保护定值整定

由图 7 - 4 可知，比率制动式纵差保护的整定计算工作包含最小动作电流 $I_{op.min}$、拐点电流 $I_{res.min}$、制动特性曲线斜率 K。

（1）最小动作电流 $I_{op.min}$。为保证在发电机最大负荷工况下纵差保护不误动，应使 $I_{op.min}$ 大于最大负荷时的不平衡电流 $I_{unb.0}$，$I_{unb.0}$ 的大小可在现场实测。一般取 $I_{op.min} =$（0.2～0.3）$I_{G.N}$。

（2）拐点电流 $I_{res.min}$。$I_{res.min}$ 的大小，决定保护开始产生制动作用的电流大小，建议按躲过外部故障切除后的暂态过程中产生的最大不平衡差流来整定。不完全纵差取值要大一点，一般取 $I_{res.min} =$（0.5～0.8）$I_{G.N}$。

（3）制动特性曲线斜率 K。K 应按躲过区外三相短路时产生的最大暂态不平衡差流来整定。

7.3　发电机定子绕组匝间短路保护

在容量较大的发电机中，每相绕组有两个或两个以上的并联支路，每个支路的匝间或支

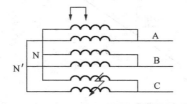

图 7 - 6　定子绕组匝间短路示意图

路之间的短路称为匝间短路故障。如图 7 - 6 所示，定子绕组匝间短路包括同相同分支绕组匝间短路（如 A 相）和同相不同分支绕组匝间短路（如 C 相）两种。当出现同一相匝间短路后，如不及时处理，有可能发展成相间故障，造成发电机严重损坏，因此，在发电机上应该装设定子绕组的匝间短路保护。

7.3.1　横联差动保护

发电机横联差动保护（简称横差保护）是发电机定子绕组匝间短路、线棒开焊的主保护，也能保护定子绕组相间短路。发电机横差保护有单元件横差保护（又称高灵敏度横差保护）和裂相横差保护两种。

1. 单元件横差保护

单元件横差保护适用于每相定子绕组为多分支，且有两个或两个以上中性点引出线的发电机，原理接线如图 7 - 7 所示。

发电机定子绕组每相两并联分支分别接成星形，在两星形中性点连接线上装一只电流互感器 TA，DL - 11/b 型电流继电器接于 TA 的二次侧。DL - 11/b 电流继电器由高次谐波滤波器（主要是 3 次谐波）4 和执行元件 KA 组成。

在正常运行或外部短路时，每一分支绕组供出该相电流的一半，因此流过中性点连线的

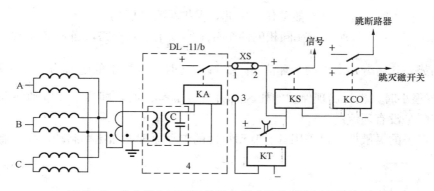

图 7 - 7　发电机定子绕组单继电器式横差保护原理接线图

电流只是不平衡电流，故保护不动作。

若发生定子绕组匝间短路，则故障相绕组的两个分支的电动势不相等，因而在定子绕组中出现环流，通过中性点连线，该电流大于保护的动作电流，则保护动作，跳开发电机断路器及灭磁开关。

由于发电机电流波形在正常运行时也不是纯粹的正弦波，尤其是当外部故障时，波形畸变较严重，从而在中性点连线上出现 3 次谐波为主的高次谐波分量，给保护的正常工作造成影响。为此，保护装设了 3 次谐波滤波器，降低动作电流，提高保护灵敏度。

转子绕组发生瞬时两点接地时，由于转子磁动势对称性破坏，使同一相绕组的两并联分支的电动势不等，在中性点连线上也将出现环流，致使保护误动作。因此，需增设 0.5～1s 的动作延时，以躲过瞬时两点接地故障。切换片 XS 有两个位置，正常时投至 1—2 位置，保护不带延时。如发现转子绕组一点接地时，XS 切至 1—3 位置，使保护具有 0.5～1s 的动作延时，为转子永久性两点接地故障做好准备。

横差保护的动作电流，根据运行经验一般取为发电机额定电流的 20%～30%，即

$$I_{op} = (0.2 \sim 0.3)I_{G.N}$$

这种保护的灵敏度是较高的，但是在以下两种情况下保护在切除故障时有一定的死区。

(1) 单相同分支匝间短路的 α 较小，即短接的匝数较少时。

(2) 同相两分支间匝间短路，且 $\alpha_1 = \alpha_2$ 或 α_1 与 α_2 仍差别较小时。

横差电流保护接线简单，动作可靠，同时能反应定子绕组分支开焊故障，因而得到广泛应用。

2. 裂相横差保护

裂相横差保护，又称三元件横差保护，实际上是分相横差保护。

在正常情况下，两个绕组中的电动势相等，各供出一半的负荷电流。若任一个绕组中发生匝间短路时，两个绕组中的电动势就不再相等，因而会由于出现电动势差而产生一个均衡电流，在两个绕组中环流。由此，利用反应两个支路电流之差的原理，即可实现对发电机定子绕组匝间短路的保护，此即裂相横差动保护。其工作原理如下。

(1) 如图 7 - 8 (a) 所示，在某一个绕组内部发生匝间短路，此时由于故障支路和非故障支路的电动势不相等，因此，有一个环流 $\dot{I}_k$ 产生，这时在差动回路中将流有电流 $\dot{I}_{k.r} = \frac{2\dot{I}_k}{n_{TA}}$，当此电流大于继电器的起动电流时，保护即可动作于跳闸。短路匝数越多时，则环流

越大，而当 α 较小时，保护就不能动作。因此，保护是有死区的。

（2）如图 7 - 8（b）所示，在同相的两个绕组间发生匝间短路，当 $\alpha_1 \neq \alpha_2$ 时，由于两个支路的电动势差，将分别产生两个环流 $\dot{I}'_k$ 和 $\dot{I}''_k$，此时继电器中的电流为 $\dot{I}_{k.r} = \dfrac{2\dot{I}'_k}{n_{TA}}$。当 α_1 与 α_2 之差值很小时，也将出现保护的死区。例如当 $\alpha_1 \approx \alpha_2$ 时，即表示在电动势等位点上短接，此时实际是没有环流的。

为提高保护的灵敏性，可采用具有制动特性的差动原理，如比率制动、标积制动等。

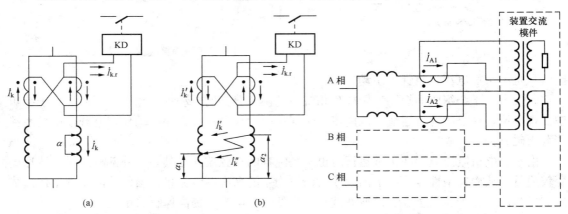

图 7 - 8 发电机绕组匝间短路的电流分布
（a）某绕组内部匝间短路；（b）同相不同绕组匝间短路

图 7 - 9 裂相横差保护交流输入回路示意图

将每相两组 TA 分支电流分别引入到保护装置中计算差动电流和制动电流，如图 7 - 9 所示。具有比率制动特性的动作方程为

$$\left.\begin{aligned} I_d &> I_{op.min} & (I_{res} < I_{res.min}) \\ I_d &\geqslant K_{res}(I_{res} - I_{res.min}) + I_{op.min} & (I_{res} > I_{res.min}) \end{aligned}\right\} \quad (7\text{-}4)$$

式中　I_d——差动电流，$I_d = |\dot{I}_1 - \dot{I}_2|$；

　　　I_{res}——制动电流，$I_{res} = \dfrac{|\dot{I}_1 + \dot{I}_2|}{2}$。

比率制动式裂相横差保护的动作特性如图 7 - 10 所示。

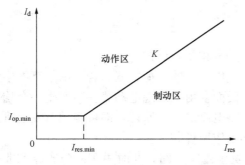

图 7 - 10 比率制动式裂相横差保护的动作特性

7.3.2 纵向零序电压式匝间短路保护

大容量的发电机，由于其结构紧凑，无法引出所有分支，往往中性点只有 3 个引出端子，无法装设横差保护。因此大型机组通常采用反应纵向零序电压的匝间短路保护。

发电机定子绕组在同相同一分支匝间或同相不同分支匝间短路故障，均会出现纵向不对称电压（即机端相对于中性点出现不对称电压），从而产生所谓的纵向零序电压。该电压由专用电压互感器（互感器一次中性点与发电机中性点通过高压电缆连接起来，而不允许接地）的开口三角形绕组两端取得。当测量到纵向零序电压超过定值时，保护动作。反应纵向零序电压的匝间短路保护交流回路如图7-11所示。图7-11中，零序电压基波通道与3次谐波通道相互独立，并采用硬件滤波回路和软件傅里叶滤波算法滤去零序电压基波通道的3次谐波，滤去3次谐波电压通道的基波分量。

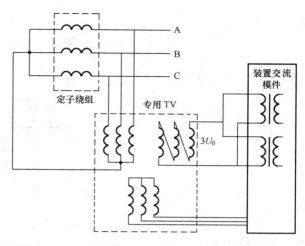

发电机正常运行时，机端不出现基波纵向零序电压。定子绕组相间短路时，也不会出现纵向零序电压。定子绕组单相接地故障时，接地故障相对地电压为零，中性点对地电压上升为相电压，机端对中性点电压仍然对称，不出现纵向零序电压。

图7-11 纵向零序电压式匝间保护交流回路示意图

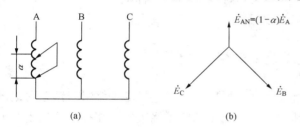

图7-12 发电机定子绕组匝间短路及其相量图
(a) 匝间短路；(b) 三相电动势相量图

当定子绕组发生匝间短路时，机端对中性点电压不对称，出现纵向零序电压。利用此纵向零序电压可构成匝间短路保护。例如图7-12（a）所示的A相绕组发生匝间短路，设被短路的绕组匝数与每相总绕组匝数之比为α，则故障相电动势为$E_{AN} = (1-\alpha)E_A$，而未发生匝间短路的其他两相电动势不变，如图7-12（b）所示。因此，机端对中性点的纵向零序电压为

$$3\dot{U}_0 = (1-\alpha)\dot{E}_A + \dot{E}_B + \dot{E}_C = -\alpha\dot{E}_A$$

纵向零序电压保护的动作电压应躲过正常运行和外部故障时的最大不平衡电压，通常整定为

$$U_{0.op} = K_{rel}U_{0.max}$$

式中　$U_{0.op}$——纵向零序电压式匝间短路保护的动作电压；

　　　K_{rel}——可靠系数，可取1.2～1.5；

　　　$U_{0.max}$——区外不对称短路时最大不平衡电压，可由实测和外推法确定。

为了提高保护灵敏度，当采取外部故障时闭锁保护的措施时，纵向零序电压保护的动作电压只需按躲过正常运行时的不平衡电压整定。

为防止TV回路断线时造成保护误动作，需要装设电压回路断线闭锁装置。

反应纵向零序电压的匝间短路保护，还能反应定子绕组开焊故障。该保护原理简单，灵敏度较高，适于中性点只有3个引出端的发电机匝间短路保护。

7.3.3 反应转子回路2次谐波电流的匝间短路保护

发电机定子绕组发生匝间短路时，在转子回路中将出现2次谐波电流，因此利用转子中的2次谐波电流可以构成匝间短路保护，如图7-13所示。

在正常运行、三相对称短路及系统振荡时，发电机定子绕组三相电流对称，转子回路中没有2次谐波电流，因此保护不会动作。但是，在发电机不对称运行或发生不对称短路时，

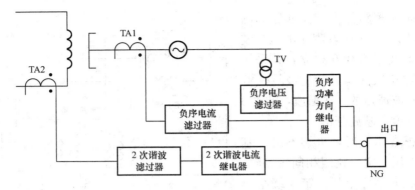

图 7-13　反应转子回路 2 次谐波电流的匝间短路保护原理框图

在转子回路中将出现 2 次谐波电流。为了避免这种情况下保护的误动，采用负序功率方向继电器闭锁的措施，因为匝间短路时的负序功率方向与不对称运行时或发生不对称短路时的负序功率方向相反。所以，不对称状态下负序功率方向继电器将保护闭锁，匝间短路时则开放保护。保护的动作值只需按躲过发电机正常运行时允许最大的不对称度（一般为 5％）相对应的转子回路中感应的 2 次谐波电流来整定，故保护具有较高灵敏度。

7.4　发电机定子绕组单相接地保护

为了安全起见，发电机的外壳、铁芯都要接地。所以只要发电机定子绕组与铁芯间绝缘在某一点上遭到破坏，就可能发生单相接地故障。发电机的定子绕组的单相接地故障是发电机的常见故障之一。

长期运行的实践表明，发生定子绕组单相接地故障的主要原因是高速旋转的发电机，特别是大型发电机的振动，造成机械损伤而接地；对于水内冷的发电机，由于漏水致使定子绕组接地。

发电机定子绕组单相接地故障时的主要危害有两点。

（1）接地电流会产生电弧，烧伤铁芯，使定子铁芯叠片烧结在一起，造成维修困难。

（2）接地电流会破坏绕组绝缘，扩大事故，若一点接地而未及时发现，很有可能发展成绕组的匝间或相间短路故障，严重损伤发电机。

定子绕组单相接地时，对发电机的损坏程度与故障电流的大小及持续时间有关。当发电机单相接地故障电流（不考虑消弧线圈的补偿作用）大于允许值时，应装设有选择性的接地保护装置。发电机定子绕组单相接地时，接地电流允许值见表 7-1。

表 7-1　　　　　　　　　　发电机定子绕组单相接地时接地电流允许值

发电机额定电压（kV）	发电机额定容量（MW）	接地电流允许值（A）
6.3	≤50	4
10.5	50～100	3
13.8～15.75	125～200	2
18～20	300	1

对大中型发电机定子绕组单相接地保护应满足以下两个基本要求。

（1）绕组有 100％的保护范围。

（2）在绕组匝内发生经过渡电阻接地故障时，保护应有足够灵敏度。

7.4.1　反应基波零序电压的接地保护

1. 原理

现代的发电机，其中性点都是不接地或经消弧线圈接地的，因此，当发电机内部单相接地时，流经接地点的电流仍为发电机所在电压网络（即与发电机直接电联系的各元件）对地电容电流之和，而不同之处在于故障时的零序电压将随发电机内部接地点的位置而改变。

设在发电机内部 A 相距中性点 α 处（由故障点到中性点绕组匝数占全相绕组匝数的百分数）的 k 点发生定子绕组接地，如图 7 - 14（a）所示。发电机机端每相对地电压为

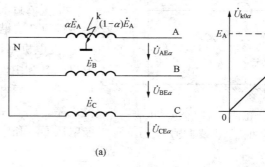

$$\dot{U}_{AE\alpha} = (1-\alpha)\dot{E}_A$$

$$\dot{U}_{BE\alpha} = \dot{E}_B - \alpha\dot{E}_A$$

$$\dot{U}_{CE\alpha} = \dot{E}_C - \alpha\dot{E}_A$$

机端零序电压为

图 7 - 14　发电机定子绕组单相接地时的零序电压
（a）网络图；（b）零序电压随 α 变化的关系

$$\dot{U}_{k0\alpha} = \frac{1}{3}(\dot{U}_{AE\alpha} + \dot{U}_{BE\alpha} + \dot{U}_{CE\alpha}) = -\alpha\dot{E}_A$$

可见基波零序电压与 α 成正比，故障点离中性点越远，零序电压越高。当 $\alpha=1$，即机端接地时，$\dot{U}_{k0\alpha} = -\dot{E}_A$；而当 $\alpha=0$，即中性点处接地时，$\dot{U}_{k0\alpha}=0$。$\dot{U}_{k0\alpha}$ 与 α 的关系曲线如图 7 - 14（b）所示。

2. 保护的构成

反映零序电压的发电机定子绕组接地保护的原理接线如图 7 - 15 所示。过电压继电器通过 3 次谐波滤波器接于机端电压互感器 TV 开口三角形侧两端。

保护的动作电压应躲过正常运行

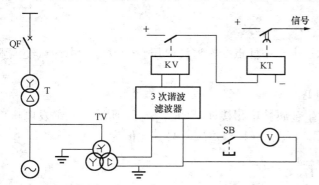

图 7 - 15　反映零序电压的发电机定子绕组接地保护原理图

时开口三角形侧的不平衡电压，另外，还要躲过在变压器高压侧接地时，通过变压器高、低压绕组间电容耦合到机端的零序电压。

由图 7 - 14（b）可知，故障点离中性点越近零序电压越低。当零序电压小于电压继电器的动作电压时，保护不动作，因此该保护存在死区。死区大小与保护定值的大小有关。为了减小死区，可采取下列措施降低保护定值，提高保护灵敏度。

（1）加装 3 次谐波滤波器。

（2）高压侧中性点直接接地电网中，利用保护延时躲过高压侧接地故障。

（3）高压侧中性点非直接接地电网中，利用高压侧接地出现的零序电压闭锁或者制动发

电机接地保护。

采用上述措施后，接地保护只需按躲过不平衡电压整定，其保护范围可达到 95％，但在中性点附近仍有 5％的死区，保护动作于发信号。

7.4.2 利用基波零序电压和 3 次谐波电压构成的发电机定子 100％接地保护

在发电机相电动势中，除基波之外，还含有一定分量的谐波，其中主要是 3 次谐波，3 次谐波值一般不超过基波 10％。

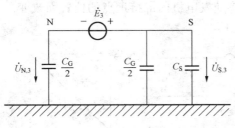

图 7 - 16　正常运行时发电机机端电压与中性点 3 次谐波电压分布

1. 正常运行时定子绕组中 3 次谐波电压分布

正常运行时，中性点绝缘的发电机机端电压与中性点 3 次谐波电压分布如图 7 - 16 所示。图中 C_G 为发电机每相对地等效电容，且看作集中在发电机端 S 和中性点 N，并均为 $C_G/2$。C_S 为机端其他连接元件每相对地等效电容，且看作集中在发电机端。E_3 为每相 3 次谐波电动势，机端 3 次谐波电压 $U_{S.3}$ 和中性点 3 次谐波电压 $U_{N.3}$ 分别为

$$U_{S.3} = E_3 \frac{C_G}{2(C_G + C_S)}$$

$$U_{N.3} = E_3 \frac{C_G + 2C_S}{2(C_G + C_S)}$$

$U_{S.3}$ 与 $U_{N.3}$ 的比值为

$$\frac{U_{S.3}}{U_{N.3}} = \frac{C_G}{C_G + 2C_S} < 1$$

即

$$U_{S.3} < U_{N.3}$$

正常情况下，机端 3 次谐波电压总是小于中性点 3 次谐波电压。若发电机中性点经消弧线圈接地，上述结论仍然成立。

2. 定子绕组单相接地时 3 次谐波电压的分布

设发电机定子绕组距中性点 α 处发生金属性单相接地，如图 7 - 17 所示。无论发电机中性点是否接有消弧线圈，恒有 $U_{N3} = \alpha E_3$，$U_{S3} = (1-\alpha) E_3$。且其比值为

$$\frac{U_{S.3}}{U_{N.3}} = \frac{1-\alpha}{\alpha}$$

当 $\alpha < 50\%$ 时，$U_{S3} > U_{N3}$；当 $\alpha > 50\%$ 时，$U_{S3} < U_{N3}$。

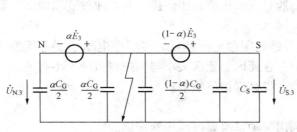

图 7 - 17　定子绕组单相接地时 3 次谐波电压分布

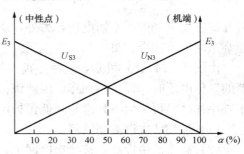

图 7 - 18　U_{S3} 与 U_{N3} 随 α 变化的曲线

U_{S3} 与 U_{N3} 随 α 变化的关系如图 7 - 18 所示。

综上所述，正常情况下，$U_{S3} < U_{N3}$；定子绕组单相接地时 $\alpha < 50\%$ 的范围内，$U_{S3} > U_{N3}$。故可利用 U_{S3} 作为动作量，利用 U_{N3} 作为制动量，构成接地保护，其保护动作范围在 $\alpha = 0 \sim 50\%$ 内，且越靠近中性点保护越灵敏。

3 次谐波电压保护与基波零序电压保护一起构成发电机定子 100% 接地保护。由基波零序电压保护反应发电机距机端 85% ～ 95% 范围内定子绕组单相接地故障（中性点附近有 5% ～ 15% 的死区）；3 次谐波电压保护反应发电机中性点附近 50% 范围内定子绕组的单相接地故障，如图 7 - 19 所示。

图 7 - 19　由基波零序电压和 3 次谐波电压共同构成的发电机定子 100% 接地保护

其动作判据为

$$3U_0 > U_{op}$$

$$\frac{U_{S3}}{U_{N3}} > K$$

式中　$3U_0$——发电机零序电压；

$\quad\quad U_{op}$——基波零序电压整定值；

U_{S3} 和 U_{N3}——分别为发电机机端 TV 开口三角形绕组和中性点 TV 输出中的 3 次谐波分量；

$\quad\quad K$——3 次谐波比例定值。

7.5　发电机励磁回路接地保护

7.5.1　励磁回路一点接地保护

发电机正常运行时，励磁回路与地之间有一定的绝缘电阻和分布电容。当励磁绕组绝缘严重下降或损坏时，会引起励磁回路的接地故障，最常见的是励磁回路一点接地故障。发生励磁回路一点接地故障时，由于没有形成接地电流通路，所以对发电机运行没有直接影响。但是发生一点接地故障后，励磁回路对地电压将升高，在某些条件下会诱发第二点接地。励磁回路发生两点接地故障将严重损坏发电机。因此，发电机必须装设灵敏的励磁回路一点接地保护，保护作用于信号，以便通知值班人员采取措施。

1. 绝缘检查装置

励磁回路绝缘检查装置原理如图 7 - 20 所示。其中图 7 - 20 (a) 所示为应用两只相同电压表检测励磁回路一点接地的电路，正常运行时，电压表 PV1、PV2 的读数相等。当励磁回路发生一点接地时，PV1、PV2 的读数不相等，读数小的一侧即判定为接地侧。值得注意的是，在励磁绕

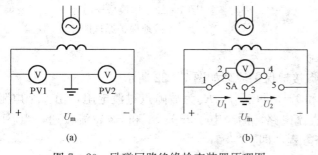

图 7 - 20　励磁回路绝缘检查装置原理图

(a) 应用两只相同电压表测量；(b) 应用一只电压表借助切换开关测量

组中点接地时，PV1 与 PV2 的读数也相等，因此该检测装置有死区。

在现场也可以用一只电压表借助切换开关 SA 来检测励磁回路对地绝缘状况，如图 7 - 20（b）所示。当触点 1、2 接通，3、4 接通时，电压表读数为励磁回路正极对地电压 U_1；当触点 2、3 接通，4、5 接通时，电压表读数为励磁回路负极对地电压 U_2；当触点 1、2 接通，4、5 接通时，电压表读数为励磁电压 U_m。

励磁回路绝缘完好时，$U_1 = U_2 = 0$；若正极接地，则 $U_1 = 0$，$U_2 = U_m$；若接地点靠近负极，则 $U_1 > \dfrac{U_m}{2}$，$U_2 < \dfrac{U_m}{2}$，$U_1 + U_2 = U_m$；若接地点在励磁绕组中点，则 $U_1 = U_2 = \dfrac{U_m}{2}$。根据测量结果，可判断励磁回路是否接地。显然这种电路没有死区。

2. 直流电桥式一点接地保护

直流电桥式一点接地保护原理如图 7 - 21 所示。发电机励磁绕组 LE 对地绝缘电阻用接在 LE 中点 M 处的集中电阻 R 来表示。LE 的电阻以中点 M 为界分为两部分，和外接电阻 R_1、R_2 构成电桥的四个臂。励磁绕组正常运行时，电桥处于平衡状态，此时继电器 K 不动作。当励磁绕组发生一点接地时，电桥失去平衡，流过继电器的电流大于其动作电流，继电器动作。显而易见，接地点靠近励磁回路两极时保护灵敏度高，而接地点靠近中点时，电桥几乎处于平衡状态，继电器无法动作，因此，在励磁绕组中点附近存在死区。

为了消除死区采用了下述两项措施。

（1）在电阻 R_1 的桥臂中串接了非线性元件稳压管，其阻值随外加励磁电压的大小而变化，因此，保护装置的死区随励磁电压改变而移动位置。这样在某一电压下的死区，在另一电压下则变为动作区，从而减小了保护拒动的几率。

（2）转子偏心和磁路不对称等原因产生的转子绕组的交流电压，使转子绕组中点对地电压不保持为零，而是在一定范围内波动。利用这个波动的电压来消除保护死区。

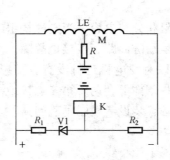

图 7 - 21　直流电桥式一点
接地保护原理图

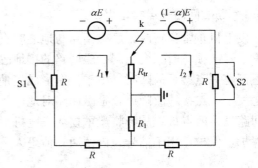

图 7 - 22　切换采样原理一
点接地保护原理图

3. 微机型切换采样式一点接地保护

基于切换采样原理的励磁回路一点接地保护原理如图 7 - 22 所示。

接地故障点 k 将转子绕组分为 α 和 $1 - \alpha$ 两部分，R_{tr} 为故障点过渡电阻，由 4 个电阻 R 和 1 个取样电阻 R_1 组成两个网孔的直流电路。两个电子开关 S1 和 S2 轮流接通，当 S1 接通、S2 断开时，可得到一组电压回路方程，即

$$(R + R_1 + R_{tr})I_1 - (R_1 + R_{tr})I_2 = \alpha E$$
$$-(R_1 + R_{tr})I_1 + (2R + R_1 + R_{tr})I_2 = (1 - \alpha)E$$

当 S2 接通、S1 断开时，直流励磁电压变为 E'，响应电流变为 I_1 和 I_2。于是得到另外一组电压回路方程，即

$$(2R + R_1 + R_{tr})I_1' - (R_1 + R_{tr})I_2' = \alpha E'$$
$$-(R_1 + R_{tr})I_1' + (R + R_1 + R_{tr})I_2' = (1-\alpha)E'$$

联解两组电压回路方程，得

$$R_{tr} = \frac{ER_1}{3\Delta U} - R_1 - \frac{2R}{3} \tag{7-5}$$

$$\alpha = \frac{1}{3} + \frac{U_1}{3\Delta U} \tag{7-6}$$

其中

$$U_1 = R_1(I_1 - I_2); \quad U_2 = R_1(I_1' - I_2'); \quad \Delta U = U_1 - kU_2; \quad k = \frac{E}{E'}$$

由上面的结论可见，微机型切换采样式一点接地保护利用微机保护的计算能力，可直接由式（7-5）求出过渡电阻 R_{tr}，由式（7-6）可确定一点接地故障点的位置，并在 S1、S2 切换过程中允许直流励磁电压变化。

7.5.2　励磁回路两点接地保护

励磁回路发生两点接地故障，由于故障点流过相当大的短路电流，将产生电弧，因而会烧伤转子；部分励磁绕组被短接，造成转子磁场发生畸变，力矩不平衡，致使机组振动；接地电流可能使汽轮机汽缸磁化。因此，励磁回路发生两点接地会造成严重后果，必须装设励磁回路两点接地保护。

励磁回路两点接地保护可由电桥原理构成。直流电桥式励磁回路两点接地保护原理接线如图 7-23 所示。在发现发电机励磁回路一点接地后，将发电机励磁回路两点接地保护投入运行。当发电机励磁回路两点接地时，该保护经延时动作于停机。

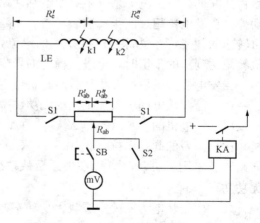

图 7-23　直流电桥式励磁回路
两点接地保护原理接线图

励磁回路的直流电阻 R_e 和附加电阻 R_{ab} 构成直流电桥的四臂（R_e'、R_e''、R_{ab}'、R_{ab}''）。毫伏表和电流继电器 KA 接于 R_{ab} 的滑动端与地之间，即电桥的对角线上。当励磁回路 k1 点发生接地后，投入开关 S1 并按下按钮 SB，调节 R_{ab} 的滑动触点，使毫伏表指示为零，此时电桥平衡，即

$$\frac{R_e'}{R_e''} = \frac{R_{ab}'}{R_{ab}''}$$

然后松开 SB，合上 S2，接入电流继电器 KA，保护投入工作。

当励磁回路第二点发生接地时，R_e'' 被短接一部分，电桥平衡遭到破坏，电流继电器中有电流通过，若电流大于继电器的动作电流，保护动作，断开发电机出口断路器。

由电桥原理构成的励磁回路两点接地保护有下列缺点。

若第二个故障点 k2 点离第一个故障点 k1 点较远，则保护的灵敏度较好；反之，若 k2 点离 k1 点很近，通过继电器的电流小于继电器动作电流，保护将拒动，因此保护存在死区，

死区范围在 10% 左右。若第一个接地点 k1 点发生在转子绕组的正极或负极端，则因电桥失去作用，不论第二点接地发生在何处，保护装置将拒动，死区达 100%。

由于两点接地保护只能在转子绕组一点接地后投入，所以对于发生两点同时接地，或者第一点接地后紧接着发生第二点接地的故障，保护均不能反应。

两点接地保护装置虽然有上述这些缺点，但是接线简单，价格便宜，因此在中、小型发电机上仍然得到广泛应用。

7.6 发电机失磁保护

7.6.1 发电机失磁原因及产生的影响

发电机失磁一般是指发电机的励磁电流异常下降超过了静态稳定极限所允许的程度或励磁电流完全消失的故障。前者称为部分失磁或低励故障，后者则称为完全失磁。

造成低励故障的原因通常是由于主励磁机或副励磁机故障；励磁系统有些整流元件损坏或自动调节系统不正确动作及操作上的错误。完全失磁通常是由于自动灭磁开关误跳闸，励磁调节器整流装置中自动开关误跳闸，励磁绕组断线或端口短路以及副励磁机励磁电源消失等原因造成的。

当发电机完全失去励磁时，励磁电流将逐渐衰减至零。由于发电机的感应电动势 E_d 随着励磁电流的减小而减小，因此，其电磁转矩也将小于原动机的转矩，因而引起转子加速，使发电机的功角 δ 增大。当 δ 超过静态稳定极限角时，发电机与系统失去同步。发电机失磁后将从并列运行的电力系统中吸取电感性无功功率供给转子励磁电流，在定子绕组中感应电动势。在发电机超过同步转速后，转子回路中将感应出频率为 f_G-f_s（此处 f_G 为对应发电机转速的频率，f_s 为系统的频率）的电流，此电流产生异步制动转矩，当异步转矩与原动机转矩达到新的平衡时，即进入稳定的异步运行。

当发电机失磁后而异步运行时，将对电力系统和发电机产生以下影响。

（1）需要从电网中吸收很大的无功功率以建立发电机的磁场。所需无功功率的大小，主要取决于发电机的参数（X_1、X_2、X_{ad}）以及实际运行时的转差率。汽轮发电机与水轮发电机相比，前者的同步电抗 X_d（$=X_1+X_{ad}$）较大，则所需无功功率较小。假设失磁前发电机向系统送出无功功率 Q_1，而在失磁后从系统吸收无功功率 Q_2，则系统中将出现 Q_1+Q_2 的无功功率差额。

（2）由于从电力系统中吸收无功功率将引起电力系统的电压下降，如果电力系统的容量较小或无功功率的储备不足，则可能使失磁发电机的机端电压、升压变压器高压侧的母线电压或其他邻近点的电压低于允许值，从而破坏了负荷与各电源间的稳定运行，甚至可能因电压崩溃而使系统瓦解。

（3）由于失磁发电机吸收了大量的无功功率，因此为了防止其定子绕组的过电流，发电机所能发出的有功功率将较同步运行时有不同程度的降低，吸收的无功功率越大，则降低的越多。

（4）失磁后发电机的转速超过同步转速，因此，在转子及励磁回路中将产生频率为 f_G-f_s 的交流电流，因而形成附加的损耗，使发电机转子和励磁回路过热。显然，当转差率越大时，所引起的过热也越严重。

因此，为了保证发电机和电力系统的安全运行，在发电机特别是大型发电机上，应装设失磁保护。对于不允许失磁后继续运行的发电机，失磁保护应动作于跳闸。当发电机允许失磁运行时，保护可作用于信号，由运行人员及时处理、自动减负荷或动作于跳闸等，以保证电力系统和发电机的安全。

7.6.2　发电机失磁后机端测量阻抗的变化规律

发电机失磁后或在失磁发展的过程中，机端测量阻抗要发生变化。测量阻抗为从发电机端向系统方向所看到的阻抗。失磁后机端测量阻抗的变化是失磁保护的重要判据。以图 7-24 所示发电机与无穷大系统并列运行为例，讨论发电机失磁后机端测量阻抗的变化规律。发电机从失磁开始至进入稳态异步运行，一般可分为失磁后到失步前（$\delta < 90°$）、静稳极限（$\delta = 90°$）即临界失步点和失步后三个阶段。

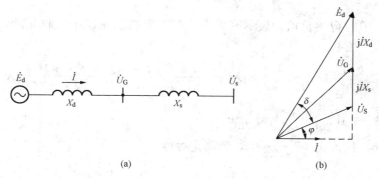

图 7-24　发电机与无穷大系统并列运行
(a) 等值电路；(b) 相量图

1. 失磁后到失步前的阶段

失磁后到失步前，由于发电机转子存在惯性，转子的转速不能突变，因而原动机的调速器不能立即动作。另外，失步前的失磁发电机滑差很小，发电机输出的有功功率基本上保持失磁前输出的有功功率值，即可近似看作恒定，而无功功率则从正值变为负值。此时从发电机端向系统看，机端的测量阻抗 Z_m 可用图 7-24 (b) 计算。

$$\dot{U}_G = \dot{U}_S + j\dot{I}X_s$$

$$S = \dot{U}_S^* \dot{I} = P - jQ$$

$$P = \frac{E_d U_S}{X_\Sigma}\sin\delta$$

$$Q = \frac{E_d U_S}{X_\Sigma}\cos\delta - \frac{U_S^2}{X_\Sigma}$$

$$Z_m = \frac{\dot{U}_G}{\dot{I}} = \frac{\dot{U}_S + j\dot{I}X_s}{I} = \frac{U_S^2}{P - jQ} + jX_s$$

$$= \frac{U_S^2}{2P}\left(1 + \frac{P + jQ}{P - jQ}\right) + jX_s = \frac{U_S^2}{2P} + jX_s + \frac{U_S^2}{2P}e^{j2\varphi} \tag{7-7}$$

$$\varphi = \arctan\frac{Q}{P}$$

式中 P——发电机送至系统的有功功率；

Q——发电机送至系统的无功功率；

S——发电机送至系统的复功率；

X_Σ——由发电机同步电抗及系统电抗构成的综合电抗，$X_\Sigma = X_d + X_\delta$。

式（7-7）中，X_s 为常数，P 为恒定，U_S 恒定，只有角度 φ 为变数，因此，式（7-7）在阻抗复平面上的轨迹是一个圆，其圆心坐标为 $\left(\dfrac{U_S^2}{2P}, \mathrm{j}X_s\right)$，圆半径为 $\dfrac{U_S^2}{2P}$，如图 7-25 所示。由于该圆是在有功功率不变条件下得出的，故称为等有功圆，圆的半径与 P 成反比。

2. 临界失步点（$\delta = 90°$）

由图 7-24（b）可知，在临界失步点时无功功率有

$$Q = \frac{E_d U_S}{X_\Sigma}\cos\delta - \frac{U_S^2}{X_\Sigma} = -\frac{U_S^2}{X_\Sigma} \tag{7-8}$$

式（7-8）中的 Q 为负值，表示临界失步时发电机从系统中吸收无功，且为常数。机端测量阻抗为

$$Z_m = \frac{\dot{U}_G}{\dot{I}} = \frac{U_S^2}{P - \mathrm{j}Q} + \mathrm{j}X_s = \frac{U_S^2}{-2\mathrm{j}Q} \times \frac{P - \mathrm{j}Q - (P + \mathrm{j}Q)}{P - \mathrm{j}Q} + \mathrm{j}X_s$$

$$= \mathrm{j}\left(\frac{U_S^2}{2Q} + X_s\right) - \mathrm{j}\frac{U_S^2}{2Q}\mathrm{e}^{\mathrm{j}2\varphi} \tag{7-9}$$

将式（7-8）代入式（7-9）中，经简化后得

$$Z_m = -\mathrm{j}\frac{1}{2}(X_d - X_s) + \mathrm{j}\frac{1}{2}(X_d + X_s)\mathrm{e}^{\mathrm{j}2\varphi} \tag{7-10}$$

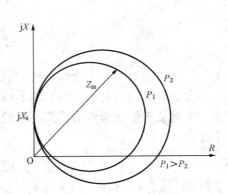

图 7-25 等有功阻抗圆

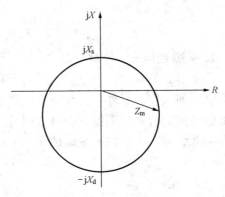

图 7-26 等无功阻抗圆

式（7-10）中，X_s、X_d 为常数。式（7-10）在阻抗复平面上的轨迹是一个圆，圆心坐标为 $\left(0, -\mathrm{j}\dfrac{X_d - X_s}{2}\right)$，半径为 $\dfrac{X_d + X_s}{2}$，该圆是在 Q 不变的条件下得出来的，又称为等无功圆，如图 7-26 所示。圆内为失步区，圆外为稳定工作区。

3. 失步后异步运行阶段

发电机失步后异步运行时的等值电路如图 7-27 所示。按图示正方向，机端测量阻抗为

$$Z_m = -\left[\mathrm{j}X_1 + \frac{\mathrm{j}X_{ad}\left(\dfrac{R_2'}{S} + \mathrm{j}X_2'\right)}{\dfrac{R_2'}{S} + \mathrm{j}(X_{ad} + X_2')}\right]$$

机端测量阻抗与转差率有关，当失磁前发电机在空载下失磁，即 $s=0$，$\dfrac{R_2'}{s}\to\infty$，机端测量阻抗为最大，即

$$Z_{\text{m.max}}=-\mathrm{j}(X_1+X_{\text{ad}})=-\mathrm{j}X_{\text{d}}$$

若失磁前发电机的有功负荷很大，极限情况 $s\to\infty$，$\dfrac{R_2'}{s}\to 0$，则机端量阻抗为最小，其值为

$$Z_{\text{m.min}}=-\mathrm{j}\left(X_1+\frac{X_2'X_{\text{ad}}}{X_2'+X_{\text{ad}}}\right)=-\mathrm{j}X_{\text{d}}'$$

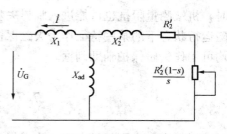

图 7 - 27　发电机异步运行时的等值电路

一般情况下，发电机在稳定异步运行时，测量阻抗落在 $-\mathrm{j}X_{\text{d}}'$ 到 $-\mathrm{j}X_{\text{d}}$ 的范围内，如图 7 - 28 所示。

由上述分析可见，发电机失磁后，其机端测量阻抗的变化情况如图 7 - 29 所示。发电机正常运行时，其机端测量阻抗位于阻抗复平面第一象限的 a 点。失磁后其机端测量阻抗沿等有功圆向第四象限变化。临界失步时达到等无功阻抗圆的 b 点。异步运行后，Z_{m} 便进入等无功阻抗圆，稳定在 c 或 c′ 点附近。

根据失磁后机端测量阻抗的变化轨迹，可采用最大灵敏角为 $-90°$ 的具有偏移特性的阻抗继电器构成发电机的失磁保护，如图 7 - 30 所示。为躲开振荡

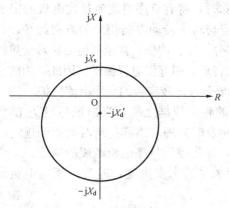

图 7 - 28　异步边界阻抗圆

的影响，取 $X_{\text{A}}=0.5X_{\text{d}}'$。考虑到保护在不同滑差下异步运行时能可靠动作，取 $X_{\text{B}}=1.2X_{\text{d}}$。

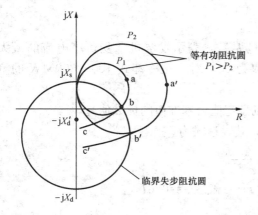

图 7 - 29　失磁后发电机机端测量阻抗的变化

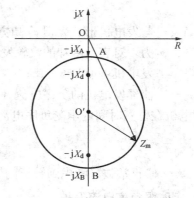

图 7 - 30　失磁保护用阻抗元件特性曲线

7. 6. 3　失磁保护的构成

发电机的失磁故障可采用无功功率改变方向、机端测量阻抗超越静稳边界圆的边界、机端测量阻抗进入异步静稳边界阻抗圆为主要判据，来检测失磁故障。但是仅用以上的主要判据来判断失磁故障是不全面的，而且可能判断错误。例如有时发电机欠励磁运行或励磁调节器调差特性配合不妥，无功功率分配不合理，可能出现无功反向；系统振荡或某些短路故障

时，机端测量阻抗也可能进入临界失步圆。因此，为了保证保护动作的选择性，还需要用失磁运行状态下的某些特征作为失磁保护的辅助判据，例如励磁电压的下降、系统电压的降低均可用作失磁保护辅助判据。

7.7　发电机负序电流保护

对于大、中型的发电机，为了提高不对称短路的灵敏度，可采用负序电流保护，同时还可以防止转子回路的过热。

正常运行时发电机的定子旋转磁场与转子同方向同速运转，因此不会在转子中感应电流；当电力系统中发生不对称短路，或三相负荷不对称时，将有负序电流流过发电机的定子绕组，该电流在气隙中建立起负序旋转磁场，以同步速与转子转动方向相反的方向旋转，并在转子绕组中产生 100Hz 的电流。该电流使转子相应部分过热、灼伤，甚至可能使护环受热松脱，导致发电机严重事故。同时，有 100Hz 的交变电磁转矩，引起发电机振动。因此，为防止发电机的转子遭受负序电流的损伤，大型汽轮发电机都要装设比较完善的负序电流保护。

发电机承受负序电流的能力 I_2，是负序电流保护的整定依据之一。当出现超过 I_2 的负序电流时，保护装置要可靠动作，发出声光信号，以便及时处理。当其持续时间达到规定时间，而负序电流尚未消除时，则应动作于切除发电机，以防遭受负序电流造成的损害。

发电机能长期承受的负序电流值由转子各部件能承受的温度决定，通常为额定电流的 $4\% \sim 10\%$。

发电机承受负序电流的能力，与负序电流通过的时间有关，时间越短，允许的负序电流越大，时间越长，允许的负序电流越小。因此负序电流在转子中所引起的发热量，正比于负序电流的平方与所持续的时间的乘积。发电机短时承受负序电流的能力可表达为

$$t = \frac{A}{I_{*2}^2}$$

式中　A——与发电机形式及其冷却方式有关的常数，表示发电机承受负序电流的最大能力，对表面冷却的汽轮发电机可取为 30，对直接冷却式 $100 \sim 300$MW 的汽轮发电机可取为 $6 \sim 15$；

I_{*2}——流经发电机的负序电流（以发电机额定值为基准值的标么值）。

发电机在任意时间内承受负序电流的能力，其表达式为

$$t = \frac{A}{I_{*2}^2 - \alpha}$$

式中　α——修正常数（考虑到转子的散热条件），一般取 $\alpha = 0.6 I_{*2}^2$。

7.7.1　定时限负序电流保护

对于中、小型发电机，负序过电流保护大多采用两段式定时限负序电流保护。负序电流保护由动作于信号的负序过负荷保护和动作于跳闸的负序过电流保护组成。

负序过负荷保护的动作电流按躲过发电机允许长期运行的负序电流整定。对汽轮发电机，长期允许负序电流为额定电流的 $6\% \sim 8\%$，对水轮发电机长期允许负序电流为额定电流的 12%。通常取为 $0.1 I_{\text{G.N}}$。保护时限大于发电机的后备保护的动作时限，可取 $5 \sim 10$s。

负序过电流保护的动作电流，按发电机短时允许的负序电流整定。对于表面冷却的发电

机其动作值常取为 $(0.5\sim0.6)I_{\text{G.N}}$。此外，保护的动作电流还应与相邻元件的后备保护在灵敏度上相配合。一般情况下可以只与升压变压器的负序电流保护在灵敏度上配合。保护的动作时限按阶梯原则整定，一般取 $3\sim5\text{s}$。

两段式负序定时限过电流保护动作时限特性与发电机允许的负序电流曲线的配合情况如图 7-31 所示。

图 7-31 中保护由两段构成：

Ⅰ段动作值 $I_{\text{op}*2}^{\text{I}}=0.5I_{\text{G.N}}$ 经延时 4s 动作于跳闸；

Ⅱ段动作值 $I_{\text{op}*2}^{\text{II}}=0.1I_{\text{G.N}}$ 经延时 10s 动作于信号。

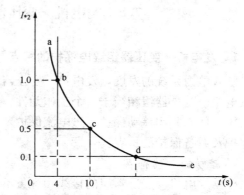

图 7-31 两段式负序定时限过电流保护动作
时限特性与发电机允许的负序电流曲线配合

在曲线 ab 段内，保护装置的动作时间大于发电机允许的时间，因此可能出现发电机已损坏而保护未动作的情况；

在曲线 bc 段内，保护装置的动作时间小于发电机允许的时间，没有充分利用发电机本身所具有的承受负序电流的能力；

在曲线 cd 段内，保护动作于信号，由运行人员来处理，可能值班人员还未来得及处理时，发电机已超过了允许时间，所以此段只给信号也不安全；

在曲线 de 段内，保护根本不反应。

两段式定时限负序电流保护接线简单，既能反应负序过负荷，又能反应负序过电流，对保护范围内故障有较高的灵敏度。在变压器后短路时，其灵敏度与变压器的接线方式无关。但是两段式定时限负序电流保护的动作特性与发电机发热允许的负序电流曲线不能很好地配合，存在着不利于发电机安全及不能充分利用发电机承受负序电流的能力等问题，因此，在大型发电机上一般不采用。大型汽轮发电机应装设能与负序过热曲线配合较好的具有反时限特性的负序电流保护。

7.7.2 反时限负序电流保护

反时限特性是指电流大时动作时限短，而电流小时动作时限长的一种时限特性。通过适当调整，可使保护时限特性与发电机的负荷发热允许电流曲线相配合，以达到保护发电机免受负序电流过热而损坏的目的。

采用式 $t=\dfrac{A}{I_{*2}^{2}-\alpha}$ 构成负序电流保护的判据。

发电机负序电流保护时限特性曲线与允许负序电流曲线（$t=A/I_{*2}^{2}$）的配合如图 7-32 所示。图中，虚线为保护的时限特性曲线，实线为允许负序电流曲线。由图 7-32 可见，发电机负序电流保护具有反时限特性，保护动作时间随负序电流的增大而减少，较好地与发电机承受负序电流的能力相匹配，这样既可以充

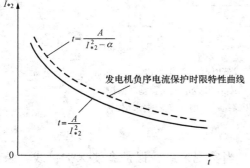

图 7-32 发电机负序电流保护时限特性
曲线与允许负序电流曲线的配合

分利用发电机承受负序电流的能力，避免在发电机还没有达到危险状态的情况下被切除，又能防止发电机损坏。

7.8 发电机—变压器组保护的特点及其配置

7.8.1 发电机—变压器组继电保护的特点

随着电力系统的发展，发电机—变压器组单元接线方式在电力系统中获得广泛应用。由于发电机—变压器组相当于一个工作元件，所以，前面介绍的发电机、变压器的某些保护可以共用，例如共用差动保护、过电流保护及过负荷保护等，下面介绍发电机—变压器组的差动保护及后备保护的特点。

1. 差动保护的特点

根据发电机—变压器组的接线和容量不同，其差动保护的装设方式如图 7 - 33 所示。

（1）对于 100MW 及以下发电机—变压器组，一般只装设一套差动保护，如图 7 - 33（a）所示。对于 100MW 及以下的发电机—变压器组，采用一套差动保护对发电机内部故障不能满足灵敏性要求时，发电机应加装一套差动保护，如图 7 - 33（b）所示。

（2）对于 100MW 及以上的发电机—变压器组，为了提高保护的速动性，在变压器上增设单独的差动保护，即采用双重纵差保护方式，如图 7 - 33（c）所示。

（3）当发电机—变压器组之间有分支线时，分支线应包括在差动保护范围内，如图 7 - 33（d）所示。

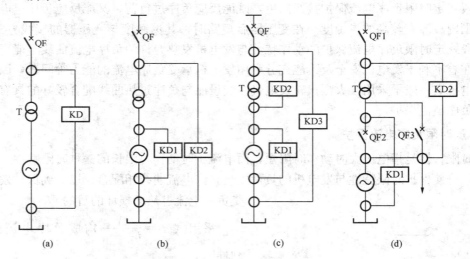

图 7 - 33 发电机—变压器组差动保护装设方式
(a) 共用一套差动保护；(b) 共用一套差动保护及发电机一套差动保护；
(c) 双重化纵差保护；(d) 发电机—变压器组及厂用电分支的差动保护

2. 后备保护的特点

发电机—变压器组一般装设共用的后备保护。当实现远后备保护会使保护接线复杂化时，可缩短对相邻线路后备保护的范围，但在相邻母线上三相短路时应有足够灵敏度。

对于采用双重化快速保护的大型发电机—变压器组，其高压侧可装设一套后备保护，如

图 7-34 所示。图 7-34 中全阻抗保护 KR 用于消除变压器高压侧电流互感器与断路器之间的死区和作为母线保护的后备。动作阻抗按母线短路时保证能可靠动作整定（即灵敏系数＞1.25），以延时躲过振荡，一般动作时间可取 0.5～1s。

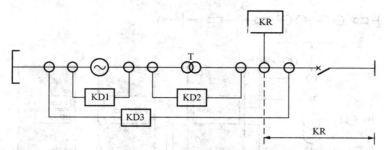

图 7-34　采用双重化快速保护的发电机—变压器组后备保护配置图

发电机—变压器组差动保护未采用双重化配置时，则采用两段式后备保护。Ⅰ段反应发电机端和变压器内部的短路故障，按躲过高压母线短路故障的条件整定，瞬时或经一短延时动作于跳闸；Ⅱ段按高压母线上短路故障时能可靠动作的条件整定，延时不超过发电机的允许时间。Ⅰ、Ⅱ段后备保护范围如图 7-35 所示。Ⅰ段可用电流速断保护；Ⅱ段用全阻抗保护，也可采用两段式全阻抗保护。

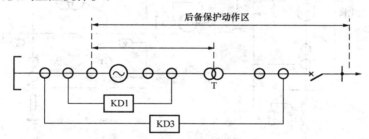

图 7-35　未采用双重化快速保护的发电机—变压器组后备保护配置图

7.8.2　RCS-985 微机发电机—变压器组成套保护装置

RCS-985 为数字式发电机变压器保护装置，适用于大型汽轮发电机、燃气轮发电机、核电机组等类型的发电机—变压器组单元接线及其他机组接线方式，并能满足发电厂电气监控自动化系统的要求。

RCS-985 提供一个发电机—变压器单元所需要的全部电量保护，保护范围为主变压器、发电机、高压厂变压器、励磁变压器（励磁机）。根据实际工程需要，配置相应的保护功能。对于一个大型发电机—变压器组单元或一台大型发电机，配置两套 RCS-985 保护装置，可以实现主保护、异常运行保护、后备保护的全套双重化，操作回路和非电量保护装置独立组屏。两套 RCS-985 取不同组 TA，主保护、后备保护共用一组 TA，出口对应不同的跳闸线圈。

如图 7-36 所示，发电机—变压器组按三块屏配置，A、B 屏配置两套 RCS-985A，分别取自不同的 TA，每套 RCS-985A 包括一个发电机—变压器组单元全部电量保护，C 屏配置非电量保护装置。图 7-36 中标出了接入 A 屏的 TA 极性端，其他接入 B 屏的 TA 极性端与 A 屏定义相同。

RCS-985 装置分四个程序版本，分别适用于不同的主接线。

　　RCS‐985A 适用于标准的发电机—变压器组单元主接线方式：两圈主变压器（220kV 或 500kV 出线）、发电机容量 100MW 及以上、一台高压厂变压器（三圈变压器或分裂变压器）、励磁变压器或励磁机。

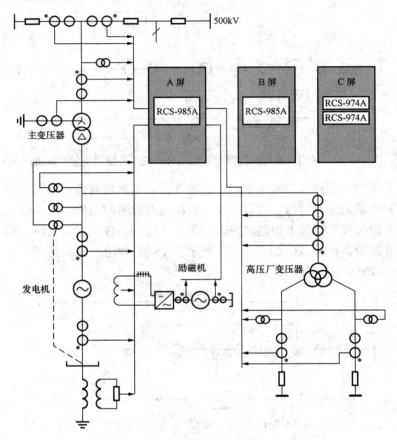

图 7‐36　RCS‐985A 保护配置示意图

　　RCS‐985B 适用于两台高压厂变压器的发电机—变压器组主接线方式：两圈主变压器（220kV 或 500kV 出线）、发电机容量 100MW 及以上、两台高压厂变压器、励磁变压器或励磁机。

　　RCS‐985C 适用于多种发电机—变压器组主接线方式：两圈或三圈主变压器、发电机容量小于 300MW、一台高压厂变压器（三圈变压器或分裂变压器）、分支电缆、励磁变压器或励磁机。

　　RCS‐985G 适用于大型发电机保护，可以满足汽轮发电机、燃气轮发电机、核电机组的保护要求。

　　发电机与变压器的保护功能见表 7‐2 和表 7‐3。

表 7‐2　　　　　　　　　　　　　　发电机保护功能一览表

序号	保 护 功 能	软 件 版 本			
		RCS‐985A	RCS‐985B	RCS‐985C	RCS‐985G
1	发电机纵差保护	●	●	●	●
2	发电机工频变化量差动保护	●	●	●	●

续表

序号	保 护 功 能	软 件 版 本			
		RCS - 985A	RCS - 985B	RCS - 985C	RCS - 985G
3	发电机裂相横差保护	●	—	—	●
4	高灵敏横差保护	●	●	●	●
5	纵向零序电压匝间保护	●	●	●	●
6	工频变化量方向匝间保护	●	●	●	●
7	发电机相间阻抗保护	2段2时限	2段2时限	2段2时限	2段2时限
8	发电机复合电压过电流保护	●	●	●	●
9	机端大电流闭锁功能	输出接点	输出接点	带跳选功能	输出接点
10	定子接地基波零序电压保护	●	●	●	●
11	定子接地三次谐波电压保护	●	●	●	●
12	转子一点接地保护	2段定值	2段定值	2段定值	2段定值
13	转子两点接地保护	●	●	●	●
14	定、反时限定子过负荷保护	●	●	●	●
15	定、反时限转子表层负序过负荷保护	●	●	●	●
16	失磁保护	●	●	●	●
17	失步保护	●	●	●	●
18	过电压保护	●	●	●	●
19	调相失压保护	●	●	●	●
20	定时限过励磁保护	2段	2段	2段	2段
21	反时限过励磁保护	●	●	●	●
22	逆功率保护	●	●	●	●
23	程序跳闸逆功率	●	●	●	●
24	低频保护	4段	3段	2段	3段
25	过频保护	2段	2段	1段	2段
26	起停机保护	●	●	●	●
27	误上电保护	●	●	●	●
28	非全相保护	●	●	●	●
29	电压平衡功能	●	●	●	●
30	TV 断线判别	●	●	●	●
31	TA 断线判别	●	●	●	●

注　"●"意为有此保护功能。

表 7 - 3　　　　　　　　　　主变压器保护功能一览表

序号	保 护 功 能	软 件 版 本		
		RCS - 985A	RCS - 985B	RCS - 985C
1	发电机—变压器组差动保护	●		●
2	主变压器差动保护	●	●	●
3	主变压器工频变化量差动保护	●	●	●
4	主变压器高压侧阻抗保护	2段4时限	2段2时限	2段4时限

续表

序号	保 护 功 能	软 件 版 本		
		RCS‐985A	RCS‐985B	RCS‐985C
5	主变压器高压侧复合电压过电流保护	2 段 4 时限	2 段 2 时限	1 段 2 时限
6	主变压器高压侧复合电压方向过电流保护	—	—	2 段 5 时限
7	主变压器高压侧零序过电流保护	3 段 6 时限	2 段 4 时限	1 段 2 时限
8	主变压器高压侧零序方向过电流保护	2 段 4 时限	2 段 4 时限	2 段 5 时限
9	主变压器高压侧间隙零序电压保护	1 段 2 时限	●	1 段 3 时限
10	主变压器高压侧间隙零序电流保护	1 段 2 时限	●	1 段 2 时限
11	主变压器高压侧阻抗保护	—		2 段 4 时限
12	主变压器中压侧复合电压过电流保护			1 段 2 时限
13	主变压器中压侧复合电压方向过电流保护			2 段 5 时限
14	主变压器中压侧零序过电流保护			1 段 2 时限
15	主变压器中压侧零序方向过电流保护			2 段 5 时限
16	主变压器中压侧间隙零序电压保护			1 段 3 时限
17	主变压器中压侧间隙零序电流保护			1 段 2 时限
18	主变压器低压侧接地零序报警	●	●	●
19	主变压器定、反时限过励磁保护	●	●	—
20	主变压器过负荷信号	●	●	●
21	主变压器起动风冷	●	●	●
22	TV 断线	●	●	●
23	TA 断线	●	●	●

注　"●"意为有此保护功能。

思 考 题 与 习 题

7‐1　发电机可能发生哪些故障和不正常工作方式？应配置哪些保护？

7‐2　发电机的纵差保护的方式有哪些？各有何特点？

7‐3　试简述发电机的匝间短路保护几个方案的基本原理、保护的范围。

7‐4　如何构成 100％发电机定子绕组接地保护？

7‐5　转子一点接地、两点接地有何危害？

7‐6　试述直流电桥式励磁回路一点接地保护基本原理及励磁回路两点接地保护基本原理。

7‐7　发电机失磁后的机端测量阻抗的变化规律如何？

7‐8　如何构成失磁保护？

7‐9　为何装设发电机的负序电流保护？为何要采用反时限特性？

7‐10　发电机—变压器组保护有何特点？

第8章 母线保护应用

【任务】

（1）对元件固定连接方式下的双母线，分析母线及外部不同地点发生短路时元件固定连接的双母线完全电流差动保护的动作情况。

（2）分析母线及外部不同地点发生短路时母联电流相位比较式母线完全电流差动保护的动作情况。

【知识点】

（1）母线故障及母线的保护方式；母线差动保护的原理。

（2）元件固定连接的双母线完全电流差动保护的原理。

（3）母联电流相位比较式母线完全电流差动保护的原理。

【目标】

（1）熟练掌握母线差动保护的原理。

（2）掌握元件固定连接的双母线完全电流差动保护的原理。

（3）掌握母联电流相位比较式母线完全电流差动保护的原理。

8.1 母线故障和装设母线保护的基本原则

发电厂和变电所中的母线是电力系统中的一个重要组成元件，是系统中汇集和分配电能的枢纽点。母线运行是否安全可靠，将直接影响发电厂、变电所和用户工作的可靠性，当枢纽变电站的母线上发生故障时，可能引起系统稳定性的破坏，造成严重的后果。

母线故障包括接地短路和相间短路故障。在母线故障中，大部分故障是由绝缘子对地放电引起的，母线故障开始阶段表现为单相接地短路，随着短路电弧的移动，往往发展为两相或三相接地短路。引起母线故障的主要原因是母线绝缘子和断路器套管的闪络，母线电压互感器和电流互感器的故障，断路器和隔离开关的支持绝缘子损坏，运行人员的误操作（如带负荷拉隔离开关、带接地线合断路器）等。与输电线路故障相比，母线故障的几率较小，但其造成的后果十分严重，因此必须采取措施来消除或减少母线故障所造成的后果。

为切除母线故障，可以采用以下两种保护方式。

1. 利用供电元件的保护装置来切除母线故障

（1）如图8-1所示，发电厂采用单母线接线，此时母线上的故障可利用发电机的过电流保护使发电机断路器跳闸予以切除。

（2）如图8-2所示，具有两台变压器的降压变电所，正常时变电所的低压侧母线分开运行，若接于低压侧母线上的线路为馈电线路，当低压侧母线发生故障时（如k点），可由相应变压器的过电流保护跳开变压器断路器，将母线短路故障切除。

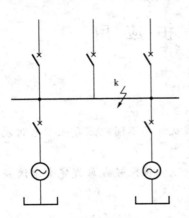
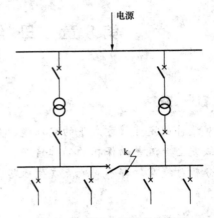

图 8-1　利用发电机的过电流　　　　　图 8-2　利用变压器的过电流
　　　　保护切除母线故障　　　　　　　　　　保护切除母线故障

（3）如图 8-3 所示，双侧电源网络，当变电所 B 母线上 k 点短路时，则可以由线路保护 1、4 的第 Ⅱ 段动作予以切除。

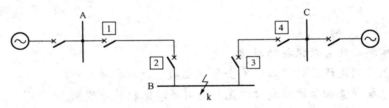

图 8-3　利用线路的保护切除母线故障

　　虽然利用供电元件的保护可以切除母线上的故障，但它切除故障的时间较长，在某些情况下不能保证有选择性地切除故障母线，因此，必须采取更有效的保护措施。

　　2. 利用专门的母线保护装置来切除母线故障

　　依据 GB/T 14285—2006《继电保护和安全自动装置技术规程》，目前我国在下列情况下装设专门的母线保护。

　　（1）对 220～500kV 母线，应装设快速且有选择地切除故障的母线保护。对一个半断路器接线，每组母线应装设两套母线保护。对双母线、双母线分段等接线，为防止母线保护因检修退出失去保护，母线发生故障会危及系统稳定和使事故扩大时，宜装设两套母线保护。

　　（2）对发电厂和变电所的 110kV 双母线，110kV 单母线、重要发电厂或 110kV 以上重要变电所的 35～66kV 母线，主要变电所的 35～66kV 双母线或分段母线，需快速而有选择地切除一段或一组母线上的故障时，应装设专用的母线保护。

　　（3）对发电厂和主要变电所的 3～10kV 分段母线及并列运行的双母线，当线路断路器不允许切除线路电抗器前的短路，且须快速而有选择地切除一段或一组母线上的故障以保证发电厂及电力网安全运行和重要负荷的可靠供电时，应装设专用母线保护。

　　由此可见，母线保护除应满足其速动性和选择性外，还应特别强调其可靠性并使接线尽量简化。电力系统中的母线保护，一般采用差动保护就可以满足要求。因此，母线差动保护得到广泛的应用。

8.2　母线完全电流差动保护

8.2.1　母线完全电流差动保护的工作原理

　　母线完全电流差动保护的原理接线如图 8-4 所示。在母线的所有连接元件上装设具有相同变比和特性的电流互感器,将所有电流互感器的二次绕组在母线侧的端子互相连接,在外侧的端子也互相连接,差动继电器则接于两连接线之间,差动继电器中流过的电流是所有电流互感器二次电流的相量和。这样,在一次侧电流总和为零时,理想情况下,二次侧电流的总和也为零。

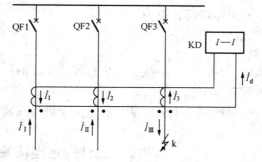

图 8-4　母线完全电流差动保护的原理接线图

　　图 8-4 中示出了母线外部 k 点短路时的电流分布图,设电流流进母线的方向为正方向。图中线路 I、II 接于系统电源,线路 III 接于负载。

　　(1) 在正常和外部故障时(k 点),流入母线与流出母线的一次电流之和为零,即

$$\sum \dot{I} = \dot{I}_I + \dot{I}_{II} - \dot{I}_{III} = 0 \tag{8-1}$$

而流入继电器的电流为

$$\dot{I}_d = \dot{I}_1 + \dot{I}_2 - \dot{I}_3 = \frac{1}{n_{TA}}(\dot{I}_I + \dot{I}_{II} - \dot{I}_{III}) \tag{8-2}$$

因电流互感器变比 n_{TA} 相同,在理想情况下流入差动继电器的电流为零,即 $\dot{I}_d = 0$。

　　但实际上,由于电流互感器的励磁特性不完全一致和误差的存在,在正常运行或外部故障时,流入差动继电器的电流为不平衡电流,即

$$\dot{I}_d = \dot{I}_{unb} \tag{8-3}$$

式中　$\dot{I}_{unb}$——电流互感器特性不一致而产生的不平衡电流。

　　(2) 母线故障时,所有有电源的线路,都向故障点供给故障电流,则

$$\dot{I}_d = \frac{1}{n_{TA}}(\dot{I}_I + \dot{I}_{II}) = \frac{1}{n_{TA}}\dot{I}_k \tag{8-4}$$

式中　$\dot{I}_k$——故障点的总短路电流。

此电流数值很大,足以使差动继电器动作。

8.2.2　母线完全电流差动保护的整定计算

　　1. 差动继电器的动作电流按下述条件计算,并取较大者作为整定值

　　(1) 按躲过外部故障时差动回路中产生的最大不平衡电流整定,即

$$I_{op} = 10\% K_{rel} K_{np} \frac{I_{k.max}}{n_{TA}} \tag{8-5}$$

式中　K_{rel}——可靠系数,一般取 1.3;

　　　　K_{np}——非周期分量影响系数,如差动继电器具有速饱和变流器时,可取 $K_{np}=1$;

$I_{\mathrm{k.max}}$——母线外部故障时，流过连接元件的最大短路电流。

（2）按躲过电流互感器二次回路断线时的负荷电流整定，即

$$I_{\mathrm{op}} = K_{\mathrm{rel}} \frac{I_{\mathrm{l.max}}}{n_{\mathrm{TA}}} \tag{8-6}$$

式中　K_{rel}——可靠系数，一般取 1.3；

　　　$I_{\mathrm{l.max}}$——连接于母线上任一元件的最大负荷电流。

2. 灵敏度校验

灵敏度可计算为

$$K_{\mathrm{sen}} = \frac{I_{\mathrm{k.min}}}{I_{\mathrm{op}} n_{\mathrm{TA}}} \tag{8-7}$$

式中　$I_{\mathrm{k.min}}$——母线上发生短路故障时的最小短路电流。

一般要求 $K_{\mathrm{sen}} \geqslant 2$。

母线完全电流差动保护适用于单母线或双母线经常只有一组母线运行的情况。

8.3　元件固定连接的双母线完全电流差动保护

当发电厂和重要变电所的高压母线为双母线时，为了提高供电的可靠性，通常双母线同时运行，母线联络断路器处于投入状态，每组母线上连接二分之一的供电元件和受电元件。当任一组母线故障时，只切除与该母线相连的元件，而另一组母线上的连接元件照常运行，从而缩小停电范围，提高供电可靠性。因此，构成双母线完全电流差动保护时，要有选择故障母线的功能。

8.3.1　双母线固定连接的差动保护的组成

双母线固定连接方式的差动保护单相原理接线图如图 8-5 所示，它主要由三组差动保护组成。第一组用于选择母线 I 的故障，它包括电流互感器 1、2、6 和差动继电器 KD1。第二组用于选择母线 II 的故障，它包括电流互感器 3、4、5 和差动继电器 KD2。第三组实际上是将母线 I、II 都包括在内的完全差动保护，它包括电流互感器 1～6 和差动继电器 KD3。无论母线 I 或母线 II 故障，KD3 都动作；当外部故障时，KD3 不动作。KD3 作为整个保护的起动元件。

8.3.2　双母线固定连接的差动保护的工作原理

（1）正常运行或保护区外部（k 点）故障时，由图 8-6 所示的二次电流分布情况可见，流经差动电流继电器 KD1、KD2 和 KD3 的电流均为不平衡电流。而保护装置是按躲过外部故障时最大不平衡电流来整定的。所以，差动保护不会动作。

（2）任一组母线区内故障时，如母线 I 上 k 点发生故障，由图 8-7 所示的二次电流分布情况可见，流经差动电流继电器 KD1、KD3 的电流为全部故障二次电流，而差动继电器 KD2 中仅有不平衡电流流过，所以，KD1 和 KD3 动作，KD2 不动作。由图 8-5 可见，KD3 动作后起动中间继电器 KC6，从而使母线联络断路器 QF5 跳闸，并发出母联断路器跳闸信号。KD1 动作后，起动中间继电器 KC4，从而使断路器 QF1 和 QF2 跳闸并发出相应的跳闸信号。这样，既把故障的 I 组母线切除，同时使没有故障的 II 组母线仍继续保持运行，提高了电力系统供电的可靠性；同样，可以分析母线 II 上发生故障时的保护动作情况。

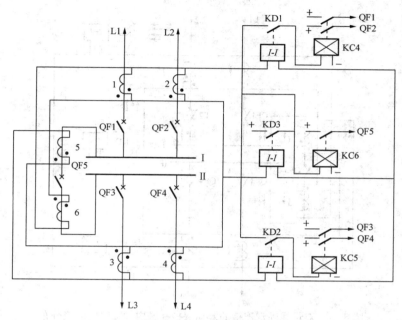

图 8-5　双母线固定连接方式的差动保护单相原理接线图

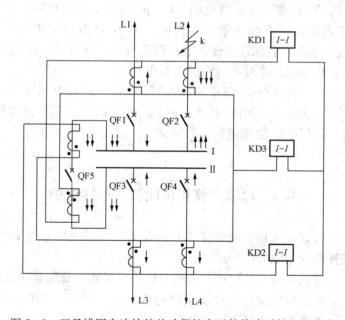

图 8-6　双母线固定连接的差动保护在区外故障时的电流分布

8.3.3 元件固定连接方式破坏后保护动作情况

元件固定连接方式的优点是,任一母线故障时,能有选择地、迅速地切除故障母线,没有故障的母线继续运行,从而提高了电力系统运行的可靠性。在实际运行中,由于设备的检修、元件故障等原因,元件固定连接方式常常被破坏。例如,将线路 L2 从 Ⅰ 母线切换至 Ⅱ 母线时,由于差动保护的二次回路不跟着切换,从而失去构成差动保护的基本原则,按固定连接工作的两母线差动保护的选择元件,都不能反应该两组母线上实有设备的电流值。线路

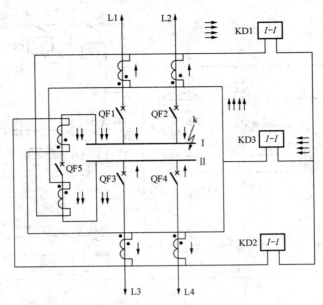

图 8-7　双母线固定连接的差动保护在区内故障时的电流分布

L2 上外部故障时（k 点），差动电流继电器 KD1 和 KD2 都将流过较大的差电流而误动作。而 KD3 仅流过不平衡电流，不会动作。由于 KD1 和 KD2 触点的正电源受 KD3 触点所控制，而这时 KD3 若不动作，就保证了保护不会误跳闸。由此可见，起动元件 KD3，当固定连接破坏时，能够防止外部故障时差动保护误动作。

　　当Ⅰ母线故障时，差动继电器 KD1、KD2、KD3 都有故障电流流过，这样，起动元件 KD3 和选择元件 KD1、KD2 都动作，从而将两组母线上的连接元件全部切除，扩大了故障范围。因此，该保护应用于固定连接的运行方式下，从而限制了电力系统运行调度的灵活性，这是它的主要缺点。

8.4　母联电流相位比较式母线保护

　　母联电流相位比较式母线保护适用于双母线运行，母线上的连接元件经常改变的情况下，它能做到有选择性地切除故障母线。

　　母联电流相位比较式母线差动保护的原理是比较母线联络断路器回路的电流与总差动电流的相位关系。母联电流相位比较式母线保护的单相原理接线图如图 8-8 所示。它的主要元件是起动元件 KD 和选择元件 KW1、KW2。起动元件 KD 接于所有引出线的总差动电流，KW 的两个绕组分别接入母联断路器回路的电流和总差动回路的电流，通过比较这两个回路中电流的相位来获得选择性。在图 8-8（a）所示双母线接线中，假设Ⅰ、Ⅱ母线并列运行，Ⅰ母线和Ⅱ母线的连接元件中均有电源线路，规定母联电流 $\dot{I}_5$ 的正方向为由Ⅱ母线流向Ⅰ母线，则当Ⅰ母线上的 k1 点发生短路故障时，母联电流 $\dot{I}_5$ 为

$$\dot{I}_5 = \dot{I}_3 + \dot{I}_4$$

短路电流 $\dot{I}_k$ 为

$$\dot{I}_k = \dot{I}_1 + \dot{I}_2 + \dot{I}_3 + \dot{I}_4 \qquad (8-8)$$

显然，当不计各电源间的相角差和各元件阻抗角的不同时，$\dot{I}_5$ 和 $\dot{I}_k$ 同相位，如图 8-8 (b) 所示。

Ⅱ母线上的 k2 点发生短路故障时，母联电流 $\dot{I}_5$ 为

$$\dot{I}_5 = -(\dot{I}_1 + \dot{I}_2)$$

短路电流 $\dot{I}_k$ 仍如式 (8-8) 所示。所以 $\dot{I}_5$ 与 $\dot{I}_k$ 反相位，如图 8-8 (b) 所示。

可见，以图示 $\dot{I}_5$ 为正方向时，若 $\dot{I}_5$ 与 $\dot{I}_k$ 同相位，则判别为Ⅰ母线上发生了短路故障，若 $\dot{I}_5$ 与 $\dot{I}_k$ 反相位，则判别为Ⅱ母线上发生了短路故障。

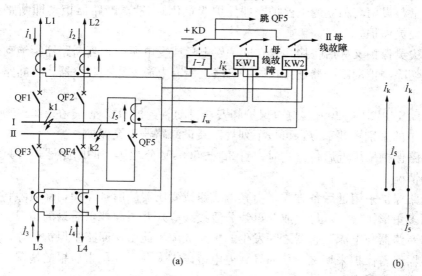

图 8-8 母联电流相位比较式母线保护单相原理接线图
(a) 原理接线图；(b) 相量图

在图 8-8 (a) 所示接线中，差动继电器 KD 中的电流 $\dot{I}'_k = \dfrac{\dot{I}_k}{n_{TA}}$，所以电流 $\dot{I}'_k$ 的相位就是短路电流 $\dot{I}_k$ 的相位，并且 KD 动作时，即表示Ⅰ母线或Ⅱ母线发生了短路故障。KW1、KW2 是故障母线的选择元件，进行 $\dot{I}_5$ 与 $\dot{I}_k$ 的相位比较，即对 $\dot{I}_w = \dfrac{\dot{I}_5}{n_{TA}}$ 和 $\dot{I}'_k = \dfrac{\dot{I}_k}{n_{TA}}$ 进行相位比较。当 $\dot{I}'_k$ 与 $\dot{I}_w$ 同时从 KW1 的两个线圈的同极性端流进时，KW1 处于动作状态，而 $\dot{I}_w$ 从 KW2 的同极性端流出，KW2 处于不动作状态；当 $\dot{I}_k$ 与 $-\dot{I}_w$，同时从 KW2 的两个线圈的同极性端流进时，KW2 处于动作状态，而 $-\dot{I}_w$ 从 KW1 的同极性端流出，KW1 处于不动作状态。

由以上分析可见，KD、KW1 动作时，判别为Ⅰ母线短路故障；KD、KW2 动作时，判别为Ⅱ母线上发生了短路故障。

8.5　断路器失灵保护

8.5.1　断路器失灵保护及其装设条件和要求

高压电网的保护装置和断路器，都应考虑一定的后备方式，以便在保护装置拒动或断路器失灵时，仍能够可靠地切除故障。相邻元件的远后备保护是最简单、最有效的后备方式，它既是保护拒动的后备，又是断路器拒动的后备。但在高压电网中，由于各电源支路的助增作用，实现这种后备方式往往不能满足灵敏度要求，且动作时间较长，容易引起事故范围的扩大甚至破坏系统稳定。所以，对于重要的 220kV 及以上电压等级的主干线路，为防止保护拒动，通常装设两套独立的主保护（即保护双重化），针对断路器拒动即断路器失灵，则装设断路器失灵保护。

断路器失灵保护又称后备接线。在同一发电厂或变电所内，当断路器拒绝动作时，它能以较短时限切除与拒动断路器连接在同一母线上所有电源支路的断路器，将断路器拒动的影响限制到最小。

根据 GB/T 14285—2006《继电保护和安全自动装置技术规程》，在 220～500kV 电网及 110kV 电网中的个别重要部分，可按下列规定装设断路器失灵保护。

（1）线路保护采用近后备方式时，对 220～500kV 分相操作的断路器，可只考虑断路器单相拒动的情况。

（2）线路保护采用远后备方式，由其他线路或变压器的后备保护切除故障将扩大停电范围（如采用多角形接线、双母线或单母线分段接线等）并引起严重后果的情况。

（3）如断路器与电流互感器之间发生的短路故障不能由该回路主保护切除，而是由其他线路或变压器后备保护来切除，从而导致停电范围扩大并引起严重后果的情况。

对失灵保护的要求如下。

（1）失灵保护必须有较高的安全性，不应发生误动作。

（2）当失灵保护动作于母联和分段断路器后，相邻元件保护以相继动作切除故障时，失灵保护不能动作于其他断路器。

（3）失灵保护的故障判别元件和跳闸闭锁元件应保证断路器所在线路或设备末端发生故障时有足够的灵敏度。对于分相操作的断路器，只要求校验单相接地故障的灵敏度。

8.5.2　断路器失灵保护的工作原理

图 8-9 示出了断路器失灵保护的原理框图，保护由起动元件、时间元件、闭锁元件和跳闸出口元件等部分组成。

起动元件由该组母线上所有连接元件的保护出口继电器和故障判别元件构成。只有在故障元件的保护装置出口继电器动作后不返回（表示继电保护动作，断路器未跳开），同时在保护范围内仍然存在故障且故障判别元件处于动作状态时，起动元件才动作。

时间元件 T 的延时按断路器跳闸时间与保护装置返回时间之和整定（通常 t 取 0.3～0.5s）。当采用单母线分段或双母线接线时，延时可分两段，第 I 段动作于分段断路器或母联断路器，第 II 段动作跳开有电源的出线断路器。

为进一步提高工作可靠性，采用低电压元件和零序过电压元件作为闭锁元件，通过

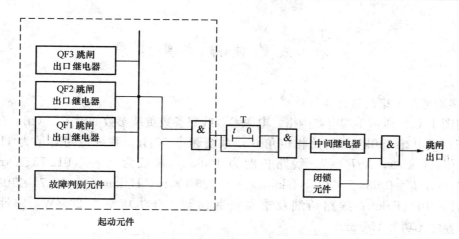

图 8-9 断路器失灵保护原理框图

"与"门构成断路器失灵保护的跳闸出口回路。

对于起动元件中的故障判别元件，当母线上连接元件较少时，可采用检查故障电流的电流继电器，当连接元件较多时，可采用检查母线电压的低电压继电器。当采用电流继电器时，在满足灵敏度的情况下，应尽可能大于负荷电流，当采用低电压继电器时，动作电压应按最大运行方式下线路末端发生短路故障时保护有足够的灵敏度来整定。

思 考 题 与 习 题

8-1 试简述母线差动保护的基本原理。

8-2 试分析双母线固定连接的差动保护在元件固定连接方式破坏后的工作情况。

8-3 试简述母联相位差动保护的基本原理。

附录　线路故障仿真结果

1. 单端电源网络故障仿真结果

如附图 1（a）所示单端电源网络。电源参数线路参数负载参数如附图 1（b）、（c）、（d）所示。三相线电压 110kV，初始相位角 0°，系统频率 50Hz。系统短路容量为 1130MVA（基准电压 110kV），$X/R = 7$。线路长度为 100km，参数为 $r_1 = 0.012\,73\,\Omega/\text{km}$，$r_0 = 0.386\,4\,\Omega/\text{km}$，$l_1 = 0.933\,7 \times 10^{-3}\,\text{H/km}$，$l_0 = 4.126\,4 \times 10^{-3}\,\text{H/km}$，$c_1 = 12.74 \times 10^{-9}\,\text{F/km}$，$c_0 = 7.751 \times 10^{-9}\,\text{F/km}$；线路始端及末端负载参数：有功功率为 20MW，感性无功为 1Mvar，容性无功为 1Mvar。

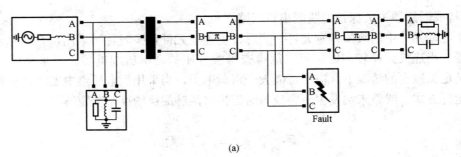

(a)

(b)

附图 1　仿真用单端电源网络（一）

（a）网络示意图；（b）电源参数

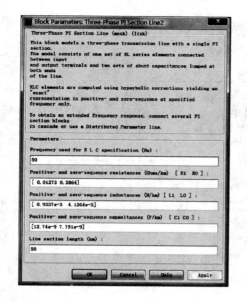 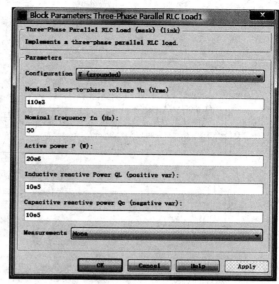

(c) (d)

附图 1 仿真用单端电源网络 (二)

(c) 线路参数；(d) 负载参数

　　附图 2 所示为单端电源网络正常运行母线处电压与电流情况。附图 2 (a) 所示为电压波形，上图为 abc 系统中的三相电压瞬时波形，下图为由 abc 系统计算出的复合序网中电压正负零分量的幅值。附图 2 (b) 所示为电流波形，上图为 abc 系统中的三相电流瞬时波形，中图为由 abc 系统计算出的复合序网中电流正负零分量的幅值，下图为 abc 系统中三相电流的有效值。

　　附图 2 (a)、(b) 正负零分量图中，由于系统对称，所以只有正序分量。

　　附图 3 所示为单端电源网络母线处发生 A 相单相接地故障时母线电压与电流情况。与附图 2 比较，电压、电流正负零分量图中可明显看到正负零分量的变化情况；电流有效值图中，可明显看到非周期分量的存在。

　　附图 4 所示为单端电源网络距线路始端 20km 处发生 A 相单相接地故障时母线电压与电流情况。

　　附图 5 所示为单端电源网络距线路始端 70km 处发生 A 相单相接地故障时母线电压与电流情况。

　　附图 6 所示为单端电源网络线路末端发生 A 相单相接地故障时母线电压与电流情况。

　　附图 7 所示为单端电源网络线路母线处发生 AB 两相相间故障时母线电压与电流情况。

　　附图 8 所示为单端电源网络线路始端 20km 处发生 AB 两相相间故障时母线电压与电流情况。

　　附图 9 所示为单端电源网络线路始端 70km 处发生 AB 两相相间故障时母线电压与电流情况。

　　附图 10 所示为单端电源网络线路末端处发生 AB 两相相间故障时母线电压与电流情况。

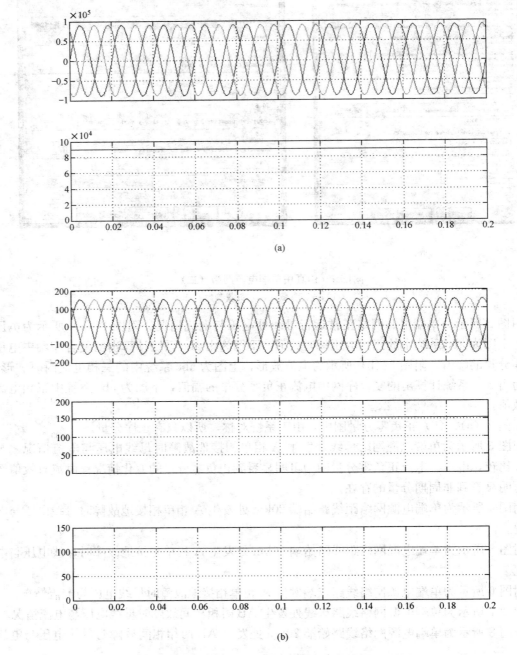

附图 2　单端电源网络正常运行母线处电压与电流情况

（a）电压波形；（b）电流波形

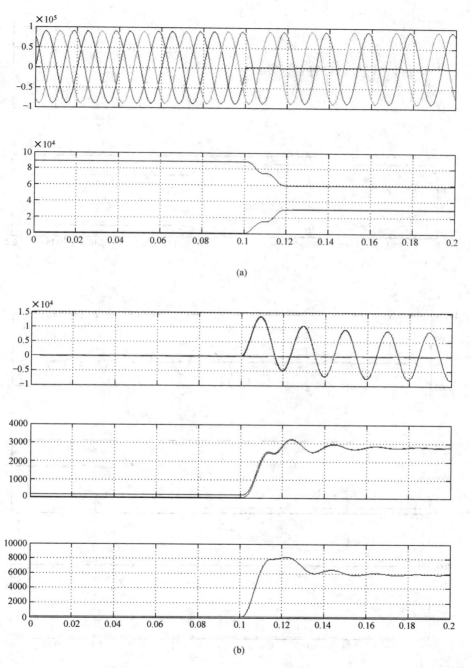

附图 3　单端电源网络母线处发生 A 相单相接地故障时母线电压与电流情况
（a）电压波形；（b）电流波形

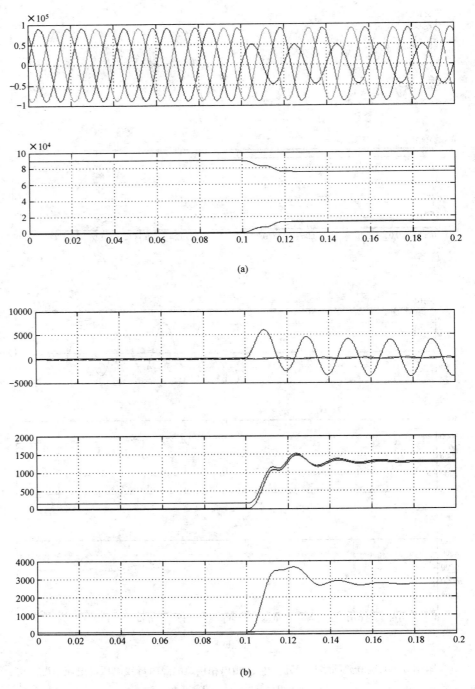

(a)

(b)

附图 4　单端电源网络距线路始端 20km 处发生 A 相单相接地故障时母线电压与电流情况
(a) 电压波形；(b) 电流波形

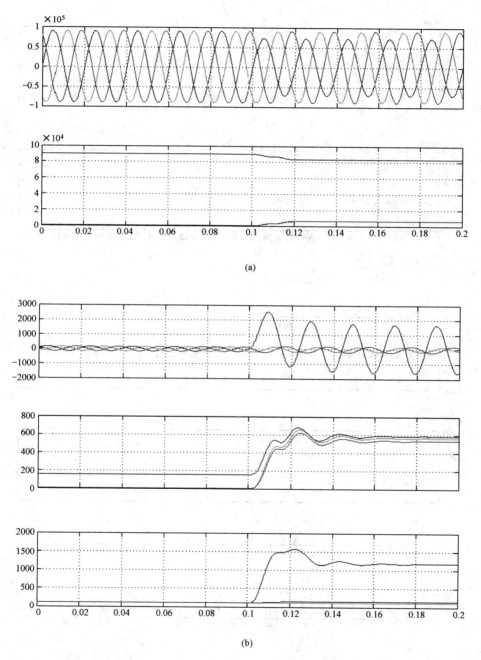

附图 5　单端电源网络距线路始端 70km 处发生 A 相单相接地故障时母线电压与电流情况
（a）电压波形；（b）电流波形

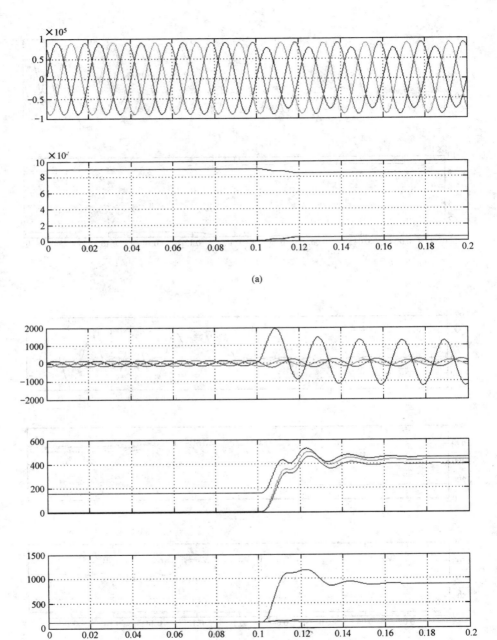

附图 6　单端电源网络线路末端发生 A 相单相接地故障时母线电压与电流情况

（a）电压波形；（b）电流波形

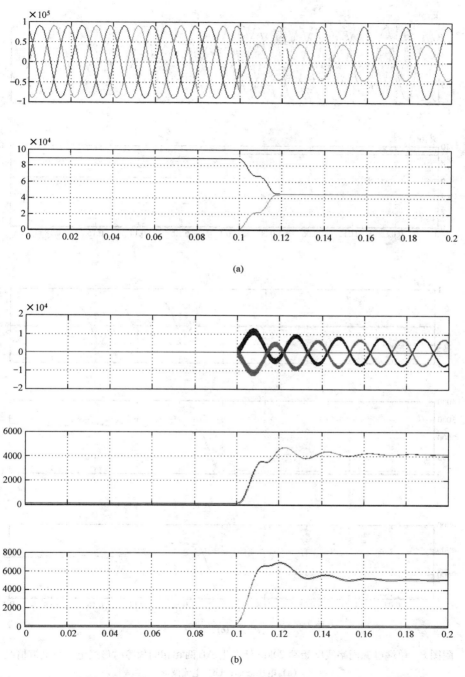

附图 7 单端电源网络线路母线处发生 AB 两相相间故障时母线电压与电流情况
（a）电压波形；（b）电流波形

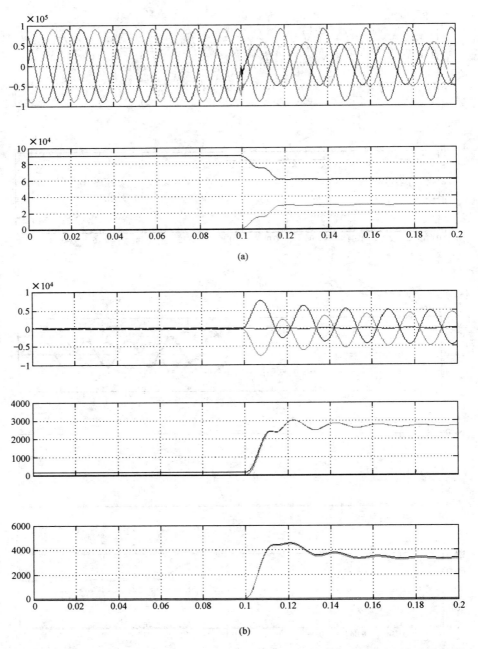

附图 8　单端电源网络线路始端 20km 处发生 AB 两相相间故障时母线电压与电流情况
(a) 电压波形；(b) 电流波形

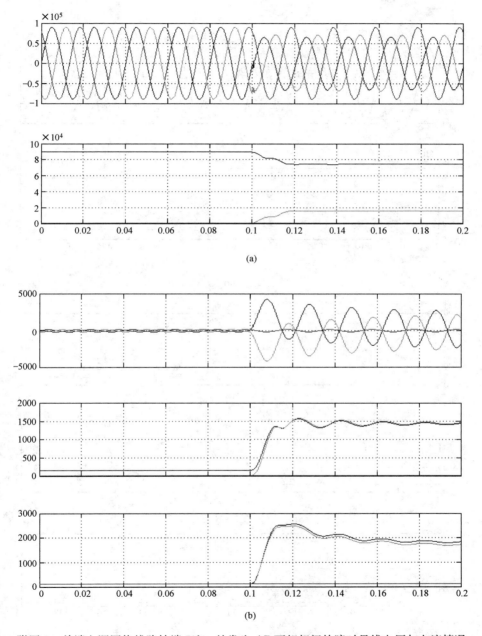

附图 9 单端电源网络线路始端 70km 处发生 AB 两相相间故障时母线电压与电流情况
（a）电压波形；（b）电流波形

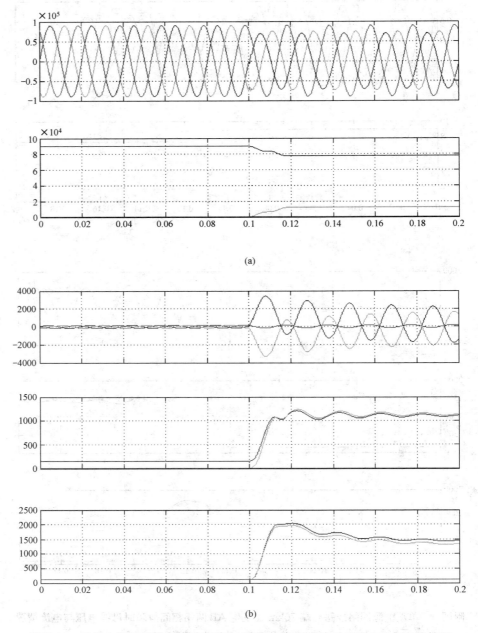

附图 10 单端电源网络线路末端处发生 AB 两相相间故障时母线电压与电流情况

（a）电压波形；（b）电流波形

附图 11 所示为单端电源网络线路始端处发生三相对称故障时母线电压与电流情况。

附图 12 所示为单端电源网络距线路始端 20km 处发生三相对称故障时母线电压与电流情况。

附图 13 所示为单端电源网络距线路始端 70km 处发生三相对称故障时母线电压与电流情况。

附图 14 所示为单端电源网络线路末端处发生三相对称故障时母线电压与电流情况。

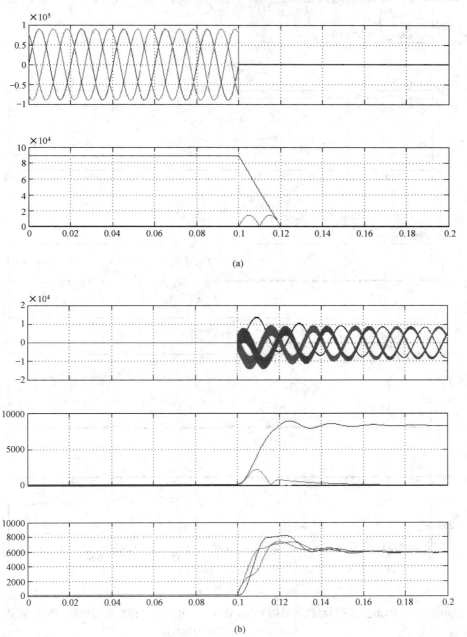

附图 11 单端电源网络线路始端处发生三相对称故障时母线电压与电流情况
（a）电压波形；（b）电流波形

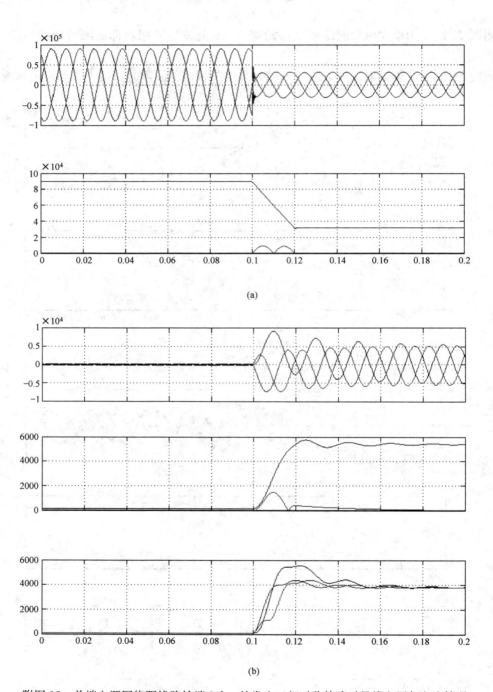

附图 12　单端电源网络距线路始端 20km 处发生三相对称故障时母线电压与电流情况

（a）电压波形；（b）电流波形

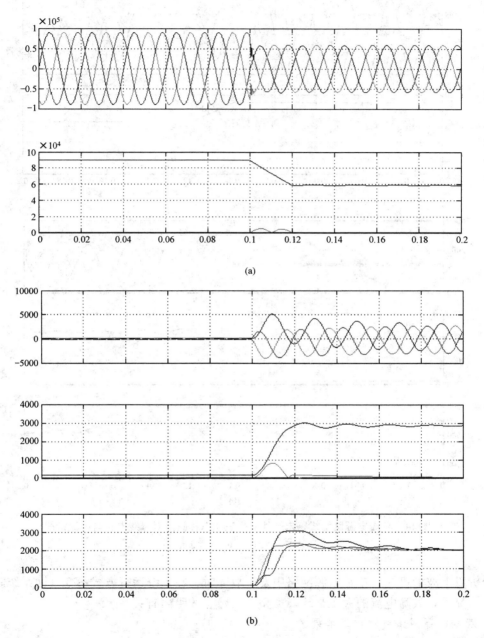

附图 13 单端电源网络距线路始端 70km 处发生三相对称故障时母线电压与电流情况
（a）电压波形；（b）电流波形

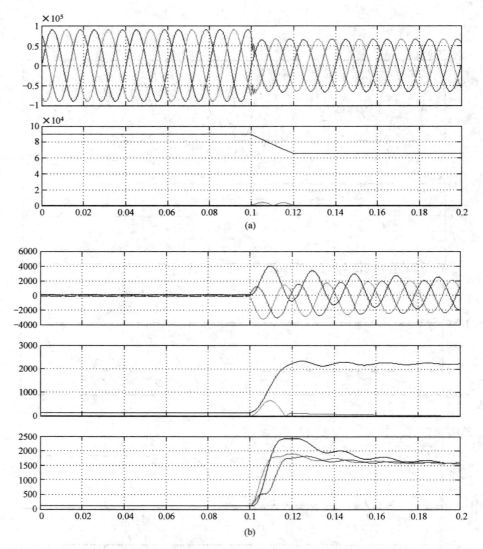

附图 14　单端电源网络线路末端处发生三相对称故障时母线电压与电流情况
（a）电压波形；（b）电流波形

　　分析以上波形可知，单端电源网络中发生故障时，在系统运行方式不变（即系统阻抗不变）的情况下，故障电流的大小与故障类型、故障点的距离有关。

2. 双端电源网络故障仿真结果

　　如附图 15（a）所示双端电源网络。M 侧电源参数：三相线电压 110kV，初始相位角 0°，系统频率 50Hz。系统短路容量为 1130MVA（基准电压 110kV），$X/R=7$。线路长度为 100km，参数为 $r_1 = 0.012\,73\,\Omega/\mathrm{km}$，$r_0 = 0.386\,4\,\Omega/\mathrm{km}$，$l_1 = 0.933\,7 \times 10^{-3}\,\mathrm{H/km}$，$l_0 = 4.126\,4 \times 10^{-3}\,\mathrm{H/km}$，$c_1 = 12.74 \times 10^{-9}\,\mathrm{F/km}$，$c_0 = 7.751 \times 10^{-9}\,\mathrm{F/km}$；线路 M 端及 N 端负载参数：有功功率为 20MW，感性无功为 1Mvar，容性无功为 1Mvar。N 侧电源参数如附图 15（b）所示：三相线电压 110kV，初始相位角 30°，系统频率 50Hz。系统短路容量为

1130MVA（基准电压 110kV），$X/R=7$。

　　附图 16 所示为正常运行 M、N 母线处的三相电压电流瞬时值，其中，图（a）为 M 侧 U_a、U_b、U_c 瞬时波形，图（b）为 N 侧 U_a、U_b、U_c 瞬时波形，图（c）为 M 侧 I_a、I_b、I_c 瞬时波形，图（d）为 N 侧 I_a、I_b、I_c 瞬时波形。

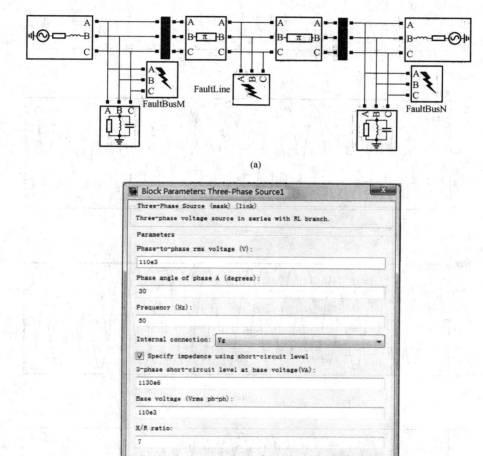

(a)

(b)

附图 15　双端电源网络

（a）网络结构示意图；（b）N 侧电源参数

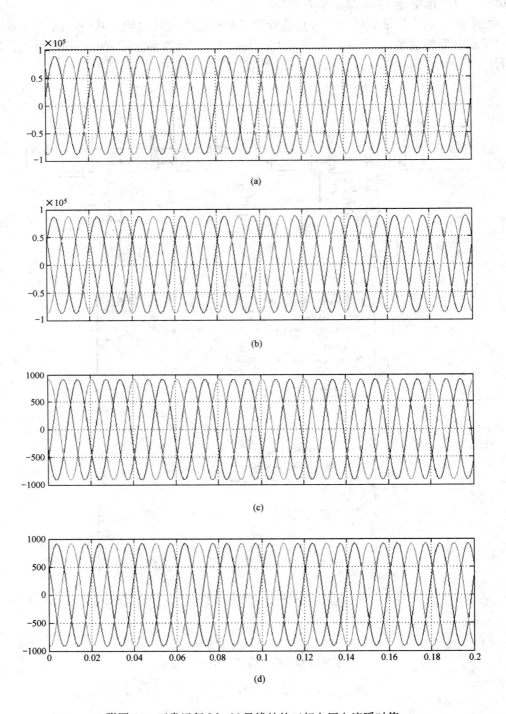

附图 16   正常运行 M、N 母线处的三相电压电流瞬时值
(a) M 侧 U_a、U_b、U_c 的瞬时波形；(b) N 侧 U_a、U_b、U_c 的瞬时波形；
(c) M 侧 I_a、I_b、I_c 的瞬时波形；(d) N 侧 I_a、I_b、I_c 的瞬时波形

附图 17 所示为 M 侧电源侧发生不同故障时，M、N 母线处的三相电压、电流瞬时值，其中，图（a）为 A 相单相接地、图（b）为 AB 两相接地、图（c）为 AB 相间故障、图（d）为 N 侧 ABC 三相故障。

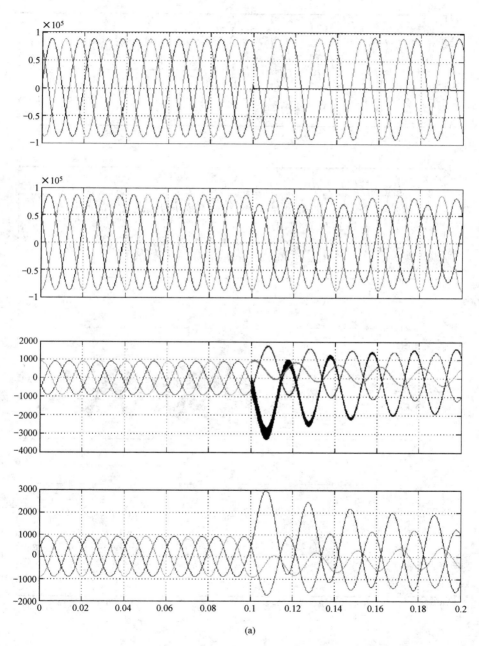

(a)

附图 17　M 侧电源侧发生不同故障时，M、N 母线处的三相电压、电流瞬时值（一）

(a) A 相单相接地

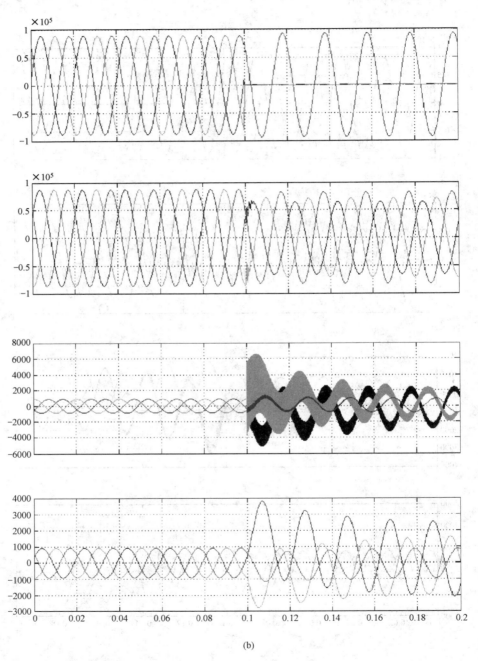

(b)

附图 17　M 侧电源侧发生不同故障时，M、N 母线处的三相电压、电流瞬时值（二）

（b）AB 两相接地

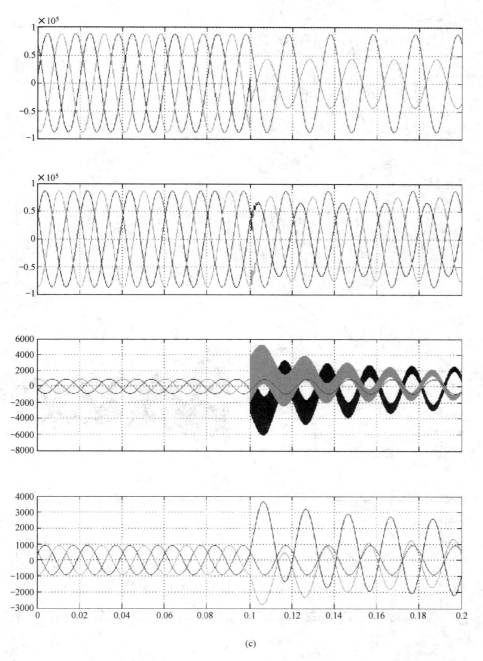

(c)

附图 17　M 侧电源侧发生不同故障时，M、N 母线处的三相电压、电流瞬时值（三）

（c）AB 相间故障

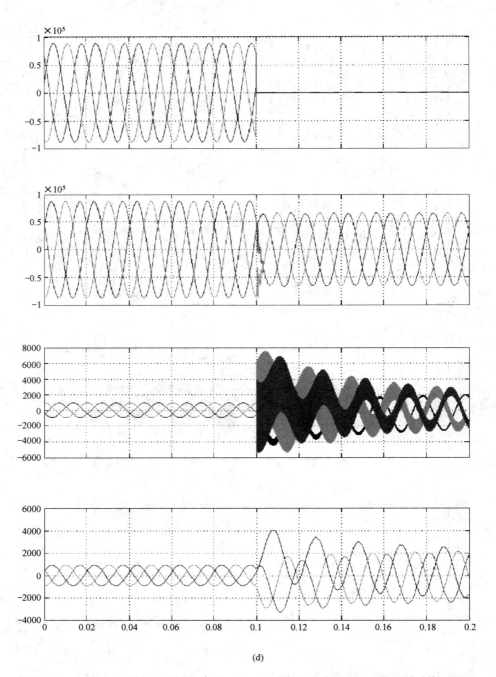

(d)

附图 17　M 侧电源侧发生不同故障时，M、N 母线处的三相电压、电流瞬时值（四）

（d）ABC 三相故障

　　附图 18 所示为 N 侧电源侧发生不同故障时，M、N 母线处的三相电压、电流瞬时值，其中，图（a）为 A 相单相接地、图（b）为 AB 两相接地、图（c）为 AB 相间故障、图（d）为 N 侧 ABC 三相故障。

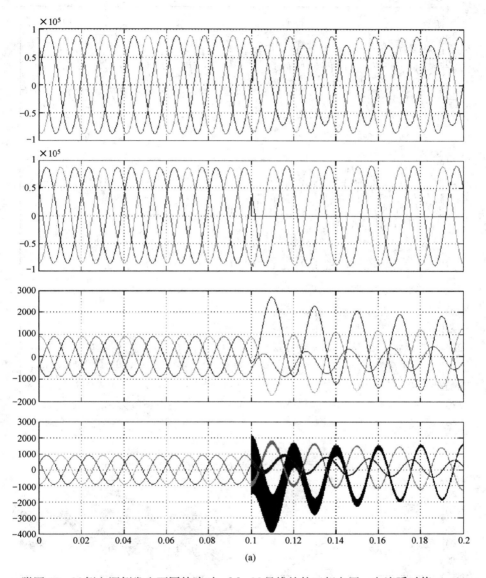

(a)

附图 18　N 侧电源侧发生不同故障时，M、N 母线处的三相电压、电流瞬时值（一）

（a）A 相单相接地

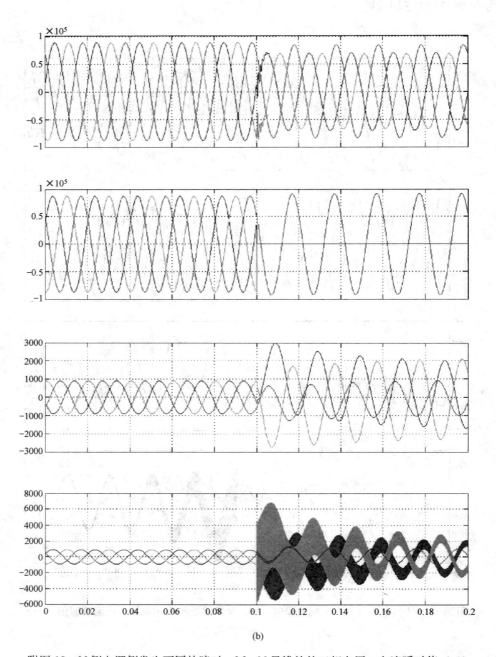

(b)

附图 18　N 侧电源侧发生不同故障时，M、N 母线处的三相电压、电流瞬时值（二）

（b）AB 两相接地

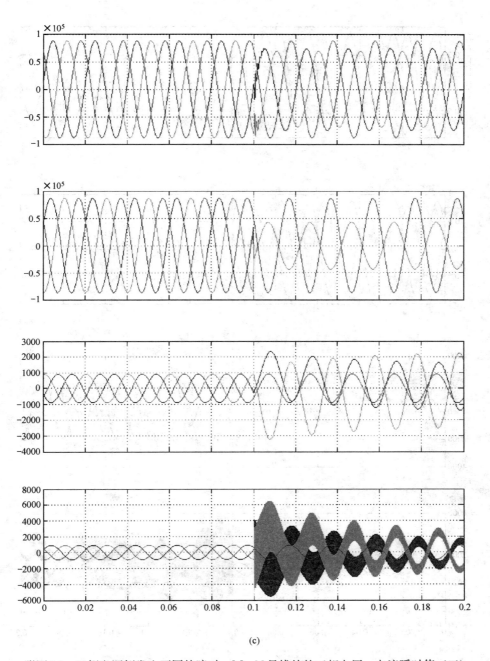

(c)

附图 18　N 侧电源侧发生不同故障时，M、N 母线处的三相电压、电流瞬时值（三）

（c）AB 相间故障

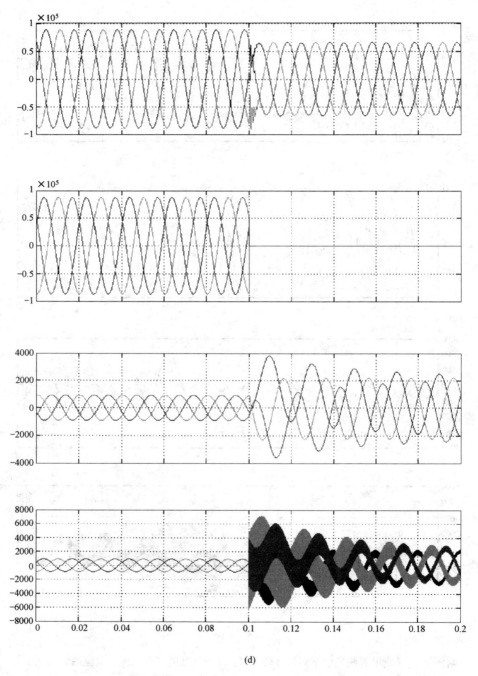

(d)

附图 18　N 侧电源侧发生不同故障时，M、N 母线处的三相电压、电流瞬时值（四）

（d）ABC 三相故障

附图 19 所示为线路中点处发生不同故障时，M、N 母线处的三相电压、电流瞬时值，其中，图（a）为 A 相单相接地、图（b）为 AB 两相接地、图（c）为 AB 相间故障、图（d）为 N 侧 ABC 三相故障。

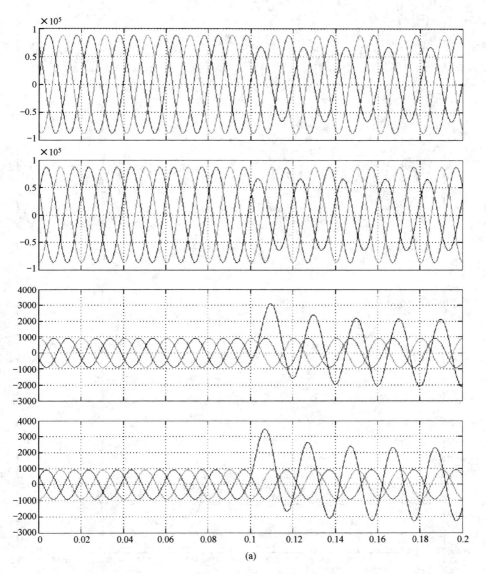

(a)

附图 19　线路中点处发生不同故障时，M、N 母线处的三相电压、电流瞬时值（一）

（a）A 相单相接地

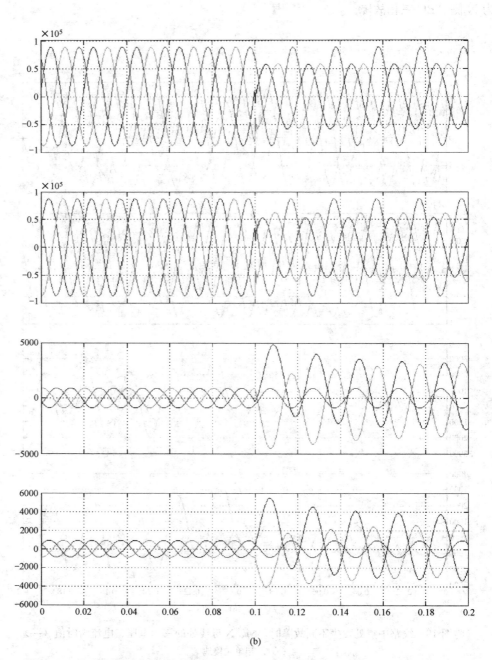

(b)

附图 19　线路中点处发生不同故障时，M、N 母线处的三相电压、电流瞬时值（二）

（b）AB 两相接地

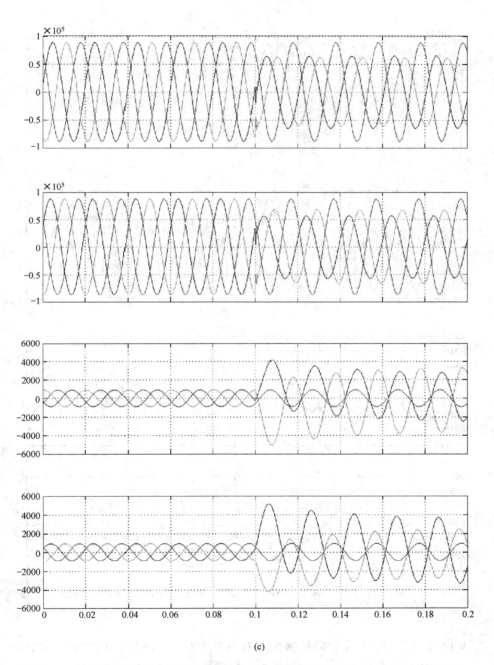

(c)

附图 19　线路中点处发生不同故障时，M、N 母线处的三相电压、电流瞬时值（三）

（c）AB 相间故障

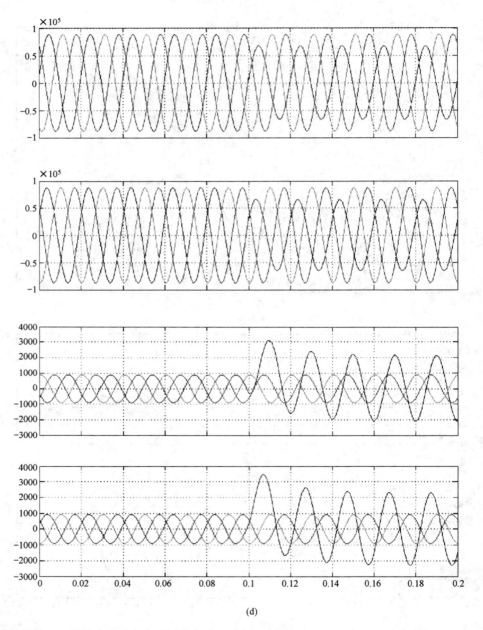

(d)

附图 19　线路中点处发生不同故障时，M、N 母线处的三相电压、电流瞬时值（四）

（d）ABC 三相故障

　　分析以上波形可知，双端电源网络中发生故障时，两侧母线故障电流的相位与故障点位置有关：区内故障时基本同相位，区外故障时基本反相位。

参 考 文 献

[1] 贺家李，宋从矩. 电力系统继电保护原理. 3 版. 北京：中国电力出版社，2004.

[2] 张保会，尹项根. 电力系统继电保护. 2 版. 北京：中国电力出版社，2009.

[3] 杨奇逊，黄少锋. 微型机继电保护基础. 3 版. 北京：中国电力出版社，2007.

[4] 陈德树. 计算机继电保护原理与技术. 北京：水利电力出版社，1992.

[5] 尹项根，曾克娥. 电力系统继电保护原理与应用. 武汉：华中科技大学出版社，2001.

[6] 高春如. 大型发电机组继电保护整定计算与运行技术. 北京：中国电力出版社，2006.

[7] 王维俭. 电气主设备继电保护原理与应用. 北京：中国电力出版社，2001.

[8] 朱声石. 高压电网继电保护原理与技术. 3 版. 北京：中国电力出版社，2005.

[9] 王梅义. 超高压电网继电保护运行技术. 北京：水利电力出版社，1984.

[10] 李晓明. 电力系统继电保护基础. 北京：中国电力出版社，2010.

[11] 苏文博，李鹏博. 继电保护事故处理技术与实例. 北京：中国电力出版社，2002.

[12] 张志竟，黄玉铮. 电力系统继电保护原理与运行分析（上）. 北京：中国电力出版社，1998.

[13] 王广延，吕继绍. 电力系统继电保护原理与运行分析（下）. 北京：中国电力出版社，1998.

[14] 刘学军. 继电保护原理. 2 版. 北京：中国电力出版社，2007.

[15] 许建安，连晶晶. 继电保护技术. 北京：中国水利水电出版社，2004.

[16] 郭光荣. 电力系统继电保护. 北京：高等教育出版社，2006.

[17] 李火元. 电力系统继电保护. 北京：高等教育出版社，2006.

[18] 国家电力调度中心. 电力系统继电保护实用技术问答. 2 版. 北京：中国电力出版社，2001.

[19] PW 系列微机继电保护测试仪使用手册. 北京博电新力电气股份有限公司.

[20] WXH - 802 型线路微机保护装置技术说明书. 许继集团有限公司.

[21] RCS - 985 系列发电机变压器成套保护装置技术说明书. 南京：南瑞继保电气有限公司.